Altium Designer 22 电路设计与仿真实战从入门到精通

陈之炎 ◎ 编著

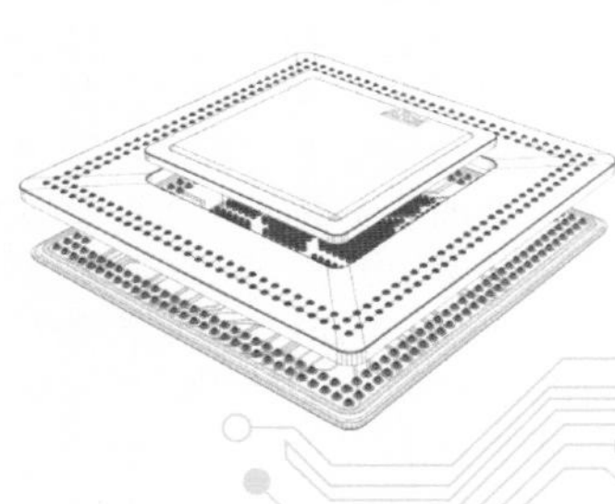

人 民 邮 电 出 版 社
北 京

图书在版编目（CIP）数据

Altium Designer 22电路设计与仿真实战从入门到精通 / 陈之炎编著. -- 北京 : 人民邮电出版社, 2023.6
ISBN 978-7-115-61147-5

Ⅰ. ①A… Ⅱ. ①陈… Ⅲ. ①印刷电路－计算机辅助设计－应用软件－教材 Ⅳ. ①TN410.2

中国国家版本馆CIP数据核字(2023)第025620号

内 容 提 要

2022 年，Altium 公司在其官网推出了电子电路设计软件 Altium Designer 22。与以往的版本相比，Altium Designer 22 无论是在原理图设计方面还是在印制电路板（PCB）版图设计方面，都添加了诸多新功能。本书将对这些新功能进行解读，为广大电子设计自动化（EDA）设计人员提供新增工具的信息，帮助 EDA 设计人员更快地掌握 Altium Design 22 的新功能，以跟上高速发展的 EDA 技术。

本书对 Altium Designer 22 的功能进行全面而详细的讲解，重点介绍如何利用 Altium Designer 22 进行原理图设计、PCB 版图设计、信号完整性分析和混合信号仿真。本书是电子工程师的入门级参考工具书，读者读完本书之后，能独立完成通用电子电路设计。此外，本书精心选编的 3 个嵌入式项目实战案例（PWM 信号电机驱动、STM32 单片机控制系统、SAM V71 仿真开发板），分别从不同层面提供具体的设计参考，读者可以根据实际设计需求选读。

本书可以作为电子电路相关专业的高年级本科生拓展阅读的资料，也可以作为有志从事电子电路设计工作的低年级研究生的入门参考书。对硬件电路技术感兴趣的研发工程师也适合阅读本书。

◆ 编　　著　陈之炎
　责任编辑　李永涛
　责任印制　王　郁　胡　南

◆ 人民邮电出版社出版发行　　北京市丰台区成寿寺路 11 号
　邮编　100164　　电子邮件　315@ptpress.com.cn
　网址　https://www.ptpress.com.cn
　北京天宇星印刷厂印刷

◆ 开本：700×1000　1/16
　印张：15　　　　　　2023 年 6 月第 1 版
　字数：303 千字　　　2024 年 9 月北京第 5 次印刷

定价：99.90 元

读者服务热线：(010)81055410　印装质量热线：(010)81055316
反盗版热线：(010)81055315
广告经营许可证：京东市监广登字 20170147 号

前言

本书全面、系统地介绍利用Altium Designer 22进行电子电路设计的方法，通过丰富、翔实的案例将理论与实践相结合，重点介绍Altium Designer 22的使用方法和技巧。此外，本书分别从初、中、高3个不同的层面展示3个实战案例，并给出具体的原理图和PCB实现过程。全书用通俗易懂的语言对Altium Designer 22的功能进行阐述和拓展，力求让相关内容易于理解、便于实践。

全书共10章，各章主要内容如下。

- 第1章对Altium Designer 22的新功能进行详细的阐述，主要介绍Altium Designer 22的安装方式、授权管理和开发环境，并列举进行电路设计需要掌握的设计术语。
- 第2章对如何利用Altium Designer 22开发电路进行全面而详细的讲解，其中包括电路设计的通用流程，带领读者从简单原理图入手完成电路开发的第一步。
- 第3章循序渐进地介绍绘制PCB 版图的通用流程。读者读完第3章便能独立进行PCB 版图设计。
- 第4章介绍如何利用Altium Designer 22制作元器件库，包括原理图库的制作、PCB 封装库的制作和集成库的制作，涉及元器件封装、原理图输入、PCB 布局、PCB 布线、原理图封装库、PCB 封装库、集成库等方面的知识。
- 第5章介绍如何利用Altium Designer 22进行信号完整性（SI）分析，包括设置设计规则和SI模型的参数、对原理图和PCB 版图中的网络进行SI分析、设置用于网络筛选分析的测试、对选定的网络进行深度分析、放置信号线的终端和处理生成的波形等。
- 第6章介绍Altium Designer 22的仿真器，以及如何利用Altium Designer 22的仿真器实现电路仿真，从而验证设计的正确性。Altium Designer 22的仿真器是一个真正意义上的混合信号仿真器，它既可以分析模拟电路，又可以分析数字电路。仿真器使用了增强版本的XSPICE模型，兼容SPICE3f5，支持PSPICE模型和LTSPICE模型。
- 第7章介绍用Altium Designer 22进行高速PCB 设计时会遇到的问题及注意事项。
- 第8章的实战演练案例选用微芯（Microchip）公司的PIC12F675作为主控单元，通过控制PIC12F675的通用接口产生脉冲宽度调制（PWM）信号；通过调制PWM信号的占空比控制电气负载的吸收功率，从而达到改变大功率电灯的亮度或电机的转速的目的。

- 第9章的实战演练案例选用意法半导体公司的STM32F030作为主控单元，控制带有人机接口（HMI）的触摸屏、排热风扇和电磁阀等外部接口；与此同时，输出一个PWM信号，实现对外部电动机的控制。
- 第10章的实战演练案例选用微芯公司的SAM V71作为主控单元，利用其丰富多样的外设和接口构建SAM V71的仿真开发系统。该系统带有以太网接口、高速USB接口、MediaLB接口等，可以作为SAM V71的评估开发板使用。

感谢家人的包容和支持，感谢Altium 中国技术支持张志俊老师在软件安装和操作上的支持与协助。

由于笔者水平有限，书中难免有疏漏之处，敬请各位读者批评指正。读者拨冗阅读本书，笔者不胜荣幸，希望本书能对读者的EDA设计学习有所帮助。

陈之炎

2023年4月

目录

第4章 制作元器件库 088

第5章 信号完整性分析 110

第9章 STM32单片机控制系统 199

第10章 SAM V71仿真开发板 214

第1章 Altium Designer 22概述

Altium Designer 22涵盖了实现电子产品开发所必需的编辑器和软件引擎，包括文档编辑、编译和处理在内的所有操作均可在Altium Designer 22中进行。Altium Designer 22的底层是X2集成平台，它将Altium Designer的各种特性和功能集合到一起，为用户进行电子设计提供一个统一的用户界面。与此同时，Altium Designer 22还是一个可定制的开发环境，可根据用户所选购的许可证授权内容为用户定制特定的设计空间，从而提高设计的灵活性。

Altium Designer 22的功能多种多样，其典型功能如下。

- 先进的布线技术。
- 支持刚性/柔性板设计。
- 强大的数据管理工具。
- 强大的设计复用工具。
- 实时的成本估算和跟踪。
- 动态智能供应链。
- 原生3D可视化和设计规则检查。
- 灵活的发布管理工具。

上述功能均在同一个开发环境中实现，即在Altium Designer 22中既可以编辑原理图，又可以布局印制电路板（Printed Circuit Board，PCB），还可以创建新的元器件、设置输出文件，甚至可以在同一环境中打开ASCII输出文件。这是电子设计自动化（Electronic Design Automation，EDA）业界内唯一将原理图设计、PCB版图设计等多种功能集成到一个开发环境中的EDA设计工具，其他EDA设计工具往往将原理图设计和PCB版图设计拆分到不同的开发环境中。Altium Designer 22统一的集成开发环境可以极大地提高设计工程师的工作效率。

Altium Designer 22开发环境的统一性可以轻松实现设计数据在不同项目之间的无缝衔接。刚开始接触Altium Designer 22时，可能会感觉这个开发环境包含的内容太多，一时消化不了。不要紧，本书会对Altium Designer 22的功能进行详细的讲解，手把手带您快速入门Altium Designer 22。在入门之后，本书会用多个详细的案例对高级应用进行阶梯式进阶演练，利用软件提供的丰富资源和集成开发环境实现复杂系统的开发。

上手Altium Designer 22并不难，Altium Designer 22的界面和其他Windows应用程序的界面类似，用户可以通过菜单访问命令，使用标准的Windows键盘和鼠标操作对原理图或PCB版图进行缩放，许多命令和功能都可以通过快捷键访问。

Altium Designer 22为电子产品的设计提供了统一的开发环境，满足电子产品开发过程中各个方面的需求，包括以下5个功能。

- 原理图设计。
- PCB版图设计。
- 信号完整性分析。
- 混合信号电路仿真。
- PCB制造文件输出。

Altium Designer 22为原理图的设计提供了便捷的渠道，原理图图纸设置、元器件库的加载和放置、原理图的绘制、原理图的后续编译和处理、层次化原理图设计等均可在Altium Designer 22集成开发环境中实现。

设计出PCB是电子产品设计的最终目的。Altium Designer 22的PCB版图设计功能强大、易用，可以实现多达32层的PCB版图设计；PCB编辑器的交互式编辑环境将手动布线和自动布线融合到一起，通过设置设计规则，可以有效地对整个设计过程实现全程化控制。

Altium Designer 22包含一个高级的信号完整性仿真器，可以实现信号完整性分析和PCB设计过程的无缝衔接，提供精准的板级信号完整性分析；还能检测整板的串扰、过冲、下冲、上升时间、下降时间和线路阻抗等。

利用Altium Designer 22可以方便地实现混合信号电路仿真。Altium Designer 22提供多种电源和仿真激励源（均存放在SimulationSources.Intlib集成库中供用户使用）；它还提供十几种仿真方式，用以实现电路的瞬态特性分析、直流传输特性分析、交流小信号分析、噪声分析、传递函数分析等。

PCB的生产过程涉及多种技术，而Altium Designer 22提供了种类繁多的输出文件，包括装配输出文件、PCB 3D打印输出文件、Gerber输出文件、网表输出文件及后期处理输出文件，可以为PCB的生产制造提供强有力的支撑。

1.1 Altium Designer 22的新功能

与先前的版本相比，Altium Designer 22在许多功能上有所改进，这些改进整合了大量的补丁和增强功能，使电子电路辅助设计更加方便、快捷。现将Altium Designer 22功能的改进总结为以下4点。

一、原理图性能的提高

给项目添加“交叉引用”之后，便可以轻松地跟踪项目中不同原理图之间的网络连接。Altium Designer 22会自动为原理图工作表创建和更新交叉引用，而且在原理图PDF输出中扩展了对交叉引用的支持。如果一个对象与多个连接的对象相关联（例如，父原理图上的端口和其子原理图上的端口自动关联），那么单击PDF输出中的对象将自动显示与此对象相关联的对象。

（1）增强了原理图图纸符号索引功能。

可以用包括“0”在内的任何数字作为原理图图纸符号索引（负数除外），第一张原理图图纸的索引值不得大于最后一张原理图图纸的索引值。

（2）增强了元器件类功能。

设置【Properties】面板中的参数可以为元器件添加元器件类名称这一参数。与元器件相关的元器件类名称将与该器件的网络类信息一并发送给PCB，并与PCB相关联。

（3）增加了上拉/下拉电阻的原理图符号。

增加了标记引脚内部是上拉/下拉电阻的功能。可在【Properties】面板【符号】部分的【内部】选项中选择引脚内部是上拉电阻还是下拉电阻。

（4）文本和注释内容中添加了一些特殊字符串和计算公式。

设计师使用Altium Designer绘制原理图时会用到特殊字符串。Altium Designer 22的文本和注释支持添加特殊字符串，可以将复杂的特殊字符串定义为单个或多行文本对象。

Altium Designer 22支持解析在文本字符串中定义的数值计算，也支持解析在原理图文本和注释中定义的数值计算。在Altium Designer 22中，用“=”定义特殊字符串和公式，以空格作为特殊字符串和公式的结尾。

二、PCB设计的改进

（1）通孔性能的提升。

与先前的版本相比，Altium Designer 22的通孔功能有了诸多改进。例如，通孔在【钻孔表模式属性】面板的【PCB钻孔大小编辑器模式】中被列入【通孔顶层】和【通孔底层】组群对（Group Pair）中，PCB面板钻孔表的【钻孔大小编辑器】中增加了【通孔深度】和【通孔角度】两列。

无论是顶层还是底层的通孔，均生成完整的NC Drill、Gerber、Gerber X2和ODB++输出文件，无须为不同种类的通孔生成单独的输出文件。如果通孔的大小等于焊盘大小，则将焊盘从PCB上移除。

（2）先进的Rigid-Flex模式。

刚性/柔性板设计过程在Altium Designer 22中有了显著改进，例如在PCB编辑器的“板规划”模式下创建新的区域和折弯，在图层堆叠管理器中引入“板模式”，这些新的特性集统称为Rigid-Flex 2.0。

（3）在【爬电距离设计规则】中添加了【应用到多边形覆铜】选项。

启用该选项之后，将对多边形覆铜和其他对象之间的爬电距离进行规则检查测试。

三、数据管理的改进

（1）在【注释】和【任务】面板中添加了导出注释的命令。

在【注释】和【任务】面板中添加了一个用于访问【注释导出设置】对话框的命令。单击面板右上角的按钮，然后从菜单中选择【导出注释】命令，打开【注释导出设置】对话框，可将注释导出为独立的文档。

（2）为钻孔表添加了默认值。

可以通过【优选项】对话框中的【草图默认页面】为钻孔表添加默认值，以及【符号大小】【符号线式样】【组群】等附加属性。

（3）导入/导出性能提升。

Altium Designer 22增加了导入xDxDesigner工程的功能，支持用Designer导入器手动导入xDxDesigner工程，也支持自动导入xDxDesigner工程。

四、电路仿真的改进

在电路仿真方面，Altium Designer 22增加了灵敏度分析功能，为高频电路的仿真设计提供了依据。Altium Designer 22在灵敏度的全局参数中增加了【组偏差】这一参数，且灵敏度参数中增加了【温度】这一参数。

1.2 熟悉Altium Designer 22的开发环境

Altium Designer 22包含开发电子产品所需的编辑器和软件引擎，所有文档的编辑和处理都在统一的Altium Designer 22开发环境中完成，Altium Designer 22还可与布线软件或第三方仿真软件无缝衔接。Altium Designer 22的底层是X2集成平台，它将Altium Designer 22的各种编辑器和软件引擎集成在一起，并为所有工具和编辑器提供一致的用户界面。Altium Designer 22开发环境的用户界面包括主菜单、快速访问工具栏、状态栏和项目导航栏等，与其他基于Windows操作系统的应用程序界面风格一致，在完成安装、添加许可证文件并激活授权之后，便可进入Altium Designer 22的主界面，如图1-1所示。

Altium Designer 22的主界面包括主菜单、活跃工具栏、快速访问工具栏、状态栏、文档名称显示栏、编辑器工作栏、面板、面板访问按钮和设计空间等。用户利用界面内的各种元素（菜单和工具栏等），在设计空间内编辑、绘制项目的电路原理图和PCB版图。接下来介绍主界面中的重要元素和相关设置等。

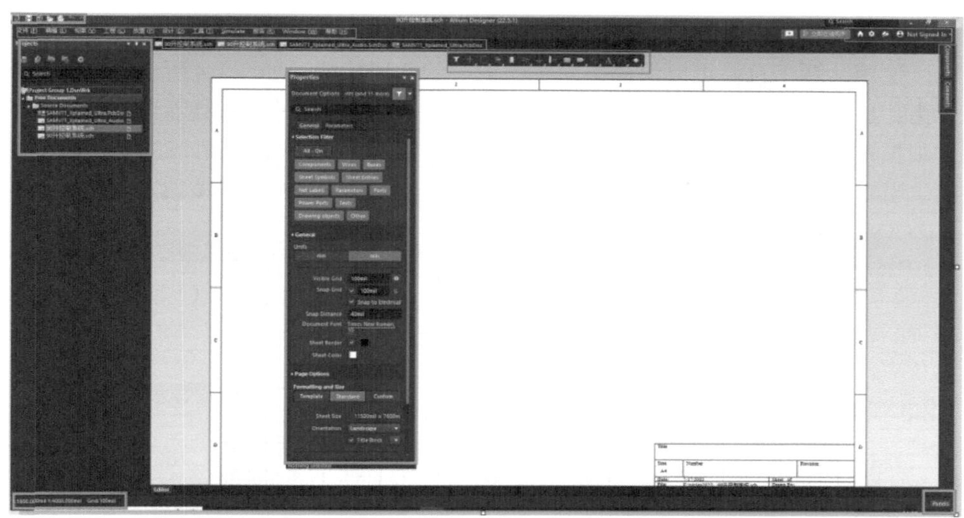

图1-1

1.2.1 主菜单

主菜单包含用于访问当前活跃文档的命令和函数，位于主界面的左上角，原理图编辑器和PCB编辑器有各自不同的主菜单，如图1-2所示。

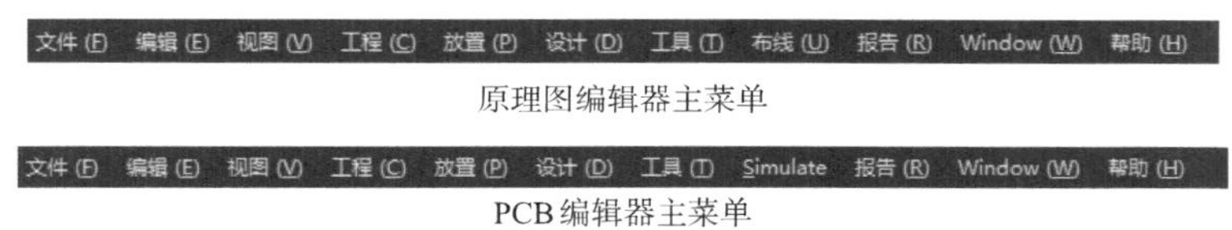

原理图编辑器主菜单

PCB编辑器主菜单

图1-2

若要使用主菜单中的命令，应单击菜单名（如【工程】），然后从菜单中选择所需的命令，如图1-3所示。

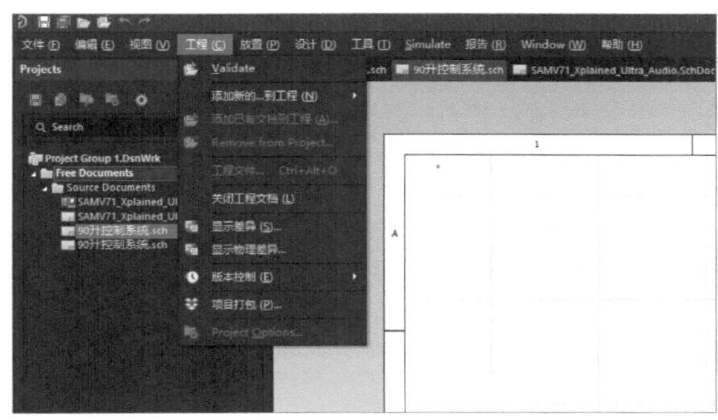

图1-3

1.2.2 活跃工具栏

使用活跃工具栏可以快速访问主菜单中的常用功能，如图1-4所示。可以将鼠标指针悬停在活跃工具栏中的某个工具按钮上，通过弹出的窗口查看该工具按钮的详细描述。单击活跃工具栏中的某个工具按钮，便可以直接使用该工具对应的功能。当单击工具按钮右下角的白色三角形时，会出现一组新工具按钮。

原理图编辑器活跃工具栏　　　　PCB编辑器活跃工具栏

图1-4

1.2.3 快速访问工具栏

快速访问工具栏位于界面的左上角，用于快速执行常用的功能，如图1-5所示。

图1-5

- ：退出和关闭Altium Designer 22。
- ：保存当前活跃的文档。
- ：保存已修改过的所有文档。
- ：访问【打开项目】对话框，可以在其中选择要打开的项目。
- ：撤销最后一个操作，只有在执行了一个操作时，该工具按钮才可用。
- ：重做最后一个操作，只有在执行了撤销操作时，该工具按钮才可用。

1.2.4 状态栏

状态栏显示项目的概要信息，如鼠标指针的位置坐标、命令提示和图层等。可以在主菜单中选择【视图】/【状态栏】命令显示状态栏，如图1-6所示。

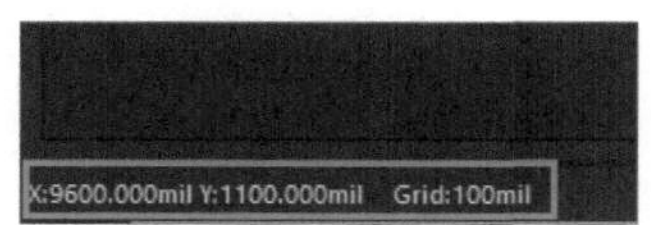

图1-6

1.2.5 打开文档和活跃文档

在Altium Designer 22中，可以打开任意数量的文档，但是只有一个文档为当前活跃的文档。在设计空间中，同一时刻只能对活跃文档进行编辑和更新。所有打开的文档都显示在文档名称显示栏中，当前活跃文档的选项卡显示为灰色背景，当前非活跃文档的选项卡显示为黑色背景，如图1-7所示。

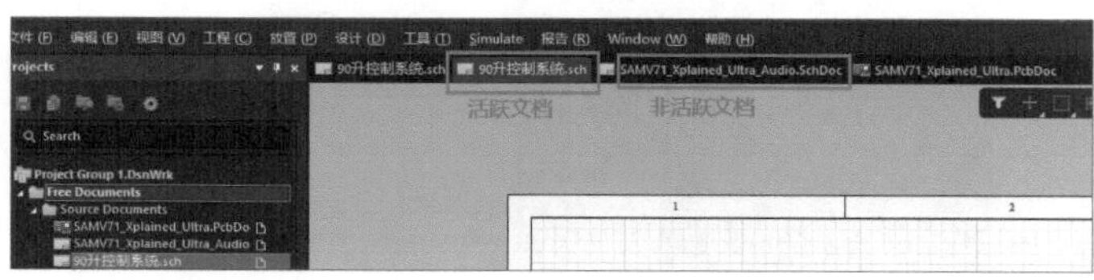

图1-7

右击任意文档的选项卡，选择快捷菜单中的【关闭】命令，可以关闭文档（例如PcbDoc文档、ScbLib文档或PcbLib文档）。通过该快捷菜单，可以实现文档的关闭、拆分、平铺和合并等。

1.2.6 【优选项】对话框

【优选项】对话框是进行跨软件不同功能设置的核心对话框，【优选项】对话框适用于各个项目和相关文档。单击界面右上方的⚙按钮，可以打开【优选项】对话框，在对话框的左侧选择所需的文档，然后选择需要设置的选项，打开其设置界面，如图1-8所示。

图1-8

1.2.7 项目和文件导航栏

所有与项目相关的数据都以文档的形式存储。可以使用主菜单中的相关命令打开文档、项目和项目组，也可以将文档、项目文件或项目组文件直接拖到Altium Designer 22中。除了存储项目中每个文档的链接外，项目文件还存储项目的设置选项，如错误检查设置、编译器设置等。

打开一个文档后，该文档便成为Altium Designer 22的活跃文档。可以同时打开多个文档，每个打开的文档在文档名称显示栏中都有自己的选项卡。文档可以单独占据整个设计空间；也可以选择【Window】菜单中的【Split】命令，使多个打开的文档共享设计空间；还可将文档从一个拆分区域拖到另一个拆分区域。

1.2.8 面板

面板是Altium Designer 22开发环境的基本元素，它为项目的文档编辑器提供全局的、系统范围内的控制，从而提高设计效率和生产力。例如，PCB面板可以用于浏览元器件和网表。首次启动Altium Designer 22时，会自动打开【Projects】面板，该面板位于设计空间的左侧。单击设计空间右下角的【Panels】按钮，可以打开所需的面板。无论是原理图编辑器还是PCB编辑器，它们都有各自专属的面板，如图1-9所示。

可以在跨环境工作中使用面板，例如，【Projects】面板用于打开项目中的任意文档，显示项目的层次结构。只有当前文档为活跃文档时，才能显示其专属面板。

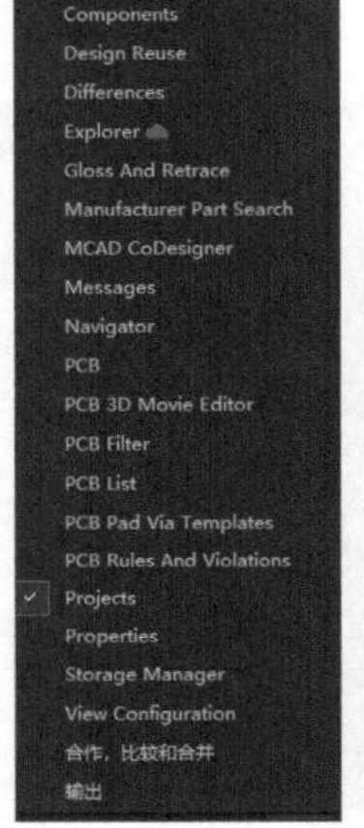

图1-9

1.2.9 提示信息

提示信息包含当前PCB工作区中鼠标指针所指对象的信息。选择【视图】/【洞察板子】/【切换抬头显示】命令，集成开发环境中会显示提示信息，如图1-10所示。

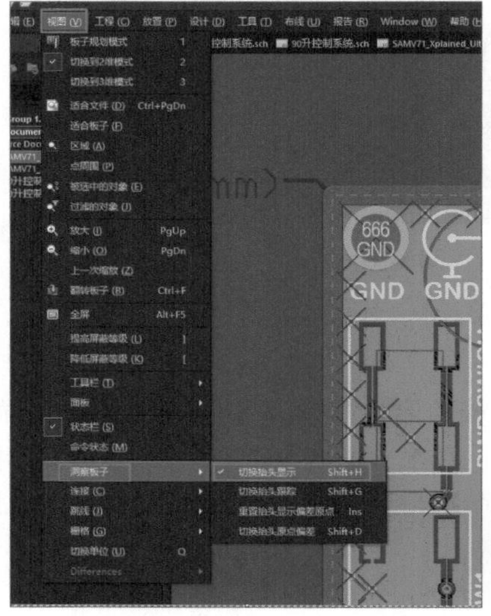

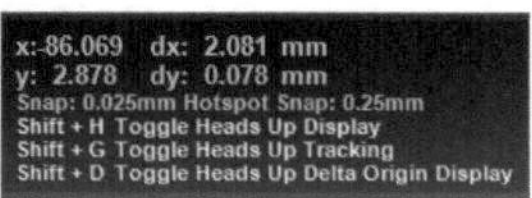

图1-10

1.2.10 许可证授权

Altium Designer 22提供了多种类型的许可证授权，可满足不同的设计需求。许可证授权系统用于保证及时、有效地启动并运行Altium Designer 22。单击界面右上方的白色向下小三角形，从下拉菜单中选择【Licenses】命令，如图1-11所示，即可访问【License Management】页面。

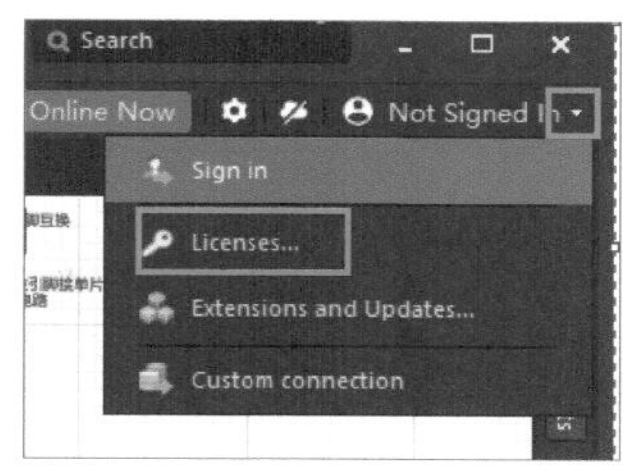

图1-11

1.2.11 软件扩展和更新

软件的扩展和更新是Altium Designer 22的附加功能，用于安装、更新和删除某些编辑器和工具等，例如安装、更新或删除导入/导出器、原理图符号生成工具，以及机械CAD协作工具。

单击界面右上方的白色向下小三角形，从下拉菜单中选择【Extensions and Updates】命令，如图1-12所示，即可访问【Extensions and Updates】页面。

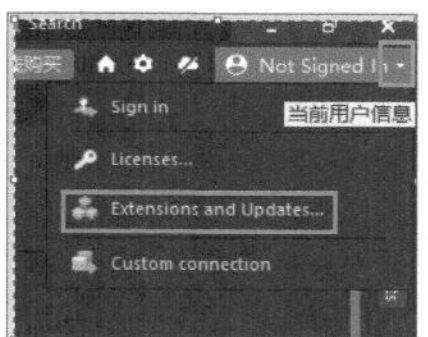

图1-12

在【Extensions and Updates】页面中，选择【Updates】选项卡，【Updates】选项卡后面括号中的数字表示可用更新的总数，如果没有括号和数字，表示目前没有内容更新。

1.2.12 获取帮助信息

Altium Designer 22提供了以下多种方式来获取帮助信息。

- 选中活跃的对象、编辑器、面板、菜单命令或按钮后，按F1键可打开相应的帮助文档。
- 使用命令和快捷键时，按Shift+F1键可打开相应的帮助文档。
- 使用文档左侧的导航树可阅读一个特定主题的帮助文档。

1.2.13 Altium Designer 22设计术语表

在使用Altium Designer 22进行电路设计的过程中会涉及一些专业的设计术语，如表1-1所示。

表1-1 设计术语及其含义

设计术语	含义
PCB	印制电路板
原理图	用EDA工具（如Altium Designer 22）绘制的用于表达电路中各元器件之间的连接关系的图
布局	在PCB设计过程中，按照设计要求把各种元器件放置到PCB上的过程
过孔	用于内层连接的金属化孔，不用于插入元器件引脚

续表

设计术语	含义
盲孔	仅在PCB表层的过孔，盲孔不会直通整个板层，通常盲孔只穿过一层电路板，向下到达下一个铜层
埋孔	位于PCB中间层的过孔，埋孔始于一个中间层，终于另一个中间层，未延伸到PCB的表层，不在PCB表面的铜层出现
通孔	从PCB的一个表层直通到另一个表层的过孔
微孔	孔径小于6mil（约150μm）的过孔，可以用光绘、机械钻孔、激光钻孔的方式制作。激光钻孔是当今高密度互连（High Density Interconnection，HDI）技术的关键技术，这种技术允许在元器件焊盘上直接打过孔，大大减少了过孔引发的信号完整性问题
双面板	在绝缘芯的两面，有两个铜层的PCB。双面板的所有过孔均为通孔，通孔从PCB的一个表层直通到另一个表层
爬电距离	两个相邻导体或一个导体与相邻电机壳表面沿绝缘表面测量的最短距离
阻焊	PCB上的一种保护层，起阻焊作用并保护PCB
正负片	PCB光绘的正负片效果相反，正片中画线部分的PCB铜被保留，没有画线的部分被清除，用于顶层和底层加工；负片和正片正好相反，常用于内电层，如内部电源/接地层
精细化线间特性和安全距离	目前，标准PCB制造的线间安全距离为100μm（0.1mm或约4mil），元器件封装的最小距离为10μm
高密度互连板	布线密度高于常规PCB布线密度的PCB称为高密度互连板。通过精细化线间特性和安全距离、微孔和埋孔等技术来提高PCB的布线密度。高密度互连板又称为顺序层组合板
多层板	具有多个铜层的PCB，铜层的具体数目可以在4层到30层之间，其制造工艺较为复杂
顺序层压	一种用于制造多层板的工艺，包括埋孔的机械转孔和层压等

02

第2章 原理图设计

PCB设计是指按照设计任务的需求，利用Altium Designer 22开发环境，先绘制出满足需求的原理图，在确保原理图正确无误的前提下绘制出PCB版图，再将PCB版图提交给制板厂商，由制板厂商生产PCB，将各种元器件焊接到PCB上的过程。后续进入PCB调试环节，根据调试结果，返回Altium Designer 22中对原理图和PCB版图进行修改，直到完全符合设计需求，电路设计工作才基本完成。

2.1 电路设计的通用流程

电子设计部门接到设计任务之后需提交设计方案，在设计方案中将产品功能划分为多个功能模块，再将各功能模块进一步划分为软件部分和硬件部分，软件部分交由软件工程师设计详细的方案，硬件部分由硬件工程师设计详细的方案。

通常，PCB的设计任务会分配到硬件部门，交由硬件工程师利用EDA工具绘制出原理图，再由Layout工程师完成PCB设计。在设计过程中，原理图设计工程师和PCB工程师的任务是不一样的，原理图设计工程师解决的是画什么的问题，PCB工程师解决的是怎么画的问题。两个岗位对技术背景的要求也不同，原理图设计工程师要求精通数电、模电等基础知识，PCB工程师则更加偏重对制程工艺的了解和实现。通常大公司将原理图设计和PCB版图设计分为两个岗位，有些小公司将这两个岗位合并成一个岗位，统称为硬件工程师。

硬件工程师接到设计任务之后的首要工作是设计符合要求的原理图，原理图设计要求工程师熟悉电路的基本知识，掌握电路设计的基本准则，明确需要利用哪些芯片才能实现既定的功能。在开始绘制原理图之前，首先需要把相关芯片的资料准备好，做到心中有数。与芯片相关的资料主要是指芯片的数据手册（Datasheet），其定义了芯片的主要功能、电特性、引脚功能、原理图符号和PCB封装尺寸。数据手册是硬件工程师设计电路的主要依据。通常，芯片制造商在发布芯片时都会发布相应的数据手册，数据手册相当于芯片的使用手册，有的数据手册中甚至包含了参考电路和布线规则要求。硬件工程师可通过网络搜索数据手册或者向芯片供应商索要各芯片的数据手册。有了数据手册之后，根据数据手册的内容制作芯片的原理图和PCB封装。这些前期工作准备就绪之后，便可以利用Altium Designer 22集成开发环境进行原理图设计。设计好原理图之后，需要对原理图进行编译和验证，通过Altium Designer 22的仿真工具对电路进行仿真，实现对原理图的验证，若在仿真过程中发现错误，则需要修改原理图。仿真结果无误并确保电路符合设计要求之后，原理图的设计工作才基本完成，此时生成网表，将网表同步到PCB设计环境中供布线工程师使用。原理图设计的输入、输出如图2-1所示。

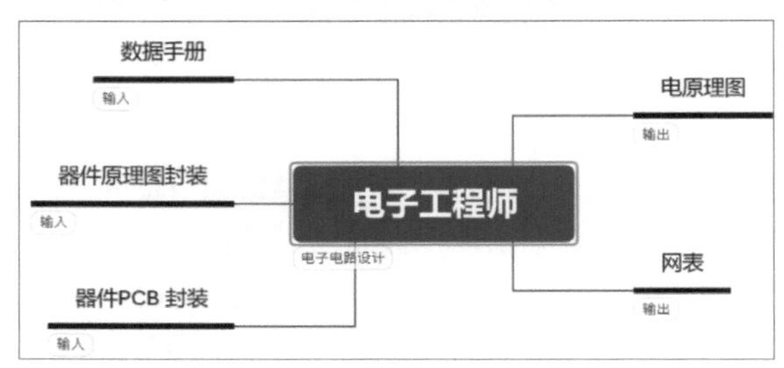

图2-1

原理图设计好之后，布线工程师便可以着手开展PCB的布局工作。在开始布线前，布线工程师需要和结构工程师进行PCB结构的确认，从结构工程师那里获取电路板的尺寸，并将电路板结构尺寸图导入Altium Designer 22中，以明确PCB的机械尺寸。之后布线工程师依据原理图的具体情况（是否为高速板、是否为高密度板），以及PCB的面积、电路的复杂程度、主频的高低等多种因素做具体分析，定义出PCB的设计规则。至此，布线工程师便可以开始PCB的布局工作。布局工作是制作PCB的关键环节，它占据了PCB设计工作90%的工作量，好的元器件布局综合考虑了电磁防护、电磁兼容等诸多因素，能够为后期布线工作提供良好的基础。完成元器件布局之后，开始着手布线，可以手动布线，也可以自动布线。自动布线可以大大提高设计效率，为首选项。当然，针对PCB上的一些特殊信号线，比如差分对、低电压差分信号（Low-Voltage Differential Signaling，LVDS）等，也可采用半自动布线，即手动布线和自动布线结合。通常，先布信号线，再布电源线，最后处理地线和地平面。当所有元器件上引脚的信号线均布通之后，进行设计规则检查（Design Rules Checking，DRC），DRC主要检查设计是否符合设计规则，以及是否存在违反规则的情况。Altium Designer 22会自动对违反设计规则之处进行错误提示，并且会对发现的错误进行修正，修正检查出来的所有错误之后，对PCB版图进行后处理，输出装配图、物料清单等文件，最终生成Gerber文件并提交给制板厂商打样。至此，PCB的设计工作告一段落。PCB设计的输入、输出如图2-2所示。

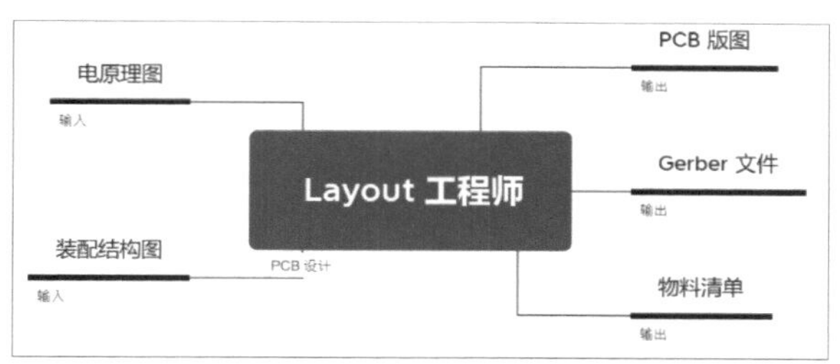

图2-2

PCB设计好之后，硬件设计工作基本完成。当然，一个成熟产品的研发离不开配套的软件，涉及配套软件的调试安装和制作工艺的选择等诸多流程。总的来讲，PCB设计的好坏决定了产品主要性能的高低，因此PCB设计是产品设计过程中的关键环节。那么，用什么来衡量PCB设计的好坏呢？是美观大方、漂亮整齐吗？非也。美观大方、漂亮整齐只是基本的要求，还有多个用于考量PCB设计好坏的维度。由于是电路设计，所以电性能是否符合设计要求是考量PCB设计好坏的第一要素，布线过程中的线宽、线长、线距等都对PCB的性能有直接影响。只有电性能（电压、电流、阻抗、时序）满足设计要求且能实现基本功能的PCB才是合格的PCB，即常说的能“跑通”的板子才是合格的设计；除了满足电性能要求之外，还需兼顾热设计、电磁兼容性（Electro Magnetic Compatibility，EMC）和安规设计。高速板还需考虑传输线等，需要用专业的工具来设计。由此可见，PCB布板不是一个简单的连线工作，它对布线工程师的技能要求比较高，这也使得一些服务器主板、手机主板或射频产品的布线工程师的薪资甚至比电路设计师的薪资还要高。

PCB设计流程是本书的核心内容，依据上述设计流程，本书将原理图设计和PCB版图设计分为两章进行详细讲解：第2章会详细讲解如何利用Altium Designer 22进行原理图设计，第3章会详细讲解如何利用Altium Designer 22进行PCB版图设计。本书会通过简单的实例带领读者熟悉设计流程，完成简单PCB的设计。后续内容重在实操，内容比较简单，都是一些基础的操作，是展开设计工作的基础。把基础打牢之后，还要通过设计项目不断提高设计技能，从2层板开始设计，再设计4层板，甚至设计复杂的8层板。只要基础打扎实了，后续的提高进步便不是问题。

本章采用一个典型的无线电发射机实例来讲解具体的电路设计过程。利用Altium Designer 22集成开发环境创建基于施密特反相器的无线电发射机原理图，并绘制出相应的PCB。电路由3个有源器件构成，分别是数字非门74HC14和两个NPN三极管。输出信号通过两个电阻器R1和X14进行反馈，X14是一个电位器，用于改变振荡频率。输入端口通过电容器C1与C4并联接地；第二级为缓冲分离器，将信号分离并整形，其输出通过R2接地；第一个三极管Q2为常用的BC546，它通过共集电极设置使电压从5V升高到12V；第二个三极管Q3具有分离前一级的功能，将阻抗降低到75Ω，它是一个射极跟随器，将信号与前一级分离；最终，信号通过470pF的电容C6引到天线。无线电发射机的原理图如图2-3所示。

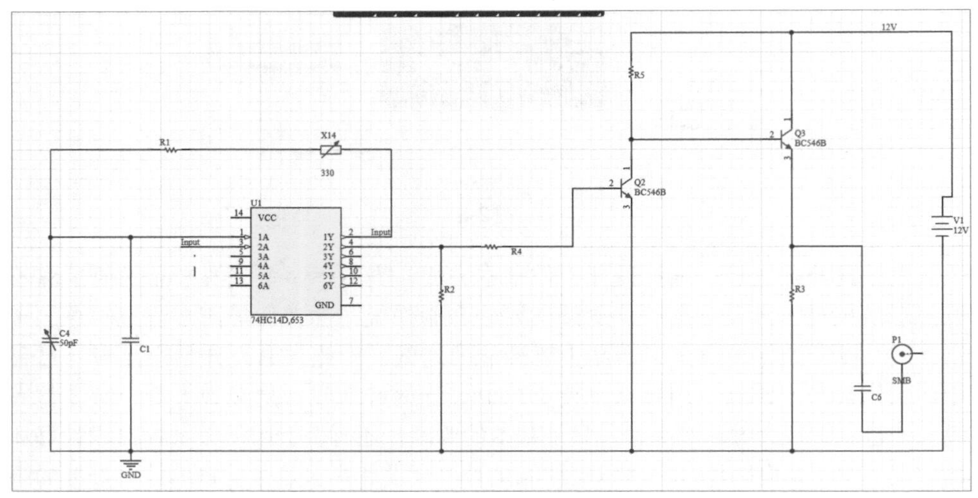

图2-3

2.2 创建新项目

在Altium Designer 22集成开发环境中，PCB项目是指制造PCB所需的设计文档集合。例如，Emitter.PrjPCB是一个ASCII文件，其中列出了项目所需的全部文档及其他项目设置，包括所需的电气规则检查、项目设置和项目输出设置、打印设置及CAM设置等。

在主菜单中选择【文件】/【新的】/【项目】命令，在弹出的【Create Project】对话框中输入项目名称“Emitter”并设置项目保存位置，单击【Create】按钮，创建一个新项目，如图2-4所示。

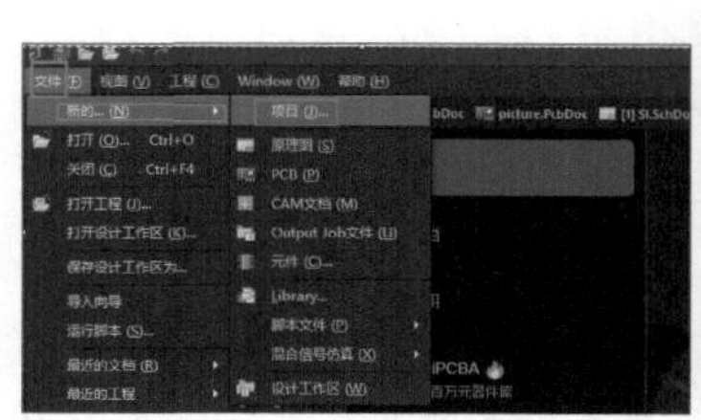

图2-4

2.3 添加原理图

给新创建的项目添加原理图，为其命名之后将其保存到项目文件中。

1. 在【Projects】面板中右击项目文件名，在弹出的快捷菜单中选择【添加新的...到工程】/【Schematic】命令，如图2-5所示。设计空间中会打开一个名为Sheet1.SchDoc的空白原理图。

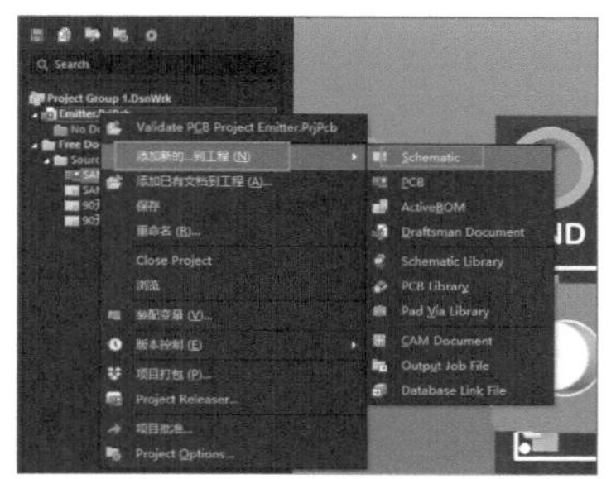

图2-5

2. 将新添加的原理图保存到本地。从主菜单中选择【文件】/【另存为】命令，打开【另存为】对话框，将原理图保存到与项目文件相同的位置。在【文件名】字段中输入名称“Emitter”，单击【保存】按钮（无须输入扩展名，系统会自动添加）。注意，此时会将原理图保存到与项目文件相同的目录中，当需要保存到其他目录中时，需要输入目标目录的绝对路径。

3. 由于已经给项目添加了原理图，所以项目文件也随之发生了更改。在【Projects】面板中右击项目文件名，在弹出的快捷菜单中选择【保存】命令，将添加了原理图的项目文件保存到本地。

创建和保存好新建的原理图之后，在原理图编辑器中打开一张空白的原理图图纸，如图2-6所示。在绘制原理图之前，先要设置好原理图文档的属性。

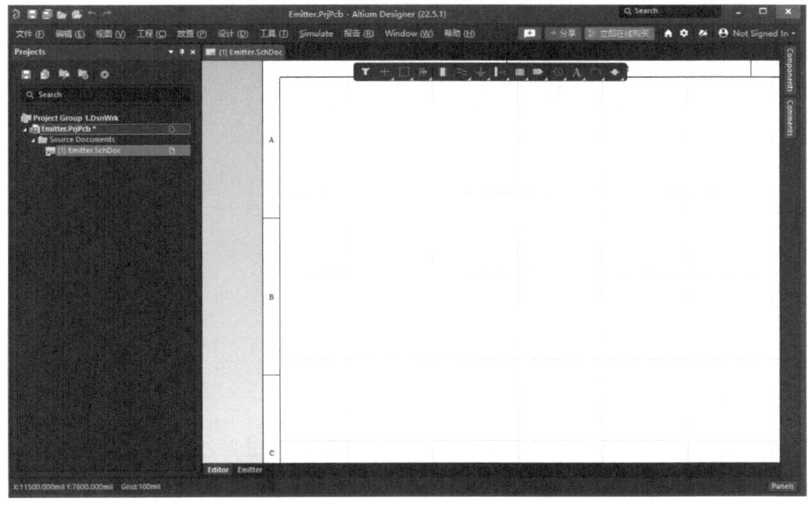

图2-6

2.4 设置文档属性

在开始绘制原理图之前，需要先设置好文档属性，包括图纸尺寸、捕捉栅格大小和可见栅格大小。

1. 原理图图纸的属性均在【Properties】面板的【General】选项卡中，分为以下几个部分:【General】【Page Options】。每个部分都可以通过其名称旁边的小三角形来展开/折叠。

2. 选择原理图模板。在【Page Options】部分的【Formatting and Size】区域中，选择需要的原理图模板，这里选择的是“A4”模板；也可以在【Template】中选择已有的原理图模板，或者自定义原理图模板。

3. 将【Visible Grid】字段和【Snap Grid】字段的值均设置为“100mil”。

4. 在主菜单中选择【视图】/【适合文件】命令（快捷键为V+D），使原理图图纸完整平铺在整个设计空间中。

5. 在原理图的【Projects】面板中单击【保存】按钮，将设置好属性的原理图文档保存到本地硬盘。

原理图文档属性的设置如图2-7所示。

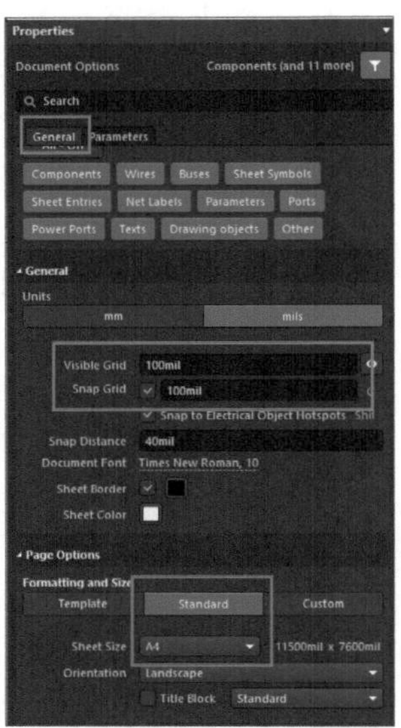

图2-7

2.5 搜索元器件

在【Manufacturer Part Search】面板中可以查找定位原理图需要用到的元器件，单击应用程序窗口右下角的【Panels】按钮，从菜单中选择【Manufacturer Part Search】命令，打开【Manufacturer Part Search】面板，首次打开【Manufacturer Part Search】面板时将显示元器件类别列表。

Altium Designer 22具有高级的元器件搜索引擎，在【Search】字段中直接输入待查询的元器件名称可以查找到需要的元器件。在面板顶部的【Search】字段中直接输入待查询的元器件名称，如74HC14，搜索结果如图2-8所示。

图2-8

2.5.1 获取搜索结果

【Manufacturer Part Search】面板的搜索结果区域将显示完全匹配或部分匹配搜索条件的元器件列表。单击其中一个元器件即可选中它，此时会显示一个链接，通过这个链接可以访问与该元器件相关的最新供应链信息，结果如图2-9所示。

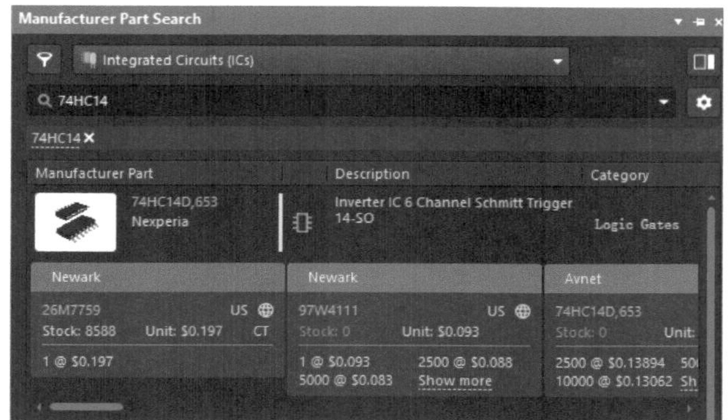

图2-9

2.5.2　查找无线电发射机元器件

如果在【Manufacturer Part Search】面板中找到的元器件有Altium Design 22模型，将显示图标，如图2-10所示。在面板的【Details】窗格中将显示它的原理图符号和PCB封装（单击面板中的按钮显示此窗格，如果面板处于紧凑模式，则单击面板底部的按钮）；在当前工作区中可以访问该元器件。

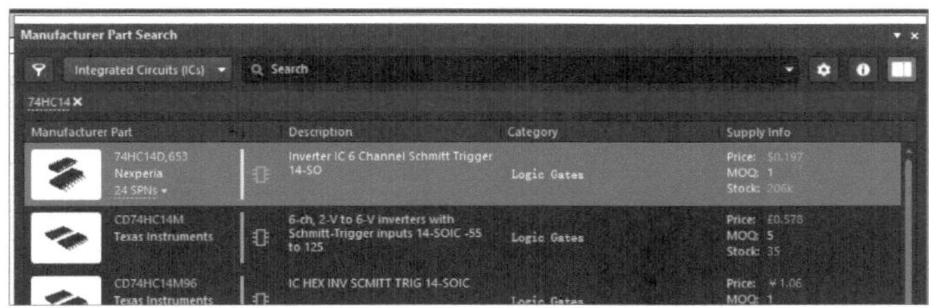

图2-10

将从【Manufacturer Part Search】面板中搜索到的元器件连接到当前工作区的步骤如下。

1. 从【Manufacturer Part Search】面板的【Details】窗格的【Download】下拉列表中选择【Acquire】选项，如图2-11所示；或右击元器件，从弹出的快捷菜单中选择【Acquire】命令。

2. 弹出【创建新元件】对话框，从当前已连接的工作区中定义的元器件类型中选择元器件类型，然后单击

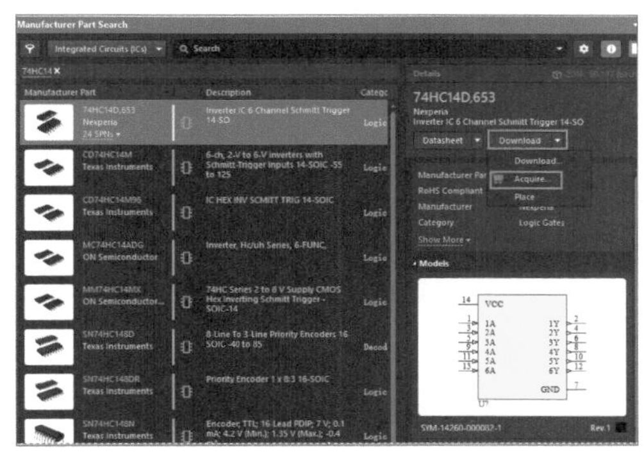

图2-11

【确定】按钮，如图2-12所示。

3. 弹出【Use Component Data】对话框，选择新创建的元器件的数据（包括参数、模型、数据手册等），选择完成之后单击【OK】按钮，如图2-13所示。

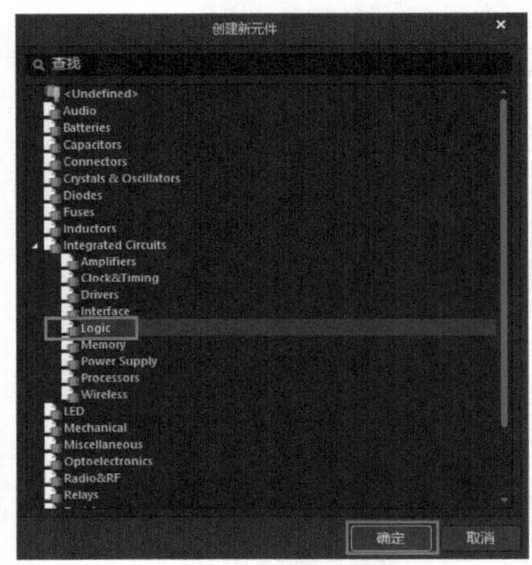

图2-12

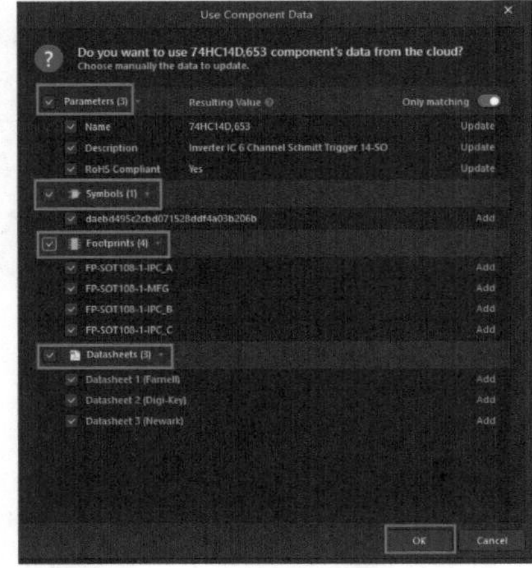

图2-13

4. 在主菜单中选择【文件】/【发布到服务器】命令，将新创建的元器件保存到已连接的工作区，如图2-14所示。

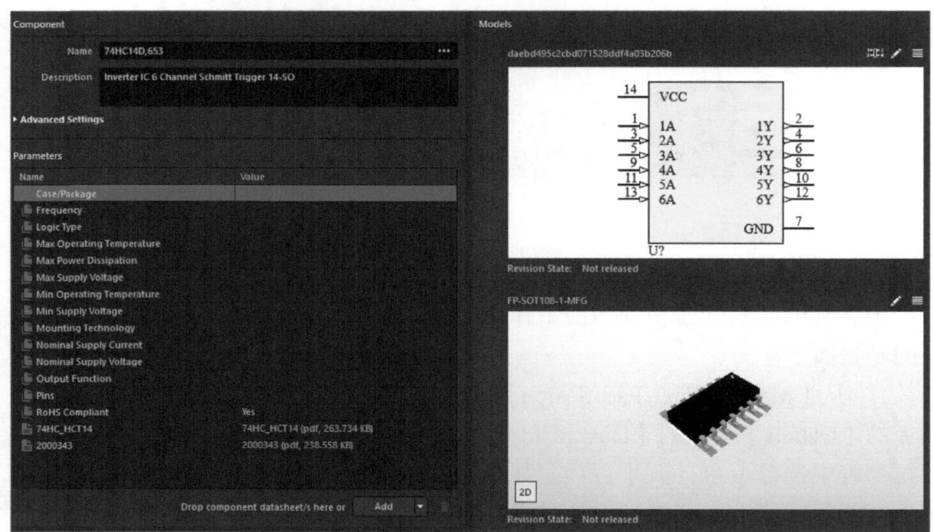

图2-14

5. 在弹出的【Edit Revision for Item】对话框的【Release Notes】字段中输入元器件修订版本的注释，然后单击【OK】按钮，如图2-15所示。

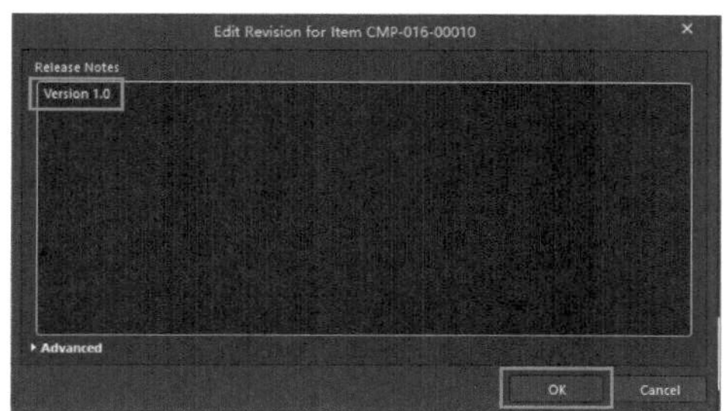

图2-15

通过【Components Panel】面板将获取的元器件放置到当前工作区的原理图设计空间中。无线电发射机所需要的元器件如表2-1所示。

表2-1　无线电发射机所需要的元器件

设计位号	描述	注释
Q2、Q3	BC546	三极管
X14	330Ω	电位器
C1、C4、C6	33pF、50pF、470pF	电容
R1、R2、R3、R4、R5	270Ω、100Ω、1000Ω	电阻
V1	12V	电池
X17、X16	74HC14	六路施密特反相器

一、三极管的查找和获取

1. 单击应用程序窗口右下角的【Panels】按钮，从菜单中选择【Manufacturer Part Search】命令，打开【Manufacturer Part Search】面板。
2. 在【Search】字段中输入待搜寻三极管的名称“BC546”，如图2-16所示。

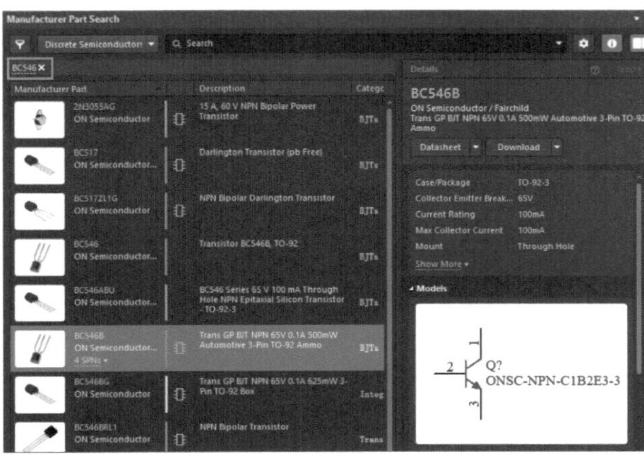

图2-16

3. 在搜索出的结果中选定待查三极管的型号“BC546B”。

4. 确认选定的三极管是否有货，单击面板上出现的【4 SPNs】链接，如图2-17所示。

5. 单击面板中的按钮，将显示【Details】窗格（如果面板处于紧凑模式，则单击面板底部的按钮），从中可以看到选中的元器件的属性和模型，在这里选择元器件的原理图符号和PCB封装。

6. 选中需要用的三极管之后，从【Details】窗格的【Download】下拉列表中选择【Acquire】选项。

7. 在弹出的【创建新元件】对话框中选择元器件类型【Transistors】，然后单击【确定】按钮，如图2-18所示。

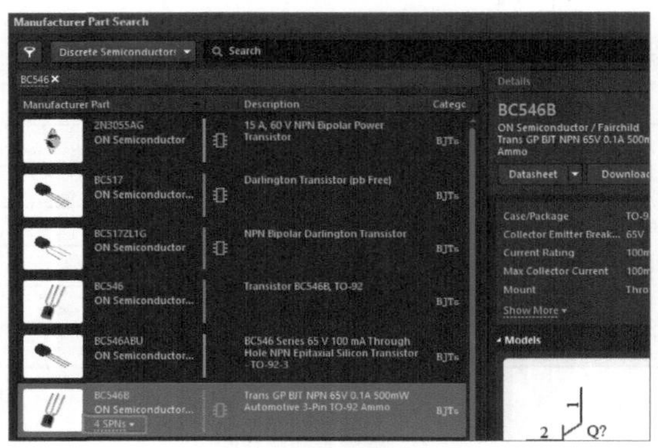

图2-17

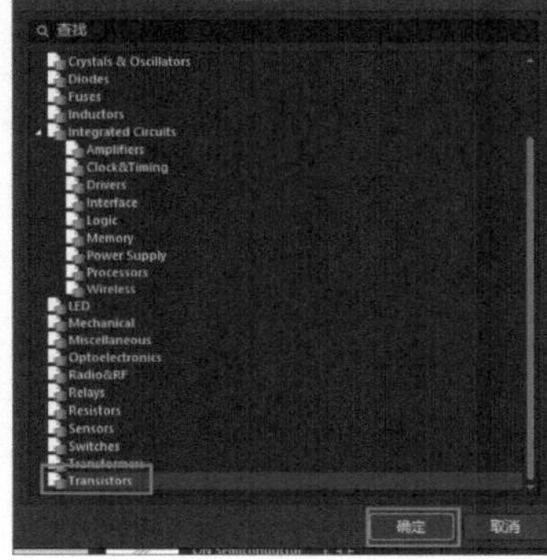

图2-18

8. 在弹出的【Use Component Data】对话框中关闭对话框右上角的【Only matching】选项，勾选【Parameters】【Symbols】【Footprints】【Datasheets】复选框，然后单击【OK】按钮，如图2-19所示。

9. 在主菜单中选择【文件】/【发布到服务器】命令，将新创建的元器件保存到已连接的工作区，如图2-20所示。

10. 在弹出的【Edit Revision for Item】对话框的【Release Notes】字段中输入元器件修订版本的注释，然后单击【OK】按钮。在将元器件保存到工作区的同时会打开一个状态对话框，保存版本信息之后，关闭元器件编辑器。

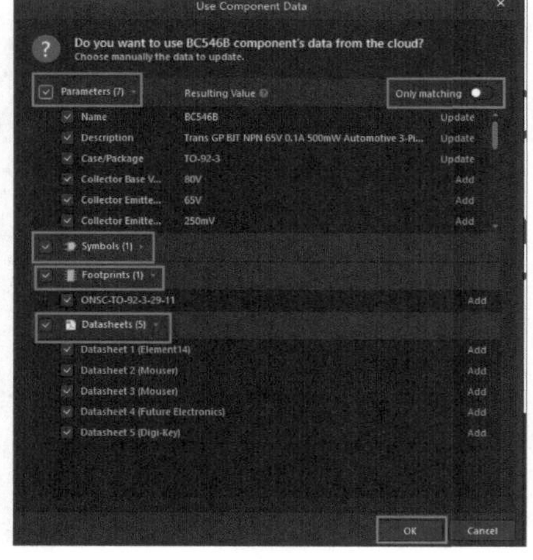

图2-19

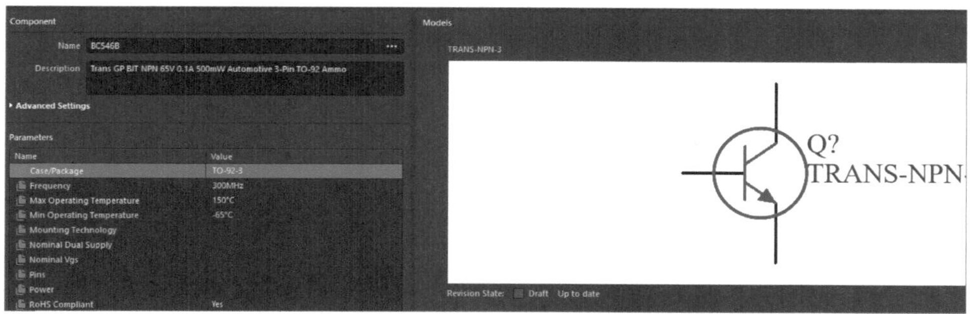

图2-20

二、电容的查找和获取

1. 返回【Manufacturer Part Search】面板，在该面板的【Search】字段中输入待搜寻电容的名称“Capacitor 33pF”。

2. 在查询结果中找到“CC0603JRNPO9BN330”并右击，从弹出的快捷菜单中选择【Acquire】命令。

3. 在弹出的【创建新元件】对话框中选择元器件类型【Capacitors】，然后单击【确定】按钮，如图2-21所示。

4. 在弹出的【Use Component Data】对话框中关闭对话框右上角的【Only matching】选项，勾选【Parameters】【Symbols】【Footprints】【Datasheets】复选框，然后单击【OK】按钮，如图2-22所示。

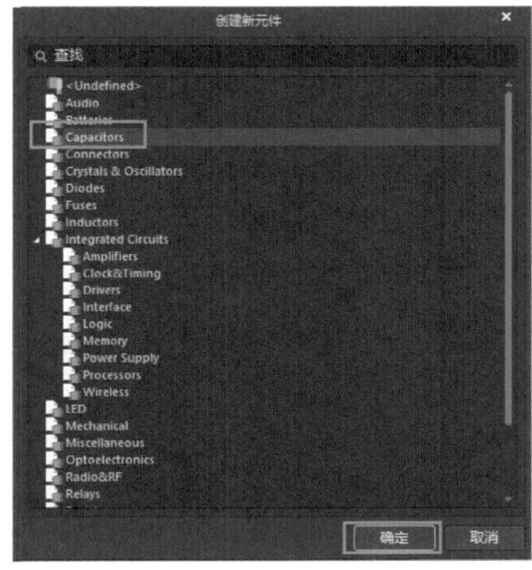

图2-21

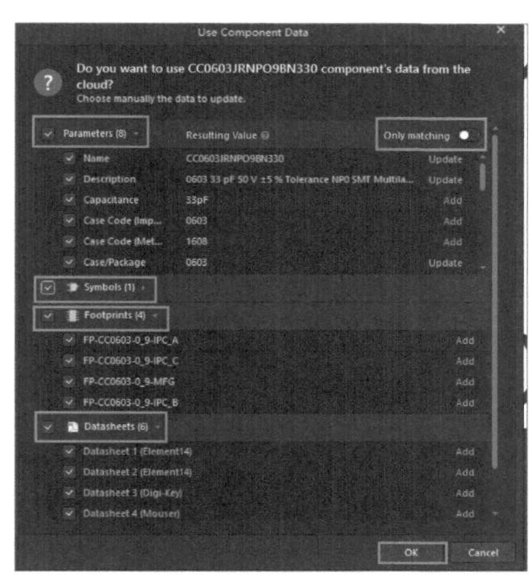

图2-22

5. 在弹出的【Single Component Editor】对话框中选取加载的数据，在编辑器左上角【Component】部分的【Name】字段中将元器件名称修改为

"CC0603JRNPO9BN330"，如图2-23所示。

图2-23

6. 采用数据的默认值，在主菜单中选择【文件】/【发布到服务器】命令，将新创建的元器件保存到已连接的工作区。

7. 在弹出的【Edit Revision for Item】对话框的【Release Notes】字段中输入元器件修订版本的注释，然后单击【OK】按钮。在将元器件保存到工作区的同时会打开一个状态对话框，保存版本信息之后，关闭元器件编辑器。

三、电阻的查找和获取

1. 返回【Manufacturer Part Search】面板，在【Search】字段中输入待搜寻电阻的名称"Resistor 270 5% 0805"。

2. 在查询结果中找到"Vishay CRCW0805270RFKEA"并右击，从弹出的快捷菜单中选择【Acquire】命令。

3. 在弹出的【创建新元件】对话框中选择元器件类型【Resistors】，单击【确定】按钮。

4. 在弹出的【Use Component Data】对话框中关闭对话框右上角的【Only matching】选项，勾选【Parameters】【Symbols】【Footprints】【Datasheets】复选框，然后单击【OK】按钮。

5. 在弹出的【Single Component Editor】对话框中选取加载的数据，在编辑器左上角【Component】部分的【Name】字段中将元器件名称修改为"Resistor 270 5% 0805"。

6. 采用数据的默认值，在主菜单中选择【文件】/【发布到服务器】命令，将新创建的元器件保存到已连接的工作区。

7. 在弹出的【Edit Revision for Item】对话框的【Release Notes】字段中输入元器件修订版本的注释，然后单击【OK】按钮。在将元器件保存到工作区的同时会打开一个状态对话框，保存版本信息之后，关闭元器件编辑器。

以同样的方式搜索和获取表2-1中的所有元器件。

四、将选中的元器件放置到原理图上

Altium Designer 22中的【Components】面板会列出本项目设计工作区内可用的全部元器件。【Components】面板具备与【Manufacturer Part Search】面板相同的搜索功能，支持字符串搜索、关键字搜索和二者结合的搜索，此外，还具备查找相似元器件的功能。

单击应用程序窗口右下角的【Panels】按钮，从菜单中选择【Components】命令，如图2-24所示，打开【Components】面板。

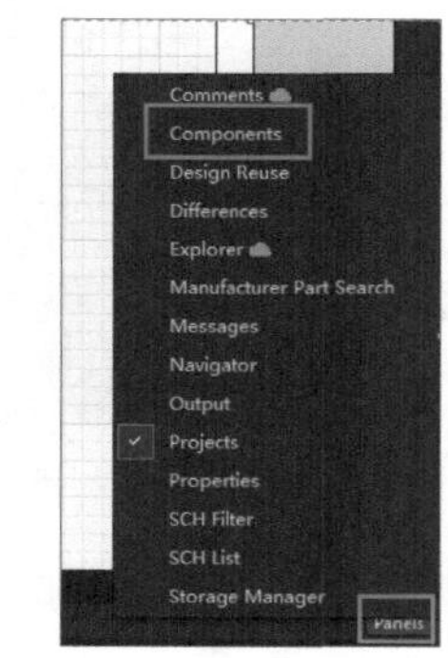

图2-24

【Categories】窗格的【All】条目下列出了所有工作区内可用的元器件，如图2-25所示。当面板处于正常模式时，单击【Categories】窗格图标或«图标可折叠或展开列表。类别结构反映了当前工作区上定义的元器件类型，可选择【优选项】对话框中的【Data Management】/【Component Types page】选项来查看和管理元器件类型。

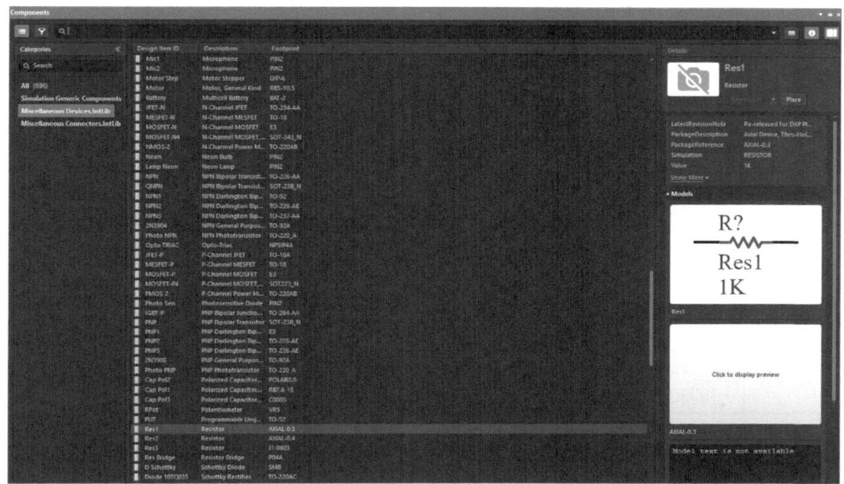

图2-25

有3种不同的方式可以将面板中的元器件放置到工作区。

- 第1种：单击【Details】窗格中的【Place】按钮，如图2-26所示，鼠标指针自动移动到原理图图纸内，鼠标指针上显示元器件，确定好位置之后，单击即可放置元器件；放置好一个元器件之后，鼠标指针上将出现相同类型元器件的另一个实例，右击即可退出放置模式。

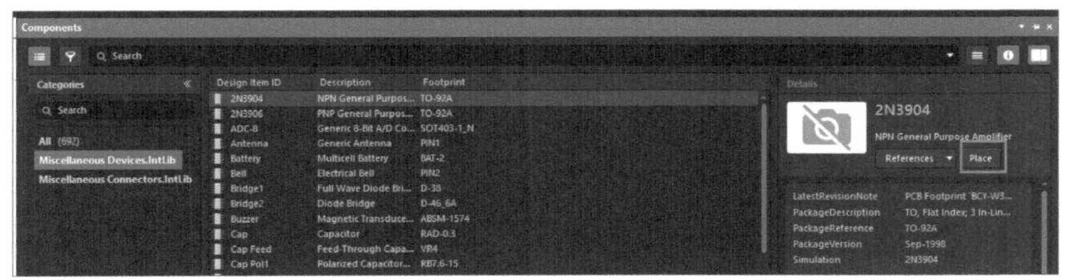

图2-26

- 第2种：右击元器件，从弹出的快捷菜单中选择【Place】命令，元器件出现在鼠标指针上，确定好位置之后，单击放置元器件（注意，如果面板漂浮在设计空间上，它会淡出以方便用户看到原理图并放置元器件）；放置好一个元器件之后，鼠标指针上将出现相同类型元器件的另一个实例，右击即可退出放置模式。
- 第3种：拖动元器件，将其从面板拖到原理图图纸上（此过程需要按住鼠标左键，释放鼠标左键时放置元器件）；使用这种方法一次只能放置一个元器件，放置好元器件之后，可以自由选择另一个元器件。

五、非工作区元器件库的调用

Altium Designer 22可以调用以下4种非工作区元器件库，如表2-2所示。

表2-2 可供调用的非工作区元器件库

库类型	功能
原理图库	在原理图库（*.SchLib）中创建元器件的原理图符号，原理图库存储在本地。每个元器件的原理图符号都与该元器件的PCB封装对应，可以根据元器件的产品规格书为其添加详细的元器件参数
PCB封装库	PCB封装（模型）存储在PCB封装库中（*.PcbLib），PCB封装库存储在本地。PCB封装包括元器件的电气特性，如焊盘；元器件的机械特性，如丝印层、尺寸、胶点等。此外，它还定义了元器件的三维影像，通过导入STEP模型来创建三维主体对象
集成库	除了直接利用原理图库和PCB封装库实现设计，还可以将元器件元素编译成集成库（*.IntLib），集成库存储在本地。此时，将生成一个统一的可移植库，其中包含所有模型和符号。集成库由库文件包（*.LibPkg）编译而成，它本质上是一个专用的项目文件，它将原理图库文件（*.SchLib）和PCB封装库文件（*.PcbLib）作为源文件添加到集成库中。作为编译过程的一部分，还可以通过集成库检查潜在的问题，如模型缺失、原理图引脚和PCB焊盘不匹配等问题
Altium数据库	数据库中的每条记录都可以对应一个元器件。将数据库记录的字段映射为某个特定元器件的参数，在放置元器件的同时，从数据库中检索相关记录并将其添加到元器件属性中

在使用Altium Designer 22进行设计的过程中，通过“可用的元器件库”放置元器件，“可用的元器件库”具有以下几种含义。

- 当前项目中的库——如果库文件是该项目的一部分，那么其中的元器件可放置在该项目中。
- 已安装的库——已在Altium Designer 22中安装好的库，库中的元器件可在任何开放项目中使用。
- 在已定义的搜索路径上的库——可以定义包含多个库的文件夹的搜索路径，每次在面板中选择新元器件时都会搜索已定义搜索路径中的所有文件。只推荐将已定义的搜索路径上的库用于包含简单模型定义的小库，例如仿真模型；对于复杂的模型，例如包含3D模型的封装库，则不推荐使用已定义的搜索路径上的库。

（1）安装库文件。

已经安装好的库文件在【可用的基于文件的库】对话框的【已安装】选项卡中，如图2-27所示。要打开该对话框，需单击【Components】面板顶部的≡按钮，从菜单中选择【File-based Libraries Preferences】命令。

（2）在库中搜索元器件。

Altium Designer 22的库搜索功能可以协助用户在已安装和当前未安装的库中查找相应的元器件。单击【Components】面板顶部的≡按钮，选择菜单中的【File-based Libraries Search】命令可以打开【基于文件的库搜索】对话框，如图2-28所示。在对话框的上半部分可定义需要查找的内容，在对话框的下半部分可定义到哪里去查找这些内容。

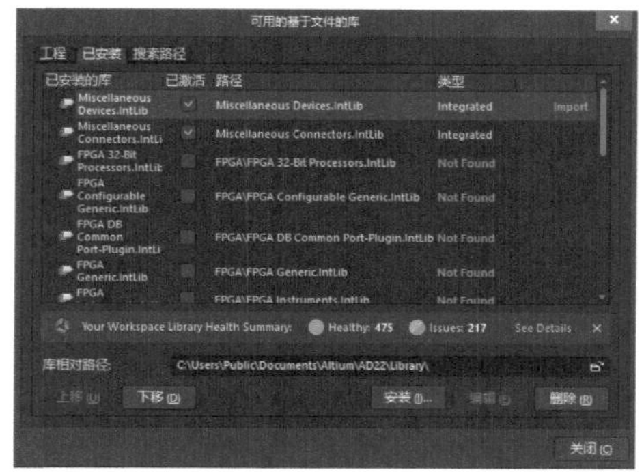

图2-27

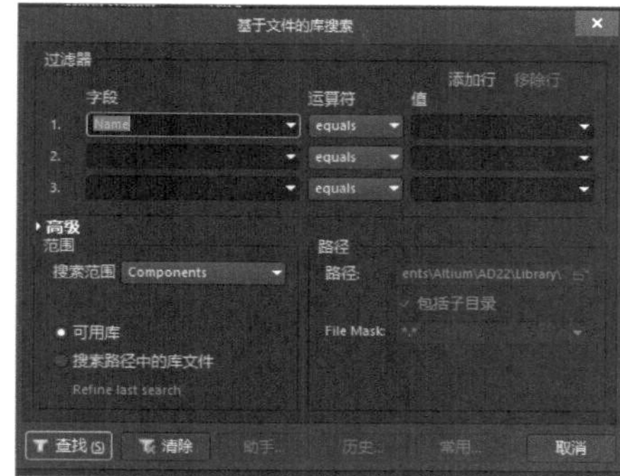

图2-28

可在以下库中搜索元器件。

- 已安装好的库（可用的库）。
- 位于硬盘驱动器上的库（带路径的库）。路径应设置为指向包含文件库的文件夹，例如C:\Users\Public\Documents\Altium\AD22\Library。

单击【查找】按钮开始搜索，当搜索完成后，搜索结果将显示在【Components】面板中。

只能从已经安装好的库中选取元器件来进行放置，当试图从当前未安装的库中选取元器件时，会出现【Confirm the installation】的提示。

2.6 放置无线电发射机元器件

使用【Components】面板可以将元器件放置到无线电发射机原理图中。查找并放置全部元器件，所有元器件均放置好后的原理图如图2-29所示。

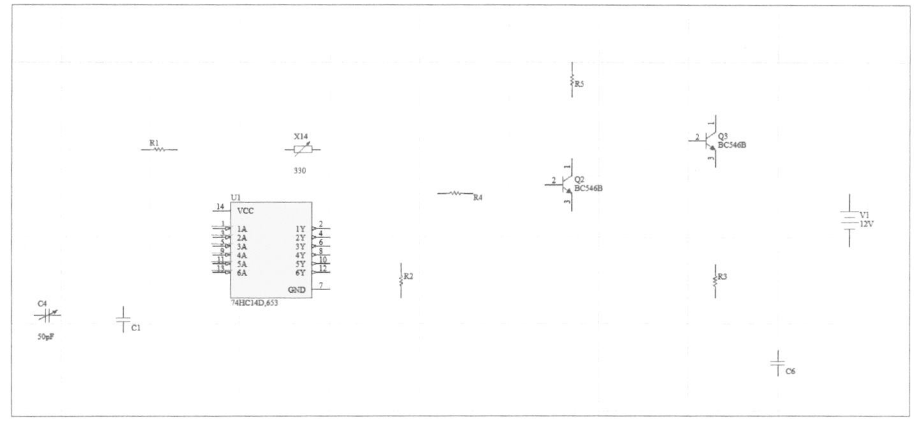

图2-29

一、放置三极管

1. 在主菜单中选择【视图】/【适合文件】命令，将编辑的原理图满屏平铺到设计空间中。

2. 单击应用程序窗口右下角的【Panels】按钮，从菜单中选择【Components】命令，打开【Components】面板。

3. 单击【Components】面板顶部的☰按钮，在菜单中选择【Refresh】命令，更新通过【Manufacturer Part Search】面板获取的元器件的内容。

4. 在【Manufacturer Part Search】面板的【Search】字段中输入“Transistor BC546”。

5. 单击【Manufacturer Part Search】面板中的ⓘ按钮，在面板的【Details】窗格中可以看到选中元器件的属性和模型。

6. 选择所需的三极管，在右侧的【Download】下拉列表中选择【Place】选项，如图2-30所示。鼠标指针将变为十字线形状，三极管的符号附着在鼠标指针上，此时处于元器件放置模式，移动鼠标指针，三极管符号将随之移动。

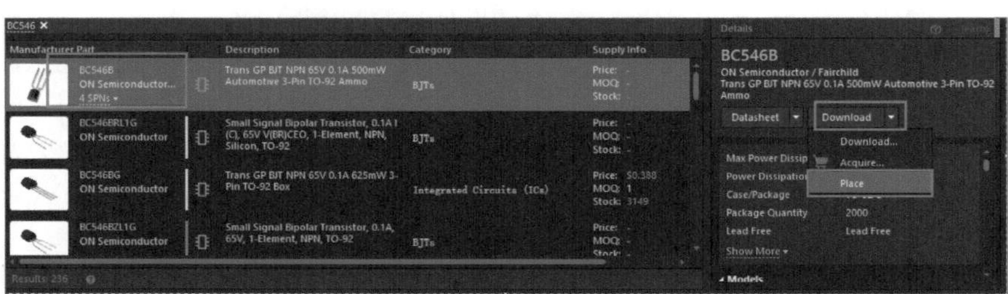

图2-30

7. 在将元器件放置到原理图上之前，可以编辑其属性。当三极管浮在鼠标指针上时，按Tab键可打开【Properties】面板。默认状态下，面板中最常用的字段会自动突出显示（高亮），此时突出显示的是元器件的位号。注意，【Properties】面板的每个部分都可以单独展开或折叠，如图2-31所示。

图2-31

在【Properties】面板中的【Designator】字段中输入“Q2”。

确认【Comment】字段的可视性（Visibility）控制设置为【Visible】（👁）。

其他字段保持默认设置，单击⏸按钮，返回元器件放置界面。

8. 移动鼠标指针，将三极管放置在原理图正中偏左。注意当前的捕捉栅格是100mil，它显示在应用程序窗口底部的状态栏的左侧。在放置元器件时，可按G键来选取合适的捕捉栅格设置。建议将捕捉栅格设定为100mil或50mil，以确保电路整洁，并使引线容易连接到元器件的引脚。在本示例的设计中，将捕捉栅格设定为100mil。

9. 将三极管摆放到原理图的合适位置之后，单击或按Enter键，将三极管固定到原理图上。

10. 移动鼠标指针，会发现Altium Designer 22已经将三极管的副本放置到原理图图纸上，此时仍处于元器件放置模式，三极管符号依旧附着在鼠标指针上。此功能允许放置多个相同类型的元器件。

11. 右击或按Esc键，退出元器件放置模式，鼠标指针恢复成箭头形状。

二、放置电容

1. 返回【Components】面板，在其中搜索“Capacitor 33pF”。

2. 在搜索结果中右击需要的电容，选择【Place】命令。

3. 电容的符号附着在鼠标指针上，按Tab键打开【Properties】面板。

4. 在【Properties】面板的【General】选项卡中设置电容的【Designator】为“C1”，如图2-32所示。

5. 展开【Properties】面板的【Parameters】部分，展开【Footprint】条目的【Value】下拉列表，选取33pF的电容。通常，电阻和电容有多种不同模型，根据所设计的PCB的密度来选取适合封装的电容。

6. 在【Properties】面板的【Parameters】部分，将【Capacitance】的取值参数设置为可见，其他参数设置为不可见。之后，原理图设计空间上会显示电容的大小值。

7. 其他字段保持默认设置，单击⏸按钮返回元器件放置界面。鼠标指针上会附着电容符号。

8. 按Space键将电容的放置方向旋转90°，确保摆放方向正确。

9. 将电容放置到三极管的右侧，单击或按Enter键，将电容固定到原理图上。

10. 右击或按Esc键，退出元器件放置模式。

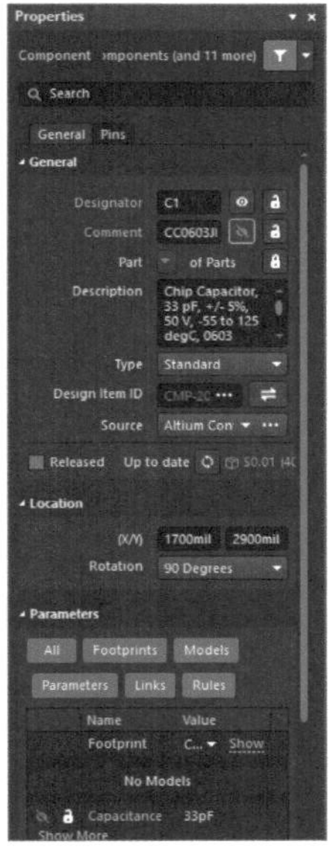

图2-32

三、放置电阻

1. 在【Components】面板中搜索“Resistor 1k”。

2. 在搜索的结果中选择阻值为1kΩ的电阻，在【Components】面板的【Models】窗格中会显示它的封装模型。电阻和电容有多种不同封装模型，根据所设计的PCB的密度来选取适合封装的电阻。

3. 在搜索结果中右击选定的电阻，选择【Place】命令。

4. 此时将有一个电阻符号附着在鼠标指针上，按Tab键打开【Properties】面板。在【Properties】面板的【General】选项卡中设置电阻的【Designator】为

“R1”，如图2-33所示。在【Properties】面板的【Parameters】部分将【Resistance】的取值参数设置为可见，其他参数设置为不可见。之后，原理图设计空间上会显示电阻的大小值。

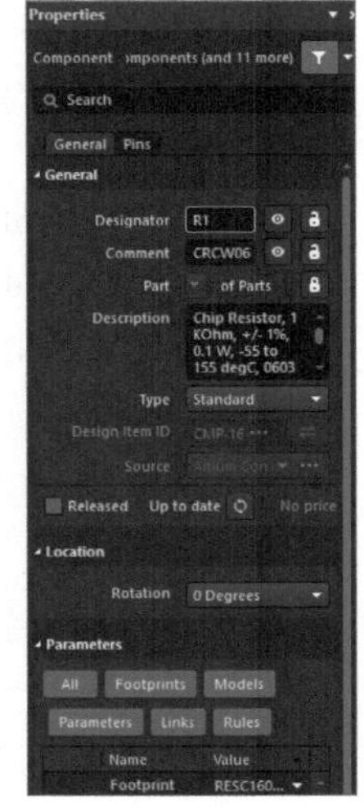

图2-33

5. 其他字段保持默认设置，单击⏸按钮返回元器件放置界面。鼠标指针上会附着电阻符号。

6. 按 Space 键将电阻的放置方向旋转90°，确保摆放方向正确。

7. 将电阻放置到三极管的左侧，单击或按 Enter 键，将电阻固定到原理图上。

8. 按照上述方式放置电阻R2。放置第二个电阻时，元器件的位号会自动加1。

9. 右击或按 Esc 键，退出元器件放置模式。

在原理图上摆放好全部元器件之后，应确保图中各个元器件之间保持一定的间隔，为连线提供足够的空间，避免连线时元器件引脚之间短路。如需移动元器件，单击该元器件的主体并按住鼠标左键不放，然后拖动鼠标来重新放置它。

2.7 原理图连线

在原理图上摆放好全部元器件之后，便可以开始原理图连线，原理图连线是实现电路中各元器件之间电气连接的过程。

按 PgUp 键放大或按 PgDn 键缩小原理图，确保原理图有合适的视图。也可以按住 Ctrl 键并滚动鼠标滚轮以放大/缩小原理图，或者按住 Ctrl 键+鼠标右键，向上/向下拖动鼠标以放大/缩小原理图。

1. 将电阻器R5的下引脚连接到三极管Q2的集电极上。单击活动工具栏上的≈按钮进入导线放置模式，或在主菜单中选择【放置】/【线】命令进入导线放置模式，也可按快捷键 Ctrl + W 进入导线放置模式。之后，鼠标指针变为十字线形状。

2. 将鼠标指针放置在R5的引脚上，当位置正确时，鼠标指针处将显示红色连接标记（红色十字）。这表明鼠标指针位于元器件的有效电气连接点之上。

3. 单击或按 Enter 键以固定第一个导线连接点。移动鼠标指针，随着鼠标指针的移动，将看到一根导线从鼠标指针位置延伸到锚点。

4. 将鼠标指针放置在Q2的集电极上，直到鼠标指针变为一个红色的连接标记。如果导线转角的方向不正确，可按 Space 键切换转角方向。

5. 单击或按 Enter 键，将导线连接到Q2的集电极上。连接好线之后，鼠标指针将从该导线上释放出来。

6. 此时，鼠标指针仍然是十字线形状，表示可以放置另一条线了。要完全退出导线放置模式，使鼠标指针变回箭头形状，可以右击或按 Esc 键。但现在还没到时候，暂时不要这样做。

7. 将导线从C6的引脚连接到Q3的发射极。将鼠标指针定位到C6的引脚上，单击或按Enter键启用新导线。垂直移动鼠标指针，直到导线被连接到Q3的发射极上，然后单击或按Enter键放置导线。同样，鼠标指针将从该导线上释放出来，保持处于导线放置模式，准备放置另一条导线。

8. 将原理图的其余元器件连线，放置好所有导线后，右击或按Esc键退出导线放置模式。

为原理图中各元器件的引脚连好线之后，相互连接的每一组元器件引脚便构成了一个网络。例如，三极管Q2的基极、R4的一个引脚和R2的一个引脚便构成了一个网络。Altium Designer 22自动为每个网络分配一个系统生成的名称，该名称基于该网络中的某个元器件引脚。

为了便于在设计中识别重要的网络，可以人为地为网络指定名称，即添加网络标签。对于无线电发射机电路，将在电路中标记12V和GND网络。网络标签除了方便用户识别网络之外，还可用于创建同一原理图上两个独立的点之间的连接。

在原理图上摆放好全部元器件，为各个元器件的引脚连线，添加好网络标签之后，原理图便设计完成了。但是，不要着急，在将原理图转换为PCB之前，需要设置项目选项并检查设计是否存在错误。

2.8 设置项目选项和动态编译

项目选项设置在【Options for PCB Project】对话框中进行，在主菜单中选择【工程】/【Project Options】命令，进入【Options for PCB Project】对话框。设置的项目选项包括错误检查参数、连通矩阵、类生成、比较器、ECO生成、输出路径和连接性选项、多通道命名格式和项目级参数等。

从【文件】和【报告】菜单中设置装配输出、制造输出和报告等项目输出选项。这些设置存储在项目文件中，供本项目使用。此外，还可以通过输出作业文件来设置输出，将一个项目的输出作业文件复制到另一个项目中。

从打开项目的那一刻起，系统便使用统一数据模型（Universal Data Model，UDM），不需要额外的编译，这样不但可以加快编译速度，还可以在【Navigator】面板中列出网络和元器件，从而节省时间，在每次用户操作后即时更新设计连接模型。这意味着查看【Navigator】面板、运行物料清单（Bill Of Material，BOM）、执行电气规则检查时不需要再一次手动编译项目，即实现动态编译。

2.9 检查原理图的电气特性

原理图不只是简单的连接图，它还包含电路的电气连接信息。为此，可以使用连通矩阵来验证设计。通过【工程】/【Validate PCB Project Emitter.PrjPcb】命令编译项目时，软件会检查UDM和编译器之间的逻辑、电气和绘图错误，检测出违规设计。

一、设置错误报告

【Options for PCB Project】对话框中的【Error Reporting】选项卡用于设置原理图和元器件设置检查。在【报告格式】列下设置违规的严重程度。如果需要更改设置，单击要更改的违规右侧的报告格式，从下拉列表中选择严重程度，如图2-34所示。

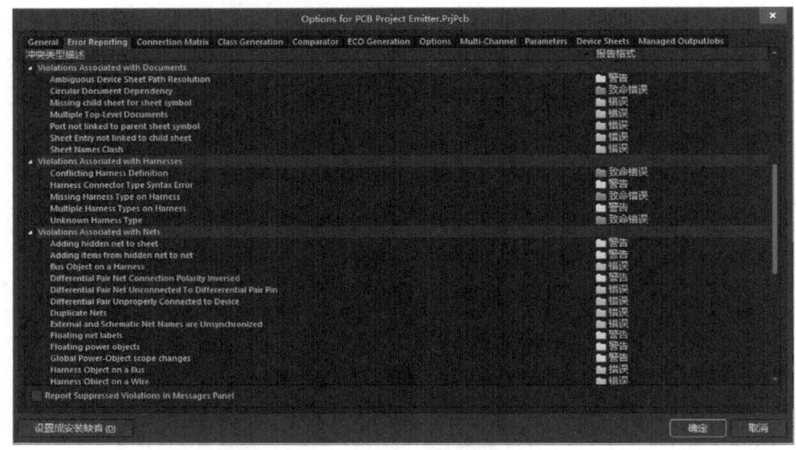

图2-34

按照以下步骤设置错误报告。

1. 选择【工程】/【Project Options】命令，打开【Options for PCB Project】对话框。

2. 滚动错误检查列表，注意它们的分组，根据需要折叠每个组。

3. 为每种错误检查设定好各自的【报告格式】，此时，应注意哪些选项是可用的，哪些选项是不可用的。设置完成之后，单击【确定】按钮。

二、设置连通矩阵

在原理图设计过程中，原理图每个网络中的引脚列表会被内置到内存中。Altium Designer 22会检测每个引脚的类型（如输入、输出、无源等），并检查每个网络中是否有不应该相互连接的引脚类型，例如，一个输出引脚是否与另一个输出引脚相连。【Options for PCB Project】对话框中的【Connection Matrix】选项卡用于设置允许相互连接的引脚类型。例如，查看矩阵图右侧的条目，找到Output Pin（输出引脚）所在矩阵的行，再找到Open Collector Pin（集电极开路引脚）列，二者相交的正方形是橙色的，表示连接到原理图上的Open Collector Pin（集电极开路引脚）在编译项目时会生成一个错误条件，如图2-35所示。

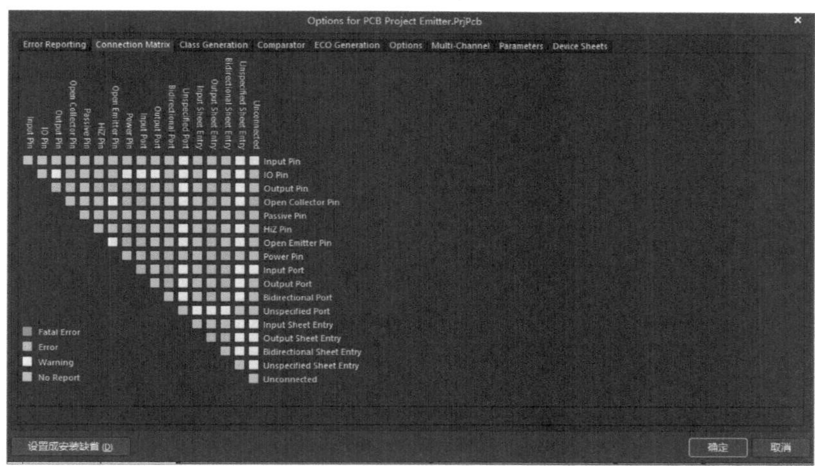

图2-35

可以为每种错误类型设置一个单独的错误级别，即从【No Report】到【Fatal Error】4个不同级别的错误。单击彩色方块以更改设置，继续单击以移动到下一个检查级别。

按照以下步骤设置连通矩阵。

1. 单击连通矩阵中的彩色小方块，用户可以在4种错误级别中选取需要的设置，系统将循环显示Fatal Error（致命错误）、Error（普通错误）、Warning（告警）和No Report（不报错）4种可能的设置。右键单击连通矩阵中的彩色小方块，可通过弹出的菜单对连通矩阵进行全局设置。在设置过程中，如果忘记了先前的设置，可单击【设置成安装缺省（D）】按钮，将连通矩阵恢复到默认状态。

2. 此时的电路中只包含无源引脚。对默认设置进行修改，使得连通矩阵能检测到未连接的无源引脚。向下查看行标签，找到Passive Pin（无源引脚）行，查看矩阵的列标签，找到Unconnected（未连接）列，二者相交的正方形表示：当在原理图中发现一个未连线的无源引脚时报错。默认设置为绿色，表示不会报错。

3. 单击这个交叉点框，让它变成橙色，之后在编译项目时，检测到未连线的无源引脚会报错。

三、设置类生成选项

【Options for PCB Project】对话框中的【Class Generation】选项卡用于设置设计中生成的类的种类，默认情况下，Altium Designer 22会为每张原理图生成元器件类和Room，为设计中的每个总线生成网络类。对于只有一张原理图的简单工程，不需要生成元器件类或Room。取消勾选【创建元件类】复选框，禁止为该类元器件创建Room，单击【确定】按钮，如图2-36所示。

图2-36

设置类生成选项包含以下内容。

取消勾选【创建元件类】复选框，禁止自动为本项目原理图生成Room。

本设计项目没有总线，无须取消勾选位于对话框顶部的【为总线产生网络类】复选框。

本设计项目没有用户自定义的网络类（通过直接在导线上放置Net类指令来实现），因此无须取消勾选【自定义类】部分的【创建网络类】复选框。

四、设置比较器

【Options for PCB Project】对话框中的【Comparator】选项卡用于设置在编译项目时是报告不同文件之间的差异，还是忽略不同文件之间的差异。通常，当向PCB添加额外的细节时，比如添加新的设计规则之后，不希望在设计同步期间删除这些设置，则需要更改此选项卡中的设置。如果需要更精准的控制，可以使用单独的比较设置来有选择地控制比较器。

本书的示例已勾选【仅忽略PCB定义的规则】复选框，如图2-37所示。

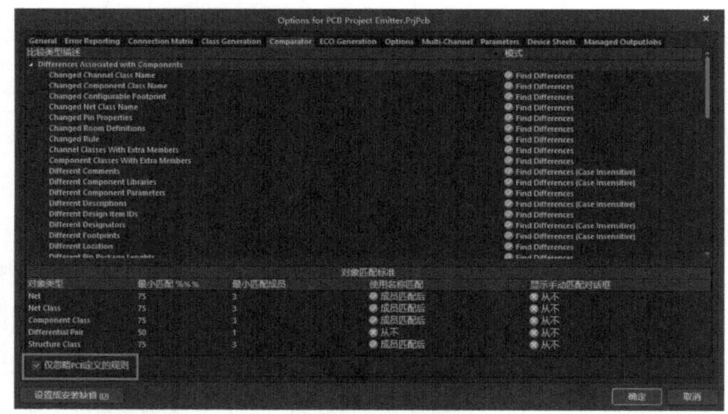

图2-37

2.10 项目验证与错误检查

项目验证用于检查设计文档中的绘图和电气规则错误，并在【Messages】面板中详细说明所有警告和错误，在【Options for PCB Project】对话框中设置好【Error Reporting】和【Connection Matrix】之后，便可以开始进行项目验证。

按照以下步骤进行项目验证。

1. 从主菜单中选择【工程】/【Validate PCB Project Emitter.PrjPcb】命令。

2. 验证完成后，所有的警告和错误都将显示在【Messages】面板中。【Messages】面板只有在检测到错误时才会自动打开（只有警告时不会自动打开）。单击应用程序窗口右下角的【Panels】按钮，从菜单中选择【Messages】命令，手动打开【Messages】面板。

3. 如果绘制的原理图完全正确，【Messages】面板不会包含任何错误，仅有【Compile successful no errors】的提示。如果【Messages】面板中有错误提示，则应检查绘制的原理图，并对其进行修改，确保所有的线路和连接准确无误。

接下来，人为制造一个原理图错误，重新对项目进行验证。

1. 单击位于设计空间顶部的【Emitter.SchDoc】选项卡，使Emitter.SchDoc成为当前活跃文档。

2. 单击R4和Q2集电极之间的导线，导线的两端将出现小的方形编辑句柄，选定的导线将以虚线显示，表示它已被选中。按Delete键删除该导线。

3. 从主菜单中选择【工程】/【Validate PCB Project Emitter.PrjPcb】命令，重新编译项目，检查原理图是否有错。【Messages】面板中将显示错误提示，指出原理图中有未连接的引脚。

4. 此时，【Messages】面板分成两部分：上半部分列出全部消息，右击可以保存、复制、删除这些消息；下半部分详细说明了当前原理图中的警告/错误，如图2-38所示。

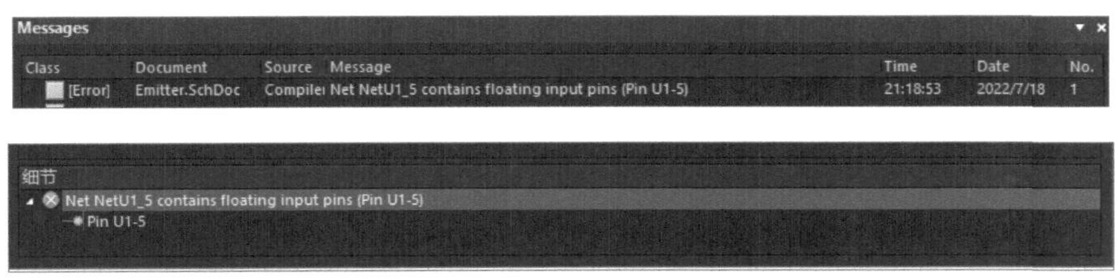

图2-38

5. 双击【Messages】面板任一区域中的错误或警告信息，将自动定位到原理图中相应的对象。

将鼠标指针悬停在出现错误的对象上，将会显示描述错误细节的消息。

接下来，修复原理图。

1. 单击位于设计空间顶部的【Emitter.SchDoc】选项卡，使Emitter.SchDoc成为当前活跃文档。

2. 撤销删除动作（快捷键为 Ctrl + Z ），恢复先前删除的那条导线。

3. 再次确认原理图准确无误，重新编译项目，从主菜单中选择【工程】/【Validate PCB Project Emitter.PrjPcb】命令，【Messages】面板未显示任何错误。

4. 将原理图和项目文件保存到工作区，右击项目名称，在快捷菜单中选择【保存到服务器】命令，确认文件名称为Emitter.PrjPcb。在打开的【保存到服务器】对话框中选择Emitter.SchDoc和Emitter.PrjPcb文件，在该对话框的【注释】字段中输入注释（例如“已创建并验证的原理图”），然后单击【OK】按钮。

至此，原理图设计告一段落，接下来准备创建PCB文件。

第3章 PCB版图设计

电路设计的最终目的是设计出符合特定需求的PCB，第2章完成了原理图的设计，本章将利用Altium Designer 22的PCB编辑器设计出符合要求的PCB版图。

3.1 创建新的PCB文件

在将设计好的原理图迁移到PCB编辑器之前，先要创建一个空白的PCB文件，为其命名之后将其保存到项目文件中，如图3-1所示。

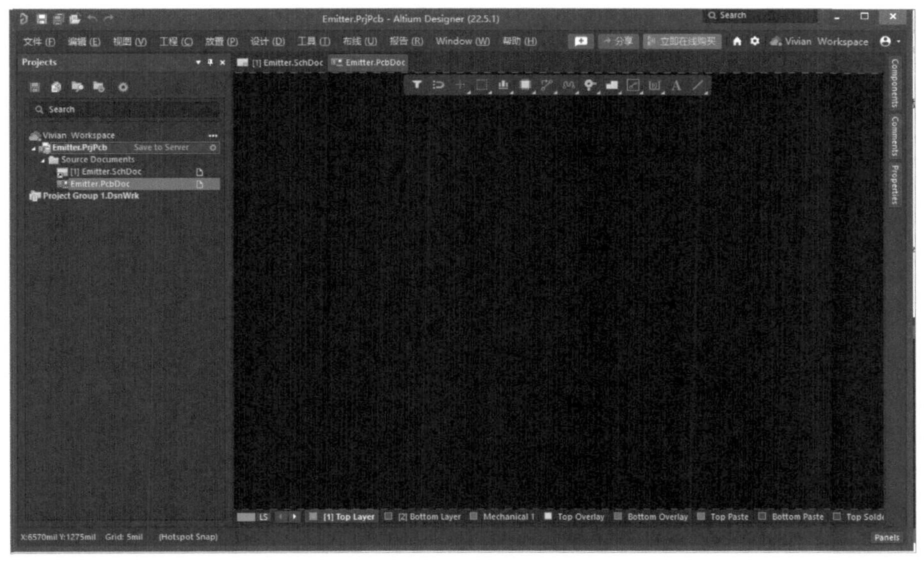

图3-1

在项目文件中添加一个新的PCB文件的步骤如下。

1. 选择【工程】/【添加新的...到工程】/【PCB】命令，如图3-2所示。

2. 此时，PCB文件将作为源文档出现在【Projects】面板中，右击【Projects】面板中的PCB图标，选择【另存为】命令，将其命名为Emitter。

提示：无须在【另存为】对话框中输入文件扩展名，Altium Designer 22会自动添加扩展名。

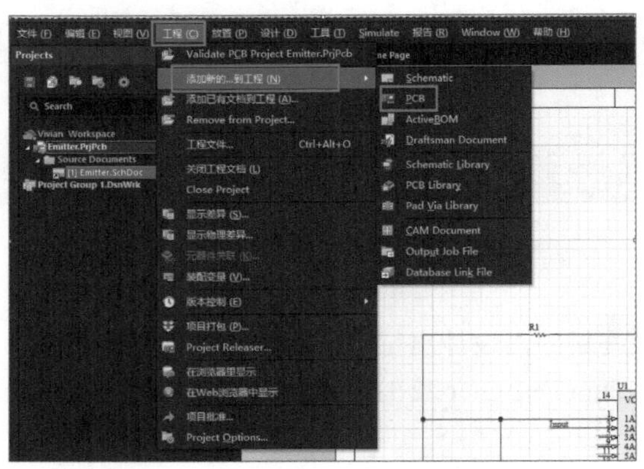

图3-2

3. 由于此时的项目文件中已经添加了新的PCB文件，因此需要将变动后的项目文件保存到本地，右击【Projects】面板中的项目文件名，选择【保存】命令。

3.2 设置PCB的位置和尺寸

创建好空白PCB文件之后，还需要设置一些项目，如表3-1所示。

表3-1 需要设置的项目

项目	具体过程
设置原点	PCB编辑器有两个原点—— 绝对原点（设计空间的左下角）和用户自定义的相对原点（用于确定当前设计空间的位置），状态栏上显示的坐标对应相对原点。一种通用的方法是将相对原点设置在PCB形状的左下角。在PCB编辑器主菜单中选择【编辑】/【原点】/【设置】命令可以设置相对原点；选择【编辑】/【原点】/【复位】命令可以将原点重置为绝对原点
设置单位（英制还是公制）	当前设计空间的*x*/*y*位置和栅格会显示在状态栏上。本书将使用公制单位。按Q键可以在英制单位和公制单位之间来回切换，从主菜单中选择【视图】/【切换单位】命令也可以更改单位
选择合适的捕捉栅格	将当前的捕捉栅格设置为5mil（或0.127mm），默认的是英制捕捉栅格。若需要随时更改捕捉栅格，请按G键以显示【Snap Grid】菜单，从中选择英制值或公制值；还可以按快捷键Ctrl+Shift+G打开【Snap Grid】对话框，在该对话框中输入捕捉栅格值
重定义PCB的尺寸	PCB的形状由带有栅格的黑色区域表示，新PCB的默认尺寸是6英寸×4英寸（1英寸≈2.54cm），本书中的示例PCB尺寸为50mm×50mm。关于为电路板重新定义尺寸的详细过程，会在接下来的内容中具体介绍
PCB的层叠设置	除了需要对PCB的覆铜层或电气层进行设置外，还需要设置通用机械层和专用层，如元器件的丝网、焊料掩膜、粘贴掩膜等

一、设置原点和栅格

按照以下步骤设置PCB的原点和栅格。

1. PCB编辑器有两个原点：绝对原点（设计空间的左下角）和用户自定义的相对原点（用于确定当前设计空间的位置）。在设置原点之前，将当前PCB形状放大到可以看到设计空间内的栅格线。为此，将鼠标指针放置在PCB区域内的左下角，并按PgUp键，直到粗栅格和细栅格都可见，如图3-3所示。

2. 选择【编辑】/【原点】/【设置】命令，然后将鼠标指针放置在PCB区域内的左下角，单击以设置相对原点，如图3-3所示。

LS
[1] Top Layer
[2] Bottom Layer
Mechanical
X:1000mil Y:1000mil Grid: 5mil (Hotspot Snap) Select New Relative Origin
LS
[1] Top Layer
[2] Bottom Layer
Mechanical
X:0mil Y:0mil Grid: 5mil (Hotspot Snap)

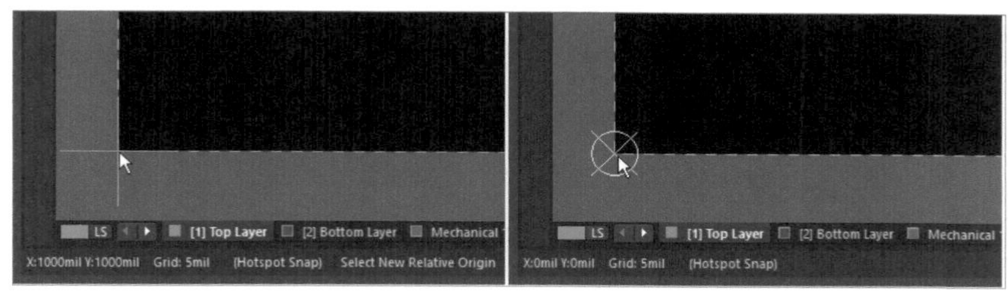

图3-3

3. 选择一个合适的捕捉栅格。在设计过程中，更改捕捉栅格大小是常见的操作，例如，在放置元器件期间可能使用粗栅格，在布线阶段则使用精细的栅格。本示例采用公制单位的栅格。按快捷键Ctrl+Shift+G打开【Snap Grid】对话框，在该对话框中输入“5mm”，单击【OK】按钮关闭对话框。软件切换到公制栅格线，可以通过状态栏看到设置好的栅格值，如图3-4所示。

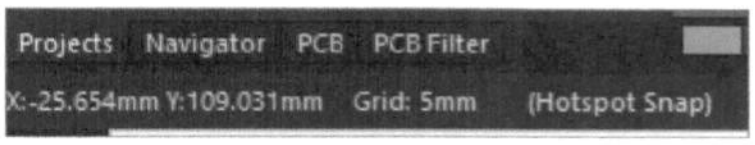

Projects Navigator PCB PCB Filter
X:-25.654mm Y:109.031mm Grid: 5mm (Hotspot Snap)

图3-4

二、设置PCB的尺寸

在Altium Designer 22中，PCB的默认尺寸是6英寸×4英寸，本示例中的PCB尺寸是50mm×50mm。按照以下步骤设置PCB的尺寸。

1. 对PCB进行缩放，从主菜单中选择【视图】/【合适板子】命令，此时，PCB将完全填满PCB编辑区。如需更改显示的PCB的大小，以与PCB编辑区的边缘重合，可以按Ctrl键+滚动鼠标滚轮缩放视图，或直接按PgDn键缩小视图、按PgUp键放大视图。

2. 通常使用【板子规划模式】命令来变更PCB的形状大小。从主菜单中选择【视图】/【板子规划模式】命令，也可以按1键，PCB显示模式发生改变，PCB区域将显示为绿色。

3. 在板子规划模式下，可以重新定义PCB形状（重新绘制），也可以在现有PCB形状的基础上对其进行编辑。本示例中的PCB是一块简单的矩形板，则在现有的PCB基础上进行编辑更加方便。从主菜单中选择【设计】/【编辑板子顶点】

命令（只有在板子规划模式下才能使用该命令），如图3-5所示，编辑控制柄将显示PCB每个角和每个边的中心。

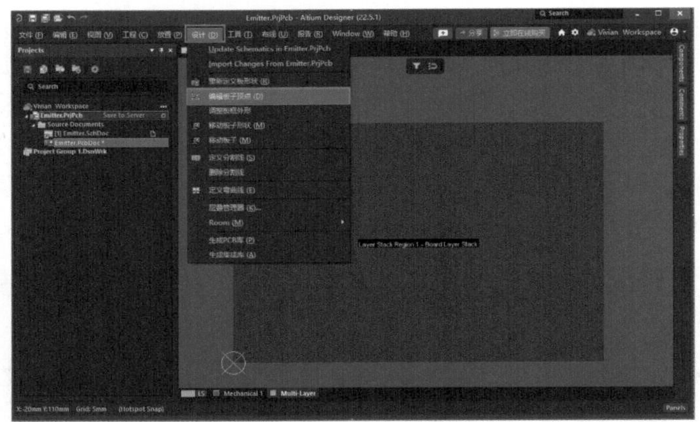

图3-5

4. 此时，粗可见栅格为25mm（捕捉栅格的5倍），细可见栅格为5mm。可以将栅格线大小作为参考，向下拖动上边缘，向左拖动右边缘，设置PCB大小；也可以将位于原点的角留在当前位置，拖动PCB的另外三个角，设置PCB大小。

5. 将鼠标指针放置在栅格边缘上（不放置在手柄上），当鼠标指针变为双头箭头形状时，按住鼠标左键，然后将边缘拖动到新的位置，此时状态栏上的y位置显示为50mm。重复此过程，拖动右边缘，使状态栏上的x位置显示为50mm，如图3-6所示。

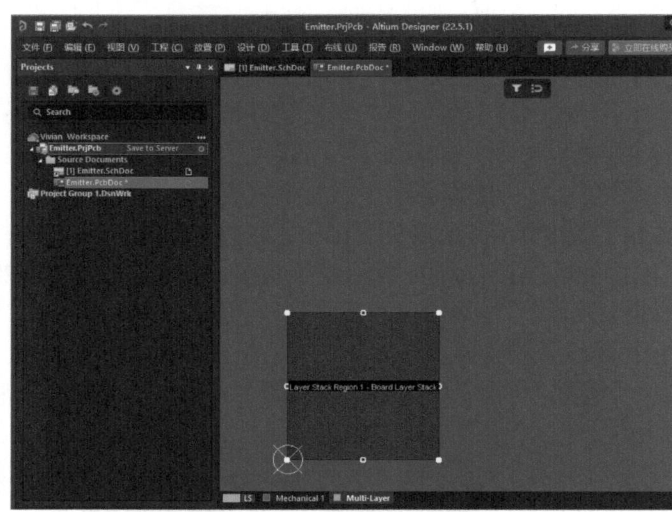

图3-6

6. 单击设计空间中的任何位置以退出板子规划模式。按2键切换回二维布局模式。此时，PCB的位置和尺寸重定义完成。将栅格大小设置成适合放置元器件的值，如1mm。将PCB设计文件保存到本地，如图3-7所示。

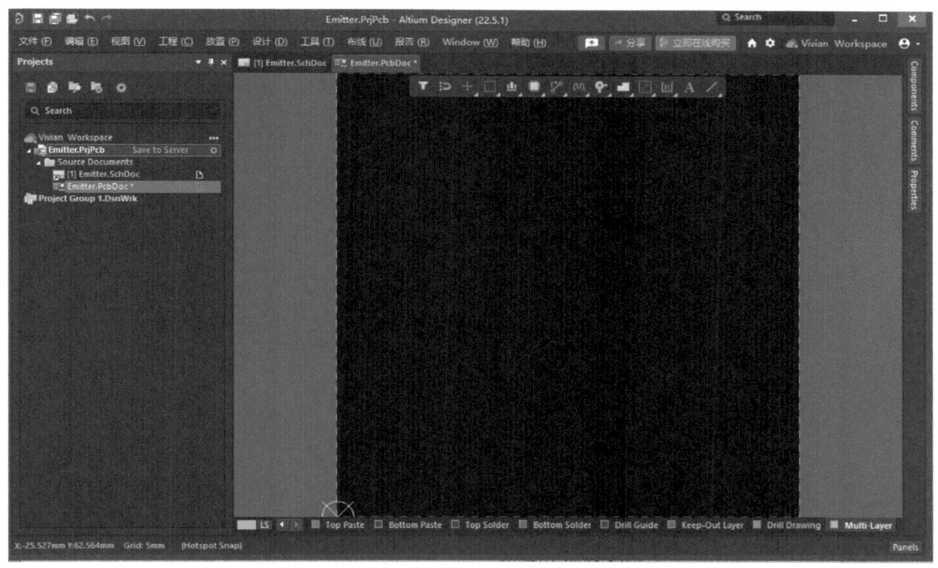

图3-7

3.3 设置默认属性值

当在PCB编辑器的设计空间中放置元器件时，Altium Designer 22将根据以下条件定义元器件对象的形状和属性。

- 适用的设计规则——如果定义某设计规则适用于元器件，便可根据此规则定义元器件的属性。例如，在交互布线时进行图层切换期间，将自动添加通孔，通孔尺寸等属性遵循布线通孔样式设计规则。
- 默认设置——如果适用的设计规则不存在或不适用，则根据【优选项】对话框中的【PCB Editor】/【Defaults】(默认PCB编辑器)选项的默认设置设置元器件的属性。例如，当选择【放置】/【过孔】命令时，如果软件不知道该过孔是否将成为网络的一部分，软件将放置一个大小为默认值的过孔。

按照如下步骤设置元器件的位号和默认的注释。

1. 在PCB编辑器主菜单中选择【工具】/【优选项】命令，选择【PCB Editor】/【Defaults】选项。

2. 在【Primitive List】列表框中选择【Designator】选项，显示元器件的默认属性，如图3-8所示。此时应确认以下3项。

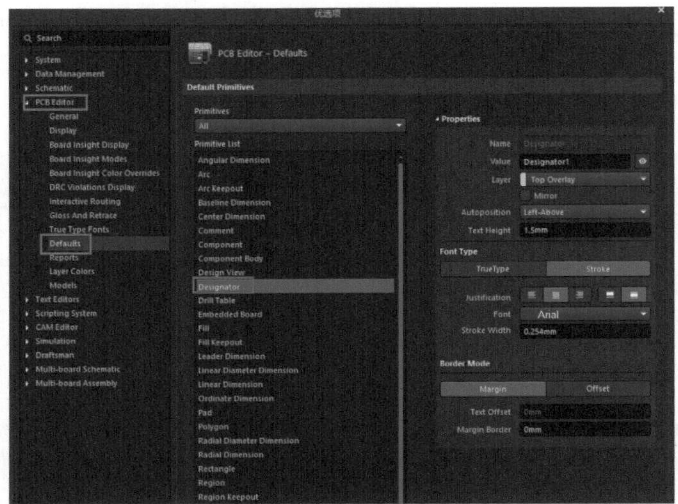

图3-8

● 【Autoposition】(自动定位)选项为【Left-Above】(左上方)。当旋转元器件时，这是位号字符串的默认位置。在设计过程中，任何时刻均可重新设置该位置。

● 【Font Type】(字体类型)为【TrueType】、【Font】为【Arial】。笔画字体是软件可以生成的Gerber形状。设置【TrueType】之后，能够访问所有可用的字体。在计算机已经安装了该字体的前提下，将其嵌入PCB文件中，使用【优选项】对话框的【PCB Editor】/【True Type Fonts】选项进行设置。

● 【Text Height】为“1.5mm”。

3. 在【Primitive List】列表框中选择【Comment】选项，设置默认注释时应设置好以下几项。

● 将【Autoposition】选项设置为【Left-Below】(左下方)。

● 将【Text Height】设置为“1.5mm”。

● 将【Font Type】设置为【TrueType】,【Font】设置为【Arial】。

● 将注释的可见性设置为隐藏。这是默认值，如果需要，可以在设计过程中有选择地显示元器件的注释字符串。

4. 完成以上设置之后，单击【确定】按钮，保存设置，关闭【优选项】对话框。

3.4 迁移设计

无须创建中间网表文件，便可实现原理图文件到PCB文件的直接迁移，即在原理图编辑器主菜单中选择【设计】/【Update PCB Document Emitter.PcbDoc】命令，或者在PCB编辑器中选择【设计】/【Import Changes from Emitter.PrjPcb】命令。

按照以下步骤将设计从原理图文件迁移到PCB文件。

1. 单击【Emitter.SchDoc】选项卡，使Emitter.SchDoc成为活跃文档。

2. 在原理图编辑器的主菜单中选择【设计】/【Update PCB Document Emitter.PcbDoc】命令，打开【工程变更指令】对话框，如图3-9所示。

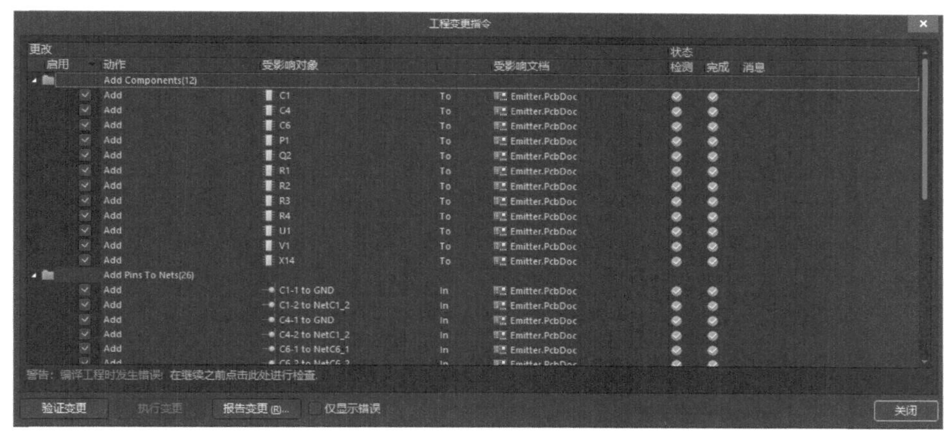

图3-9

3. 单击【验证变更】按钮，验证通过之后，在对话框的【状态】/【检测】列中会出现一个绿色的钩。如果未通过验证，则关闭对话框，打开【Messages】面板查看并解决验证过程中发现的错误。

4. 所有更改均验证通过之后，单击【执行变更】按钮，将更改发送给PCB编辑器。验证通过之后，在对话框的【状态】/【完成】列中会出现一个绿色的钩。

5. 所有更改均验证通过之后，在【工程变更指令】对话框的下面会打开PCB编辑器，关闭该对话框。

此时，所有元器件均放置到了PCB框之外，准备进行元器件布局。在开始元器件布局之前，还需要进行一些操作，如图层的显示方式、栅格及设计规则的设置等。

3.5 设置图层的显示方式

此时，所有元器件和网络均出现在设计空间中PCB框的右侧，如图3-10所示。开始在PCB上定位元器件之前，需要对PCB设计空间进行一系列的设置，如图层的显示方式设置、栅格设置和设计规则设置。

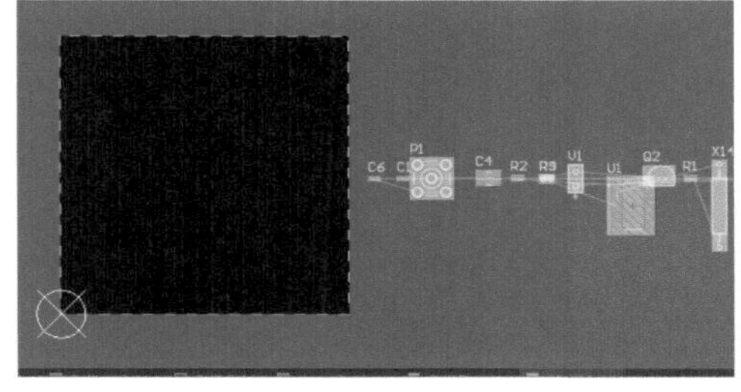

图3-10

此时在设计空间中的PCB图是鸟瞰图（从上向下沿z轴俯视PCB）。PCB编辑器是一个分层设计环境，放置在信号层上的对象（焊盘、过孔和走线）在制板时为覆铜层，而字符串等则放置在板表面的丝印上，放置在机械层上的备注则打印成装配图上的说明。

设计PCB时由上至下俯瞰各个不同的层，将元器件放置在板的顶层和底层，将其他对象（如丝印、阻焊等）放置到覆铜层、丝印层、掩膜层和机械层上。

除了用于制造PCB的电气层，如信号层、电源平面、掩膜层和丝印层，PCB编辑器还支持许多其他非电气层。这些图层通常按以下方式进行分组。

- 电气层：包括32个信号层和16个内部电源平面层。
- 元器件层：元器件设计时使用的层，包括丝印层、阻焊料和粘贴层。如果在编辑元器件封装库时将元器件封装放置到库编辑器中的某一个层，那么当把元器件从板的顶部翻转到底部时，在元器件层上检测到的所有对象都将翻转到它们对应的元器件层之上，其中包括所有用户定义的元器件层对（成对的机械层）上的所有对象。
- 机械层：Altium Designer 22支持无限数量的通用机械层，用于尺寸、装配细节、装配说明等特定设计任务。如果需要，可以有选择性地生成机械层的打印和Gerber输出文件。也可以成对使用机械层，当成对使用机械层时，其表现形式和元器件信号层一样。成对的机械层适用于特定任务，如放置三维物体（元器件或接插件）、点胶点和选择性镀金的边缘连接器等。
- 其他层：包括禁止布线层（用于定义禁止敷铜区）、多个层（用于将焊盘过孔等对象放置到全信号层上）、钻孔绘图层（用于放置钻孔信息，如钻台）和钻导层（用于显示指示钻孔位置和尺寸的标记）。

在【层叠管理器】对话框中可添加和删除覆铜层，在【View Configuration】面板中可启用并设置其他层。

一、显示各图层并查看图层设置

在【View Configuration】面板中设置所有图层的显示属性。执行以下操作中的一种即可打开【View Configuration】面板，如图3-11所示。

- 单击应用程序窗口右下角的【Panels】按钮，从菜单中选择【View Configuration】命令。
- 在主菜单中选择【视图】/【面板】/【View Configuration】命令。
- 按L键。
- 单击设计空间左下角的当前图层颜色图标。

除了显示图层状态和设置颜色外，【View Configuration】面板还允许访问其他显示设置。

- 系统颜色及其可见性，如选定颜色、连线是否可见。
- 不同类型对象的显示方式（实体或草稿）及其透明度（Object Visibility）。
- 各种视图选项，如是否显示原点标记（Origin Marker）、是否显示焊盘网（Pad Nets）名称和是否显示焊盘号（Pad Numbers）等。

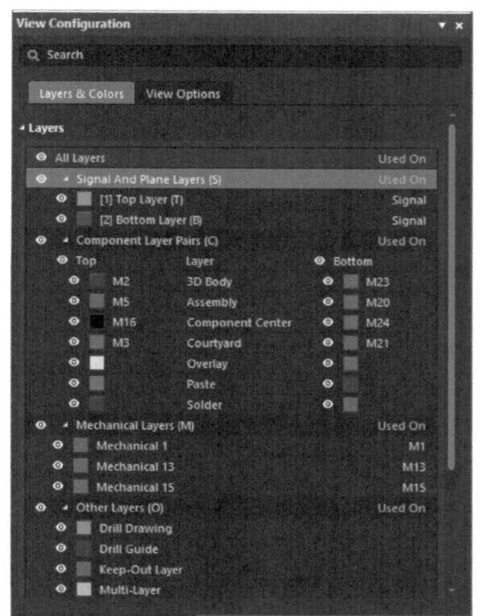

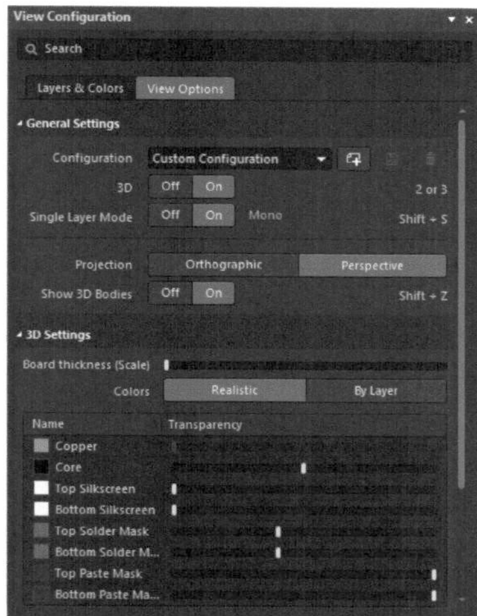

图3-11

- 对象变暗或遮盖时显示褪色的数量，掩膜和变暗设置（Mask and Dim Settings）。
- 图层集合的创建，【Layers】部分的控制提供一种快速切换当前可见图层的便利方法。
- 通过创建和选择不同的设置，对所有图层的属性（如颜色、可见性、对象透明度等常规属性）进行预设置。
- 视图设置的创建和选择，用于预设置所有图层属性，如颜色、可见性、对象透明度等常规属性。

按照以下步骤设置图层可见性。

1. 打开【View Configuration】面板，在【Layers & Colors】选项卡中确认顶层和底层信号层可见。和系统层一样，使用此面板还可以控制屏蔽层和丝印层的显示。在元器件放置和布线过程中，为了提高视觉效果，避免多层之间的视觉混淆，应禁用元器件层对（除丝印层外）、机械层，以及钻孔导向和钻孔图层的显示。

2. 切换到【View Options】选项卡，确认已勾选【Pad Nets】和【Pad Numbers】复选框。

二、层叠管理器

PCB层堆叠的定义是PCB设计的关键。当今PCB设计不再只是一系列简单的铜连接，而是可看成电路元器件之间的电气互连，对于高频电路来说，可以将其视为传输线。在设计高速PCB时，在层堆叠设计过程中需要考虑许多因素，比如层配对、精细过孔设计、背钻要求、刚性/柔性要求、铜平衡、层叠对称和材料符合性等。

在【层叠管理器】对话框中对层堆叠进行设置。选择【设计】/【层叠管理器】

命令，打开【层叠管理器】对话框。

在【层叠管理器】对话框中可进行以下操作。

- 添加、删除和排序信号、平面或介电层。
- 从材质库中选择材质属性，或者手动设置它们。
- 向层堆叠中添加其他用户自定义的字段。
- 设置过孔类型，定义每种过孔跨越的图层。
- 采用控制阻抗布线时设置阻抗属性。
- 设置其他高级选项，如刚性/柔性设计、印刷电子设备和反钻等。

本书中的示例PCB是一个简单的设计，为带通孔的双面板。按照以下步骤设置PCB层堆叠。

1. 从主菜单中选择【设计】/【层叠管理器】命令，打开【层叠管理器】对话框。PCB的默认的层堆叠包括一个介质芯、两个铜层、顶部和底部的阻焊层和丝印层，如图3-12所示。

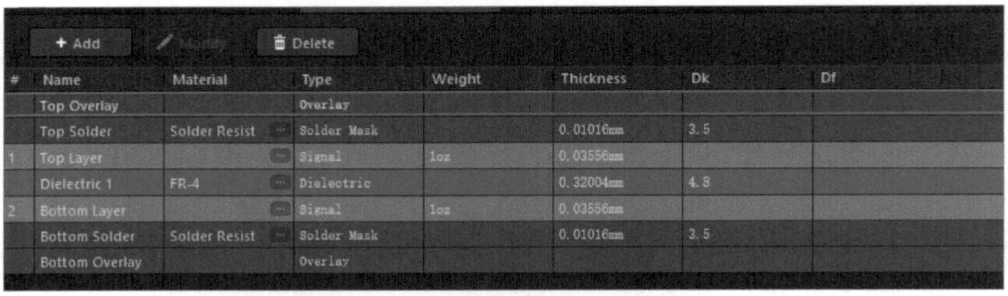

+ Add　Modify　Delete

#	Name	Material	Type	Weight	Thickness	Dk	Df
	Top Overlay		Overlay				
	Top Solder	Solder Resist	Solder Mask		0.01016mm	3.5	
1	Top Layer		Signal	1oz	0.03556mm		
	Dielectric 1	FR-4	Dielectric		0.32004mm	4.8	
2	Bottom Layer		Signal	1oz	0.03556mm		
	Bottom Solder	Solder Resist	Solder Mask		0.01016mm	3.5	
	Bottom Overlay		Overlay				

图3-12

2. 为了简化图层的管理，应确保在【Properties】面板中勾选了【Stack Symmetry】复选框。勾选此复选框后，以中间介质层为中心，按照对称匹配的原则设置对称层。

3. 为特定层选用特定材质（如果启用了对称，则使用一对图层），单击相应层中的【Material】单元格，以打开【Select Material】对话框。

4. 为阻焊层、信号层和核心层选定各自的材质。注意，这里核心层的厚度指的是成品板的厚度。也可以在【层叠管理器】对话框中的相应位置直接输入数值。

5. 单击【层叠管理器】对话框底部的【Via Types】选项卡，确认有已定义的过孔类型为通孔（Thru）。

6. 完成上述设置之后，选择【文件】/【Save to PCB】命令保存层堆叠设置，并关闭【层叠管理器】对话框。

3.6 栅格设置

下面选择适合放置和布局元器件的栅格，在PCB设计过程中，放置在PCB设计空间中的所有对象都放置在当前捕捉栅格上。

一、英制还是公制

从传统意义上来说，合适的栅格与元器件引脚间距相适应，以方便布线。从广义上来讲，线宽和走线之间的安全距离越大越好，走线尽可能宽，以降低制造成本，提高PCB的可靠性。然而，在实际项目设计中要根据项目的具体情况来选择线宽和走线之间的安全距离，需要考虑PCB的大小和具体设计需求等诸多因素，还与元器件布局和布线密度相关。

随着制程工艺的飞速发展，元器件引脚的尺寸和引脚间距都急剧缩小。早先元器件尺寸及其引脚间距（通孔直插引脚）均采用英制，目前，常见的表面贴装技术（Surface Mounted Technology，SMT）已经逐渐转变为采用公制。如果要开始设计一块新的电路板，除非有充分的理由，例如设计一个替代电路板以适应现有（英制）产品，否则最好使用公制。为什么？因为较旧的英制元器件的直插引脚相对来说比较大，需要占用更大的空间。另一方面，小型表面贴装设备均采用公制测量方法制造——精度更高，确保了制造和组装的准确性，从而提高了电子产品的可靠性。此外，由于PCB编辑器可以轻松处理相邻引脚之间的走线，因此在公制板上使用英制元器件并不算太麻烦。

二、合适的栅格设置

在本书的示例PCB文件中，栅格设置参考表3-2。

表3-2　栅格设置

设置	数值	描述
线宽	0.254mm	设计规则：首选线宽
安全距离	0.254mm	设计规则：安全距离
电路板栅格大小	5mm	笛卡儿坐标编辑器
元器件布置栅格	1mm	笛卡儿坐标编辑器
走线栅格	0.25mm	笛卡儿坐标编辑器
过孔外径	1mm	设计规则：过孔类型
过孔内径	0.6mm	设计规则：过孔类型

在理想状态下，选择一个较小的走线栅格，在布线时可以将走线有效地放置在任何地方，这看起来似乎不错，但实际上并不是一个好的办法。因为将栅格设置为等于线宽+安全距离之后，能确保正确放置走线，不会在走线方式上浪费布线空间，从而可以优化布线空间。如果将栅格设置得非常细，可能会浪费更多的布线空间。

三、设置捕捉栅格

可以用以下多种方法设置本书示例中的捕捉栅格。

- 在PCB编辑器主菜单中选择【视图】/【栅格】/【设置全局捕捉栅格】命令，

显示【Snap Grid】菜单，在该菜单中选择英制或公制。

- 按快捷键Ctrl+Shift+G，打开【Snap Grid】对话框，在该对话框中输入新的栅格数值。
- 按快捷键Ctrl+G，打开【Cartesian Grid Editor】对话框，在该对话框中输入新的栅格数值，同时可以设置栅格的显示方式。
- 在【Properties】面板的【Grid Manager】部分编辑栅格。

按照以下操作步骤设置捕捉栅格。

1. 按快捷键Ctrl+G，打开【Cartesian Grid Editor】对话框。
2. 将【步进X】字段的值设定为1mm，由于【步进X】字段和【步进Y】字段是相关联的，所以不需要定义y轴的步长值。
3. 为使栅格在较低的缩放级别可见，将【倍增】设置为【5x栅格步进值】，使得在较低的缩放级别下，用户可以方便地分别出栅格。将精细栅格显示为浅色的线，将粗糙栅格显示为颜色较深的点画线，如图3-13所示。
4. 单击【确定】按钮，关闭对话框。

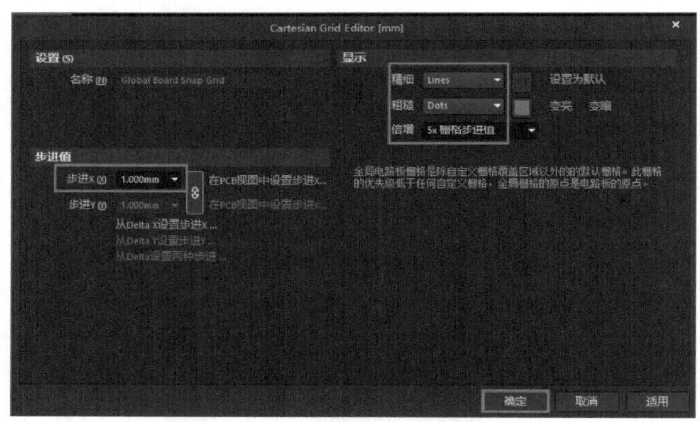

图3-13

3.7 设置设计规则

PCB编辑器是一个规则驱动的环境，这意味着当执行设计操作（例如放置走线、移动元器件或自动布线电路板）时，软件会监控每个操作并检查设计是否符合设计规则。如果违反设计规则，软件将立即突出显示该错误为违规。在开始PCB布局和布线之前，设置设计规则可以让软件实时关注设计任务，确保一旦发现任何设计错误，都会立即将错误标记出来。

设计规则在【PCB规则及约束编辑器】对话框中进行设置，如图3-14所示。这些规则分为10类，再进一步详细分为不同种类的设计规则。

图3-14

一、走线宽度设计规则

走线的宽度由走线宽度设计规则控制，当一个网络运行【Interactive Routing】（交互式布线）命令时，软件自动选择该规则。

在设置该规则时，往往将最低优先级的规则设置为针对最大数目的网络，将优先级比较高的规则添加到具有特殊线宽要求的目标网络，如电源网络。如果一个网络被多条规则锁定，它会查找并只应用最高优先级的规则。

例如，本设计示例中包括多个信号网络和两个电源网络，可以将默认的走线宽度规则设置为0.254mm的信号网，将此规则的适用范围设置为【All】，即适用于本设计中的所有网络。尽管All的范围也包含了电源网络，但可以添加第二个高优先级规则，其范围为InNet（12V）或InNet（GND）。图3-15显示了这两个规则的设置信息，低优先级规则适用于所有网络，高优先级规则适用于12V网络或GND网络。

按照以下步骤设置普通信号网络的走线宽度设计规则。

1. 激活PCB文档，在PCB编辑器主菜单中选择【设计】/【规则】命令，打开【PCB规则及约束编辑器】对话框。在对话框左侧的【Design Rules】文件夹中会显示不同分类的设计规则。双击【Routing】文件夹，将其展开，可以看到相关的走线规则，展开【Width】，可以看到当前已经定义好的走线宽度设计规则。

2. 单击当前走线宽度设计规则以选中它，对话框的右侧显示该规则下的所有设置，包括规则的对象匹配的位置（又称为规则的适用范围），此规则适用的目标对象以及该规则下对应的约束条件。

由于此规则的适用范围是设计中的大多数网络（信号网），因此【Where The Object Matches】（对象匹配的位置）为【All】。针对电源网络，将添加一个优先级更高的走线宽度设计规则。

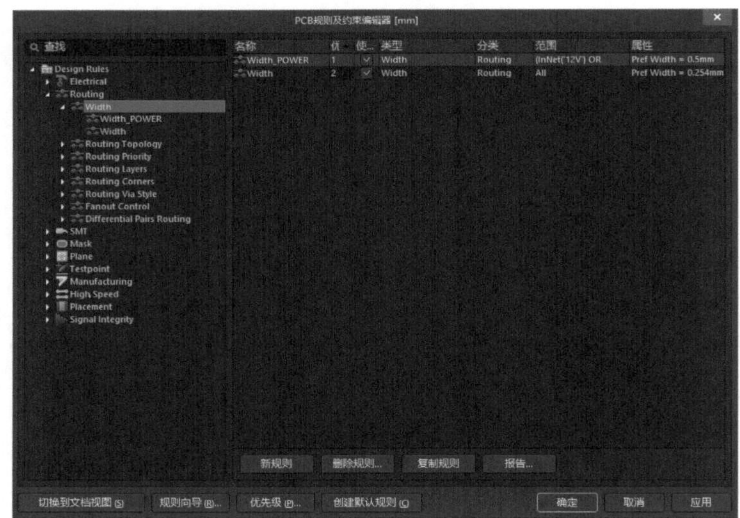

图3-15

3. 将走线的【最小宽度】设置为“0.2mm”,【首选宽度】设置为“0.254mm”,【最大宽度】设置为“5.254mm”。

注意：所有设置都会在对话框底部显示的各个物理层中单独显示，可以为不同图层设置不同的走线宽度。

4. 定义好该规则之后，单击【应用】按钮保存设置，保持该对话框的打开状态，如图3-16所示。

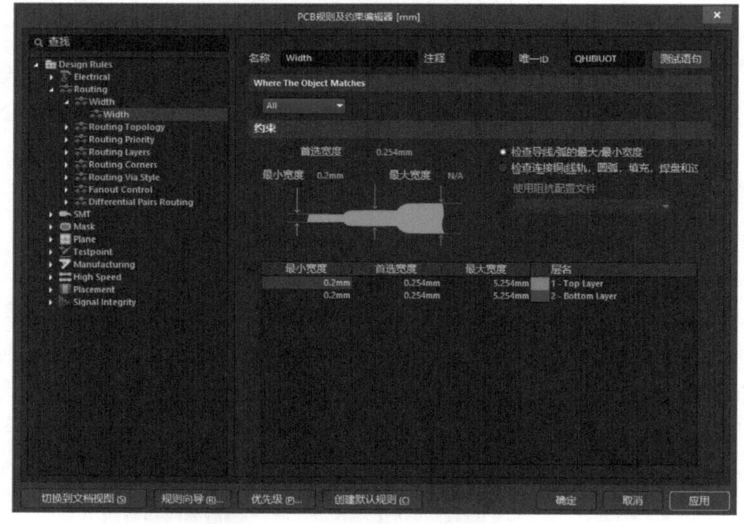

图3-16

接下来，为电源网络添加一个更高优先级的走线宽度设计规则，具体步骤如下。

1. 激活PCB文档，在PCB编辑器主菜单中选择【设计】/【规则】命令，打开【PCB规则及约束编辑器】对话框。

2. 添加一个新的设计规则来指定电源网络的走线宽度。在对话框左侧的【Design Rules】文件夹中选择现有的走线宽度设计规则后，右击并选择【新规则】命令，添加一个新的走线宽度设计规则。此时将出现一个名为“Width_1”的新规则，单击这个新规则，为其设置属性。

3. 单击右侧的【名称】字段，输入走线宽度设计规则名称“Width_Power”。

4. 将【Where The Object Matches】设为【Custom Query】。该对话框将包含一个可输入自定义查询的编辑框。

5. 单击【查询构建器】按钮，打开【查询构建器】对话框，将其设置为目标网络：InNet（‘12V’）或InNet（‘GND’）。

- 单击【Add first condition】字段，选择【Belongs to Net】，将【Condition Value】设置为“12V”。
- 单击【Add another condition】字段，选择【Belongs to Net】，将【Condition Value】设置为“GND”。

此时，在两个条件语句之间将出现AND（与）操作符，从下拉列表框中选择OR（或）。

6. 单击【确定】按钮以接受查询并返回到【PCB规划及约束编辑器】对话框。

7. 为规则设置约束条件，编辑【最小宽度】【首选宽度】【最大宽度】，将它们分别设置为“0.254mm”“0.5mm”“1mm”，将电源线的走线宽度约束在0.254mm到1mm之间，如图3-17所示。

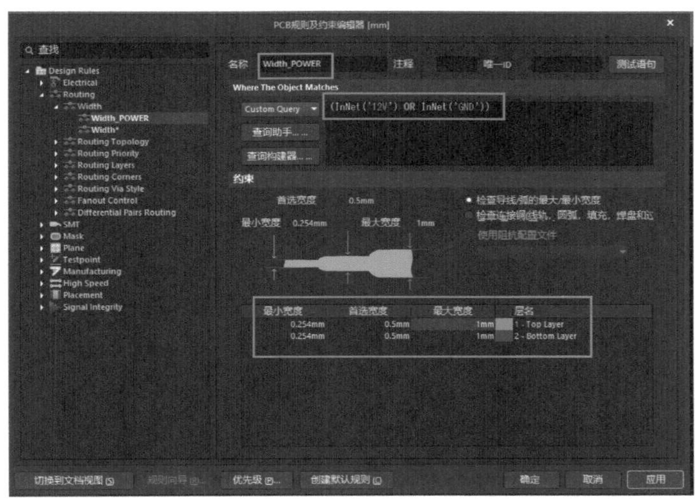

图3-17

8. 单击【应用】按钮保存设置，保持该对话框的打开状态。

二、定义电气安全距离约束条件

接下来需要定义属于不同网络的不同对象（焊盘、过孔、走线）之间的最小电气安全距离，这部分的规则设置由电气安全距离约束器来完成，在本章的示例文件中，将PCB上所有物体之间的最小电气安全距离设置为0.254mm。

在图3-17所示的【最小宽度】字段中输入的数值会自动应用于对话框底部的表格区域。当需要根据不同种类的对象定义不同的最小安全距离时，则需要在表格区域中进行编辑。

按照以下步骤定义最小电气安全距离约束条件。

1. 展开【Electrical】文件夹，展开【Clearance】文件夹。

2. 选择现有的【Clearance】规则。注意，此规则有两个查询字段。规则引擎检查【Where The First Object Matches】中设置的目标对象，并检查【Where The Second Object Matches】中设置的目标对象，以确认它们满足指定的约束条件。对于本设计，将此规则设置为定义所有对象之间的安全距离。

3. 在对话框的【约束】部分，将【最小间距】字段设置为“0.254mm”。

4. 单击【应用】按钮保存设置，如图3-18所示，保持该对话框的打开状态。

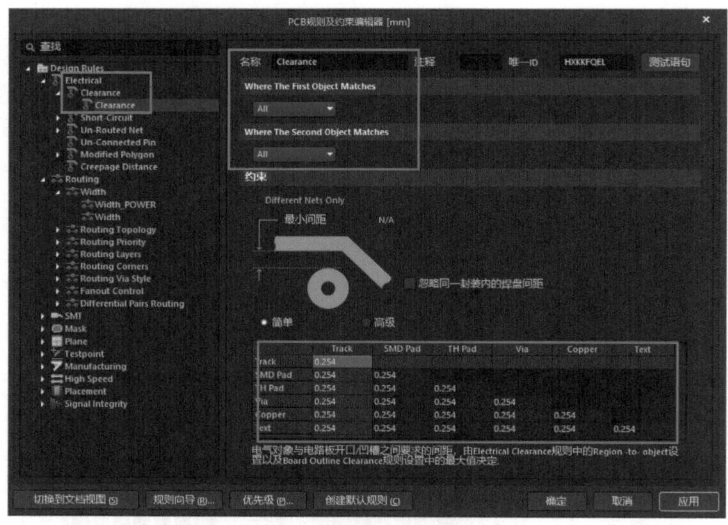

图3-18

三、定义走线过孔样式设计规则

在布线过程中，如果需要跨层走线，则会自动添加一个过孔。此时，需要为过孔定义一个可用的【Routing Via Style】（走线过孔样式）设计规则。如果通过主菜单中的【放置】命令放置过孔，则会添加一个系统默认的过孔。在本示例中将通过【Routing Via Style】设计规则设置过孔的属性。

按照以下步骤定义走线过孔样式设计规则。

1. 展开【Routing】文件夹，展开【Routing Via Style】文件夹，选择默认的【RoutingVias】规则。

2. 由于电源网络通常在板的单面走线，因此无须为信号网络和电源网络分别定义一个走线过孔样式。将规则设置为前面建议的值，即【过孔直径】为“1.27mm”和【过孔孔径大小】为“0.711mm”。将所有字段（【最小】【最大】【优先】）设置为相同的大小。

3. 单击【应用】按钮保存更改，如图3-19所示，单击【确定】按钮关闭【PCB规则及约束编辑器】对话框。

4. 将PCB文件保存到本地。

图3-19

四、检查设计规则

Altium Designer 22的默认设计规则模板中有许多规则在具体设计中不会用到，用户需要对这些设计规则进行调整以适应具体的设计要求。因此，检查设计规则非常重要。可以在【PCB规则及约束编辑器】对话框中检查设计规则。选择【Design Rules】文件夹，查看所有规则，并快速找到需要调整的规则。

Altium Designer 22默认采用英制单位，如果PCB设计采用公制，则规则的数值在转换过程中会四舍五入，如阻焊值从4mil变换为0.102mm，最小阻焊默认值将从10mil变为0.254mm。虽然最后一位数字似乎无关紧要，但是像0.002mm这种在文件输出时则不能忽略，因此可以手动在设计规则中编辑这些值。

在设计新项目的过程中，有许多规则在具体设计中不会用到，用户需要对不需要的默认设计规则进行调整以适应具体的设计要求。比如在创建新PCB的过程中，默认状态下会生成【Assembly】（装配）和【Fabrication Testpoint】（制造测试点）等设计规则，在本示例中，不会用到这些设计规则，需要禁用这些多余的设计规则。按照以下方法禁用多余的设计规则。

1. 打开【PCB规则及约束编辑器】对话框。

2. 单击【Testpoint】（测试点）文件夹，禁用其中的4个测试点类型规则，取消勾选指定规则相应的【使能的】列中的复选框，如图3-20所示。如果没有完成此操作，在后续的设计中会报测试点违规的错误。

图3-20

3.8 元器件定位和放置

EDA的设计过程分两个阶段，第一阶段是布局阶段，即元器件在PCB上的摆放；第二阶段是布线阶段，即元器件引脚之间的电气连接。通常，元器件的布局是重头戏，合理的布局能优化走线，大大缩短布线长度，降低复杂性。业界普遍认为，良好的元器件布局对PCB设计至关重要，元器件布局即调整各个元器件在PCB上的位置，使各个元器件引脚之间的走线距离最优。

一、元器件定位和放置选项

移动某个元器件时，如果勾选了【捕捉到中心点】复选框，则可将该元器件固定在参照点处。参照点坐标即编辑元器件时的（0，0）坐标。

勾选【智能元件捕捉】复选框可将元器件对齐到最近的元器件焊盘，该复选框用于将特定焊盘定位到特定位置。这对于在特定位置放置特定的焊盘是非常方便的。

按照以下步骤设置元器件定位和放置选项。

1. 单击位于应用程序窗口右上角的图标，打开【优选项】对话框。

2. 打开【优选项】对话框的【PCB Editor】/【General】选项。在【编辑选项】部分，勾选【捕捉到中心点】复选框，确保定位元器件时鼠标指针定位到该元器件的参考点上。

3. 勾选【智能元件捕捉】复选框。勾选后移动元器件使其更靠近目标焊盘，鼠标指针会定位到元器件焊盘中心。利用该复选框可将特定焊盘固定到特定栅格上。如果使用的是小型表面贴装元器件，该复选框的功能正好相反，鼠标指针会定位到元器件的参照点上。

4. 单击【应用】按钮保存更改，单击【确定】按钮关闭【优选项】对话框，如图3-21所示。

图3-21

二、在PCB上定位元器件

将元器件放置到PCB上的合适位置，如图3-22所示，放置方法有以下两种。

- 拖动元器件到所需位置，按住 Space 键可旋转元器件，释放鼠标左键可放置元器件。
- 选择【编辑】/【移动】/【器件】命令，进入移动器件模式。单击元器件，移动鼠标指针将其拖到所需位置，根据需要旋转元器件，然后单击以放置元器件。完成放置之后，右击退出移动器件模式。

按照以下步骤在PCB上移动元器件。

1. 缩小显示PCB和元器件，使设计空间内显示PCB上的全部元器件，选择【视图】/【区域】命令，单击以定义待查看的区域的左上角和右下角。

2. 将元器件定位到当前捕捉栅格上。为了简化元器件定位的过程，可以使用粗粒度的捕捉栅格，例如1mm距离的捕捉栅格。查看状态栏中的信息，确认【Snap Grid】已设置为“1mm”；也可以按快捷键 Ctrl + Shift + G 来修改捕捉栅格的大小。

3. 参照图3-22放置本书示例中的元器件。放置电池V1时，需将鼠标指针置于电池轮廓的中间，按住鼠标左键并拖动元器件。鼠标指针将变为十字线形状并跳转到相应的参照点，如果已经勾选了【智能元件捕捉】复选框，则鼠标指针会跳转到最近的焊盘中心。

4. 必要时按住 Space 键旋转元器件，并将封装定位到PCB的左侧。

5. 当电池放置到位后，松开鼠标左键将其定位，此时元器件引脚连接线会与元器件一起被移动。

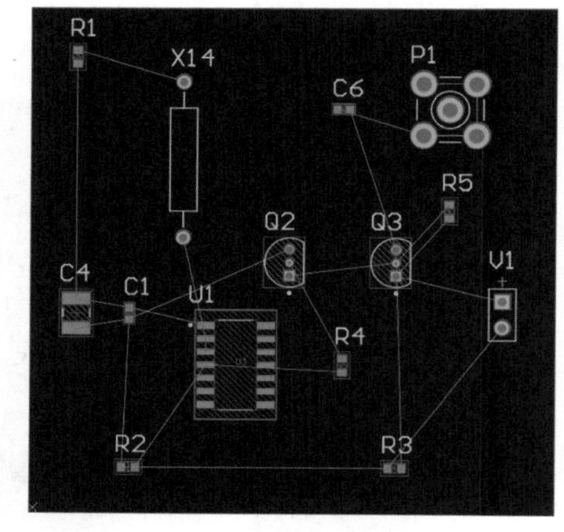

图3-22

6. 按照图3-22的布局，重新定位其他元器件，在拖动的同时按住 Space 键旋转元器件（逆时针旋转90°）。

7. 采用同样的方法重新定位文本，拖动文本，按住 Space 键旋转文本。

8. PCB编辑器提供交互式放置工具，利用这些工具可确保各元器件正确对齐并保持适当间隔。

9. 单击设计空间中的任意其他位置，取消选中的元器件。必要时亦可对齐其他元器件，由于当前使用的是粗粒度的捕捉栅格，无须再次对齐。

10. 重新设置元器件位号。拖动元器件的位号进行设置，也可在设计空间中选中元器件的位号，使用【Properties】面板中的【Autoposition】选项进行设置。

11. 将PCB文件保存到本地。

完成元器件定位和放置之后，接下来开始着手布线。

3.9 交互式布线

布线是在PCB上进行走线、放置过孔、连通元器件引脚的过程。Altium Designer 22的PCB编辑器提供了先进的交互式布线工具——ActiveRoute，该工具使得布线易如反掌。仅需单击一个按钮即可利用ActiveRoute对选定的连接进行最优路径的布线。

本节将手动对整个PCB实行单面布线，所有走线均位于顶层。交互式布线工具大幅提高了布线效率和灵活性，实现了放置走线的鼠标指针引导、单击布线、推进障碍物、自动跟从现有连接等（所有这些功能均符合先前定义好的设计规则）。

一、准备工作

在开始布线之前，需要对【优选项】对话框的【PCB Editor】/【Interactive Routing】选项进行设置。

按照以下步骤进行交互式布线的准备。

1. 打开【优选项】对话框的【PCB Editor】/【Interactive Routing】选项。
2. 将【当前模式】设置为【Walkaround Obstacles】(环绕障碍物)。在布线时，可以按快捷键 Shift + R 循环浏览已启用的模式。
3. 在【交互式布线选项】部分确认已勾选【自动终止布线】和【自动移除闭合回路】复选框。勾选【自动终止布线】复选框之后，完成最后一个焊盘连线时会自动释放鼠标指针；勾选【自动移除闭合回路】复选框之后，可自动布线新路径来取代原有布线路径——新路径直接取代旧路径，右击完成布线。Altium Designer 22会自动删除布线的冗余部分。
4. 确认【线宽模式】和【过孔尺寸模式】选项均为【Rule Preferred】。
5. 单击【应用】按钮保存更改，如图3-23所示，单击【确定】按钮关闭【优选项】对话框。
6. 按快捷键 Ctrl + Shift + G 打开【Snap Grid】对话框，在该对话框中输入“0.254mm”。

二、开始布线

单击布线工具，或者在主菜单中选择【布线】/【交互式布线】命令，启动交互式布线功能，其快捷键为 Ctrl + W 。

对于表面贴装元器件比较多的PCB设计，可以简单地将线路布在PCB的顶层。PCB上的走线由一系列直线段组成，每当改变方向时，将开始实施新的走线。此外，在默认状态下，PCB编辑器的走线方向可以设置为垂直、水平或45°方向，便于生成专业的走线。此外，还可以根据设计的特殊需求自定义走线的方向，在此示例中使用的是默认的走线方向。在交互式布线模式下，当走线到达目标焊盘时，软件会自动释放该连线，准备实施下一条连线，如图3-24所示。

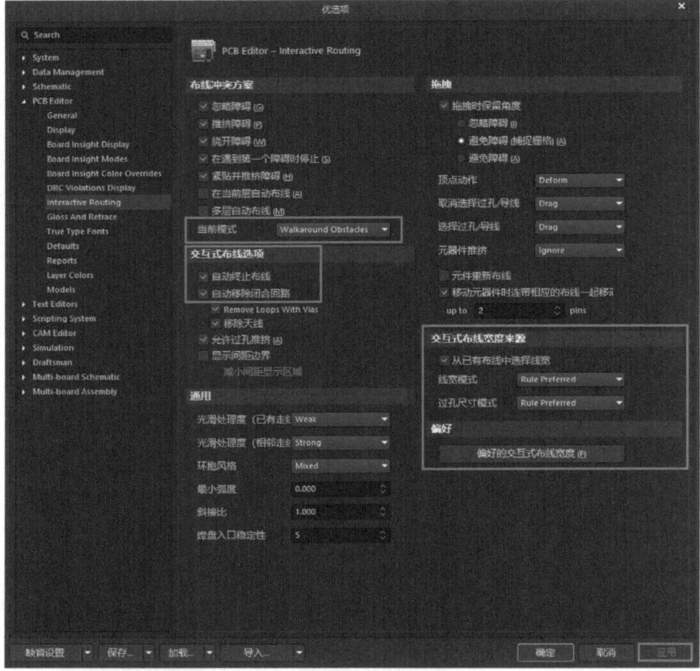

图3-23

按照以下步骤进行交互式布线。

1. 查看设计空间底部的【Layer Tabs】选项卡检查当前可见的布线层。如果【Bottom Layer】不可见，则按 L 键打开【View Configuration】面板，在其中勾选【Bottom Layer】复选框。

2. 单击设计空间底部的【Top Layer】选项卡，使其成为当前层，准备在该层实施布线。通常，在单层模式下布线更为便捷，按快捷键 Shift + S 可循环选择启用不同的层。

3. 在主菜单中选择【布线】/【交互式布线】命令，此时鼠标指针变为十字线形状，表示正处于交互式布线模式。

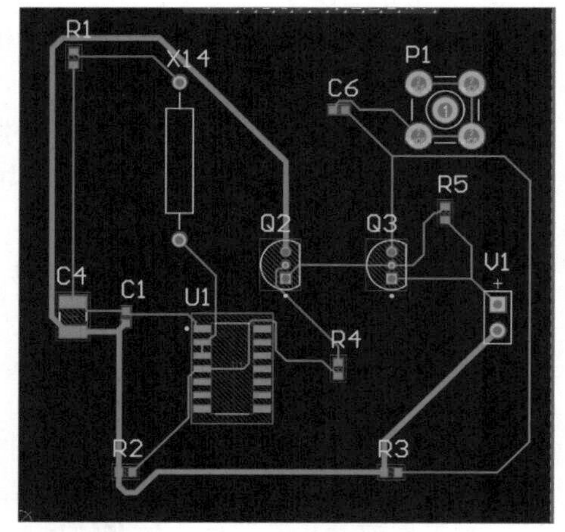

图3-24

4. 将鼠标指针移近焊盘时，会自动捕捉焊盘中心，这是因为【对象捕捉选项】功能自动将鼠标指针定位到最近的电气对象上。在【Properties】面板中设置【Snap Distance】（捕捉距离）和【Objects for snapping】（捕捉对象）选项。有时，

【Objects for snapping】(捕捉对象)功能可能会影响拖动操作。此时，按 Ctrl 键可禁止自动捕捉，或者按快捷键 Shift + E 在3种热点捕捉模式之间循环切换：【Hotspot Snap (All Layers)】(热点捕捉所有布线层)、【Hotspot Snap (Only snaps on the current layer)】(热点仅捕捉当前层)和【Off】(关闭，即在状态栏上不显示任何内容)。当前热点捕捉模式会显示在状态栏上。

5. 单击或按 Enter 键确定走线的第一个点。将鼠标指针移向电阻R2的底部焊盘，单击放置一个垂直段。注意，走线的线段会有不同的显示方式。在布线期间，线段可显示为3种状态，如图3-25所示。

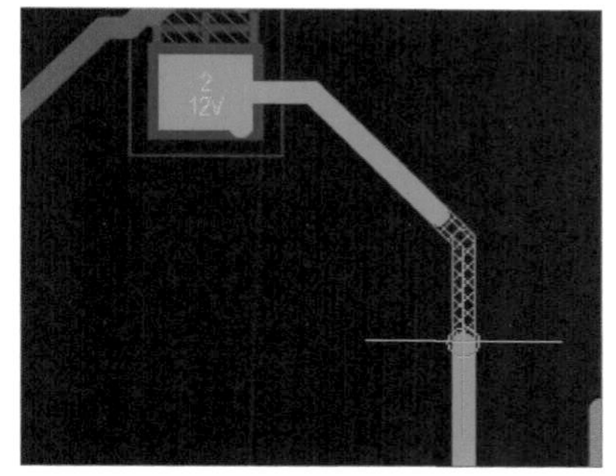

图3-25

- 实线：表示已放置完成的线段。
- 阴影线段：待放置但尚未确认，单击可放置阴影线段。
- 空心线段：又称为预测线段，用于展示最后一个待放置线段的终点；单击无法放置空心线段，勾选【自动终止布线】复选框会启动并覆盖默认的预测线段；可按 1 键打开/关闭预测模式。

6. 手动布线时，单击提交走线的线段，布线终点为R2的焊盘。注意，每次单击时放置阴影线段。在当前布线的连线上，按 Backspace 键可删除最后放置的那条线段。

7. 选中目标焊盘之后，可以按 Ctrl 键并单击，启用【Auto-Complete】(自动完成走线)功能，指示软件自动完成布线。【Auto-Complete】功能如下。

- 采用最短布线路径——有可能并非最佳路径，因为还需要考虑尚未布线的其他连接的路径。如果处于【Push mode】(推挤模式)下，则【Auto-Complete】功能将现有布线推挤至目标终点。
- 对于较长的连线，【Auto-Complete】功能未必始终有效，因为布线路径是逐段映射的，并且源焊盘和目标焊盘之间可能无法实现完整映射。
- 还可直接在焊盘或连线上应用【Auto-Complete】功能。

8. PCB的布线的解决方案不唯一，即没有标准答案，相同的原理图可以有多种不同的PCB走线。当需要修改走线方式时，可以利用PCB编辑器中的功能和接口来变更走线。

9. 完成布线后将设计保存到本地。

三、交互式布线模式

PCB编辑器的交互式布线功能支持多种不同的模式，不同的应用场景应采用不同的交互式布线模式。在进行交互式布线时，按快捷键 Shift + R 可在不同模式之间循环切换。当前的交互式布线模式会在状态栏中显示。Altium Designer 22支持以下几种不同的交互式布线模式。

- 【Ignore Obstacles】（忽略障碍物）：可以将走线放置在任何位置，显示走线的同时允许潜在的违规行为。
- 【Stop at first Obstacle】（在首个障碍物处终止）：在手动布线模式下，一旦遇到障碍物，则终止走线以避免违规。
- 【Walkaround Obstacles】（环绕障碍物）：试图在障碍物周围寻找布线路径，而非直接将走线放置到障碍物上。
- 【Push Obstacles】（推挤障碍物）：走线安全距离不足以环绕障碍物时，尝试移动对象（走线和过孔），重新定位走线和过孔，以适应新的布线，避免违规。
- 【Hug & Push Obstacles】（环抱并推挤障碍物）：【Walkaround Obstacles】和【Push Obstacles】模式的组合，此模式下，走线会环绕并紧贴障碍物；走线安全距离不足以环绕障碍物时，尝试推挤固定的障碍物。
- 【Autoroute on Current Layer】（在当前层自动布线）：交互式布线的基础自动布线功能；在考虑推挤距离与环绕距离之比以及布线长度的基础上，自动在环绕和推挤之间进行平衡；此模式适用于较复杂、密度较高的PCB。
- 【Autoroute on Multiple Layers】（跨层自动布线）：交互式布线的基础——自动布线功能；在考虑推挤距离与环绕距离之比以及布线长度的基础上，自动在环绕和推挤之间进行选择；此模式下可放置过孔并考虑使用跨层布线，适用于较复杂、密度较高的PCB。

四、布线技巧和提示信息

PCB编辑器提供了一系列有助于提高交互式布线效率的功能，包括在布线过程中使用快捷键、通过状态栏提供详细提示信息，以及在布线时显示间距边界等。

表3-3列出了布线过程中常用的快捷键。

表3-3　布线过程中常用的快捷键

快捷键	功能描述
Shift+F1	弹出交互式布线快捷菜单，可在快捷菜单中选择适当命令来更改设置
* 或 Ctrl+Shift+鼠标滚轮	切换到下一个可用的信号层，可自动添加【布线过孔样式】设计规则中定义的过孔
Tab	在【Properties】面板的【Interactive Routing mode】部分修改走线设置
Shift+R	在不同交互式布线模式之间循环切换
Shift+S	在可用的【Single Layer Modes】（单层模式）之间循环切换。此功能适用于多个层上存在多个对象的情况
Space	切换当前选中对象的旋转方向
Shift+Space	在不同的走线转角模式之间循环切换，可以选取任意角度，包括45°、45°带圆弧、90°和90°带圆弧

续表

快捷键	功能描述
Ctrl+Shift+G	在3个【Gloss Effort（Routed）】（已布线优化效果）设置之间循环切换。当前设置会显示在状态栏中
Ctrl+单击	自动完成当前布线的连接。如果遇到无法解决的障碍物冲突，则无法自动完成连线
1	打开/关闭预测模式
3	在走线宽度选择之间循环切换：【最小值规则】【首选规则】【最大值规则】【用户自定义规则】
4	在过孔样式选择之间循环切换：【最小值规则】【首选规则】【最大值规则】【用户自定义规则】
6	循环浏览可用的【过孔类型】
Shift+E	在3种热点捕捉模式之间循环切换：关闭/打开当前层或打开所有层
Ctrl	布线时暂停对象捕捉功能
End	重新绘制走线
PgUp/PgDn	以当前鼠标指针所在位置为中心放大/缩小
Backspace	删除最后提交的走线线段
右键单击或Esc	断开当前连接并保持交互式布线模式

五、交互式布线信息提示

在PCB布线过程中，抬头显示和状态栏上会有大量、详细的提示信息，包括网络的名称和当前的线宽。布线空间的可视化功能还包括显示所有网络对象（走线和过孔）周围的安全距离。在为12V网络布线时，所有其他网络对象均会显示由电气安全距离约束条件定义的安全距离，在布线过程中禁止违反该约束条件，如图3-26所示。

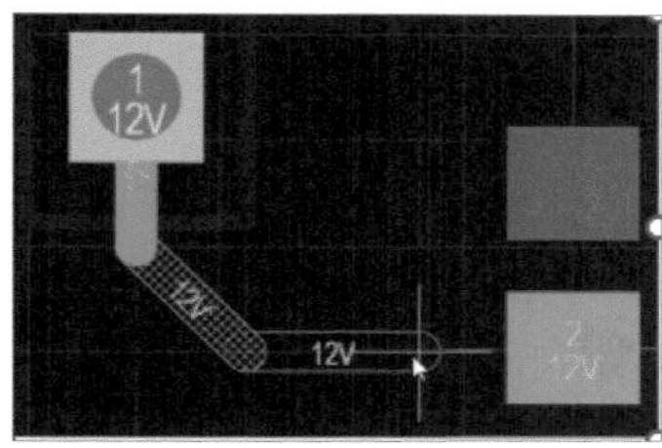

图3-26

六、修改现有布线

要修改现有布线，有两种方法：重新布线和调整布线。

重新定义连接路径时无须取消原有走线，可以单击布线工具开始实施新的走线路径，右击完成布线，【Loop Removal】（环路移除）功能将自动移除冗余走线线段和过孔；还可以在任何位置开始和终止新的布线路径，并根据需要切换图层；也可以切换至【Ignore Obstacles】（忽略障碍物）模式，先生成临时的违规的走线，后续再解决违规现象。

若要以交互方式在电路板上调整走线线段，可以拖动该走线线段，在【优选项】对话框的【PCB Editor】/【Interactive Routing】选项中设置默认拖动行为，PCB编辑器将自动按照上述设置保持45º/90º与线段相连接，并根据需要缩短或延长走线。

七、自动布线

还有一种修改PCB布线的方法是使用ActiveRoute实现自动布线，即采用Altium Design 22的自动交互式布线器来布线。在自动布线模式下，只要选定待布线的一个或多个网络连接，选定待走线的层，然后运行ActiveRoute，即可自动完成布线。ActiveRoute提供高效的多网络布线算法，用于确保走线路径的最优。ActiveRoute还允许交互式定义布线路径并提供走线指导，方便定义新的布线路径。ActiveRoute专为引脚密集型元器件的PCB开发而设计，可以大幅提高布线效率。

在采用ActiveRoute实现自动布线之前，需要在【PCB ActiveRoute】面板上设置和运行ActiveRoute。ActiveRoute无法自动切换布线层，仅在【PCB ActiveRoute】面板中已启用的信号层同层的焊盘与过孔间进行自动布线，因此，在使用ActiveRoute之前，必须将多引脚元器件的引脚扇出到与布线层相同的信号层，才可以在选定的焊盘/过孔/连接/单个网络/多个网络上使用ActiveRoute。通常有以下几种方法选择待自动布线的连接和网络。

- 在【PCB】面板中选择【Nets】（网络）模式，勾选面板顶部的【Select】复选框，单击网络名称以选中网络。
- 按住Alt键并从右到左拖动绿色选择框，所有被绿色选择框触及的连接线都会被选中。按住Shift键可继续选择其他连接线。
- 单击选择单个焊盘。
- 按住Ctrl键并从右到左拖动选择框，可选择选择框触及的焊盘。

选定好待自动布线的连接和网络之后，在【PCB ActiveRoute】面板中启用布线层。准备自动布线的示例电路板如图3-27所示。

按照以下步骤使图3-27所示的电路板自动布线。

1. 打开【PCB ActiveRoute】面板，单击【Panels】按钮，选择【PCB】命令，打开【PCB】面板。

2. 在【PCB】面板顶部的下拉列表框中选择【Nets】模式，勾选【Select】复选框。

3. 删除电路板上的全部走线。在主菜单【布线】中选择【取消布线】/【全部】命令。

4. 在【PCB】面板的网络列表中单击【12V】网络。

5. 在【PCB ActiveRoute】面板中勾选【Top Layer】复选框。单击面板顶部

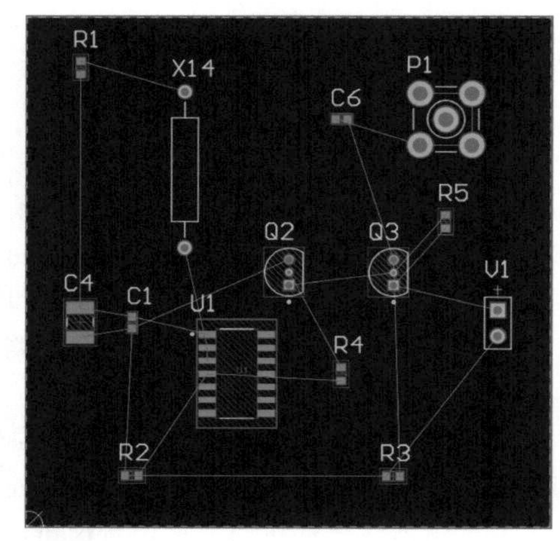

图3-27

的【ActiveRoute】按钮，自动对12V网络进行布线。

6. 选中【PCB】面板中的【GND】网络，单击【PCB ActiveRoute】面板中的【ActiveRoute】按钮。如果想按快捷键 Shift + A 来启用ActiveRoute，则必须在使用【PCB】面板后单击一次设计工作空间，使得设计空间成为软件中的活动元素；否则，软件会将该快捷键解释为【PCB】面板指令。

7. 选中【PCB】面板中的其他网络，单击【PCB ActiveRoute】面板中的【ActiveRoute】按钮，使其他网络自动布线。由于ActiveRoute无法放置过孔，因此应手动为C6-1创建扇出，之后再运行ActiveRoute。

8. 进入交互式布线模式（快捷键为 Ctrl + W ），从C6-1焊盘开始布线，将鼠标指针定位在焊盘左侧，切换布线层（按住 Ctrl + Shift 键并滚动鼠标滚轮）放置一个过孔。单击确认走线和过孔，退出交互式布线（右击）；删除当前连接的布线，然后右击退出交互式布线模式，如图3-28所示。

9. 单击【PCB】面板中的【net NetC6_1】，勾选【PCB ActiveRoute】面板中的【Bottom Layer】复选框，取消勾选【Top Layer】复选框，单击【ActiveRoute】按钮，对该连接实施布线。布线结果如图3-29所示。

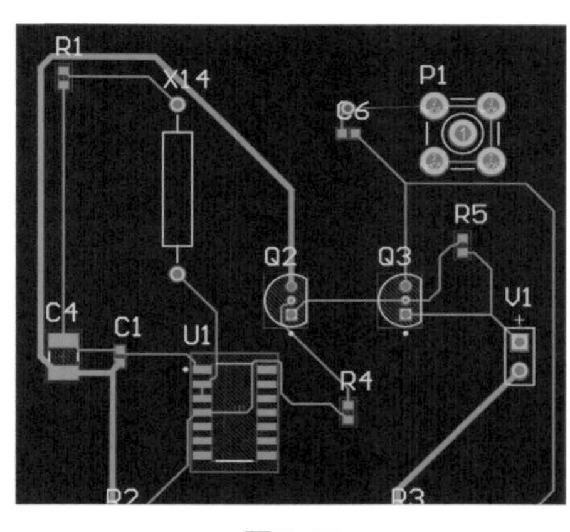

图3-28

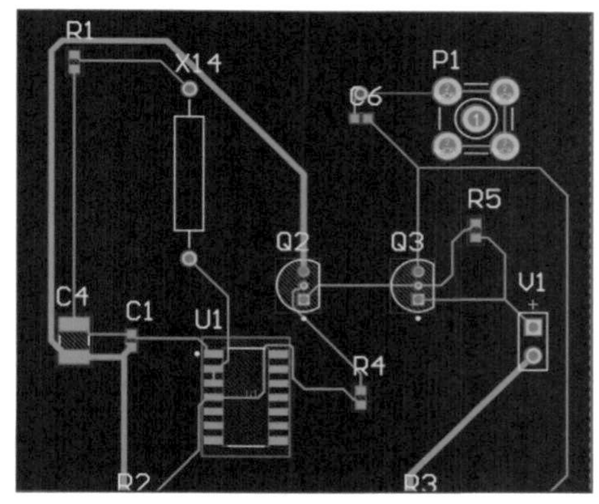

图3-29

3.10 PCB设计验证

在前文利用PCB编辑器设计PCB时，在设计过程的开始阶段，需要为设计过程定义多种设计规则。通过设计规则的定义，可确保PCB信号的完整性。在完成PCB设计之后，启用DRC功能，检查设计是否符合预先定义好的设计规则，一旦检测到违规的设计，立即将违规之处突出显示出来。此外，还可以运行DRC来批量测试设计是否符合规则，并生成详细的违规报告。

在验证PCB设计是否正确之前，应设置好违规显示方式并设置好规则检查器。

运行DRC，定位违规，将DRC检测到的错误全部纠正之后，重新运行DRC，直至将违规清零，才算完成PCB的设计验证。

3.10.1　设置违规显示方式

Altium Designer 22提供两种显示违规的方式，这两种方式各有其优势。在【优选项】对话框的【PCB Editor】/【DRC Violations Display】选项中设置违规的显示方式，如图3-30所示。

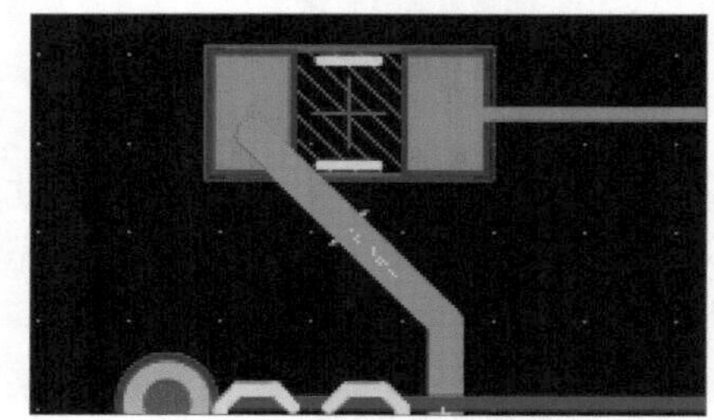

冲突显示为纯绿色

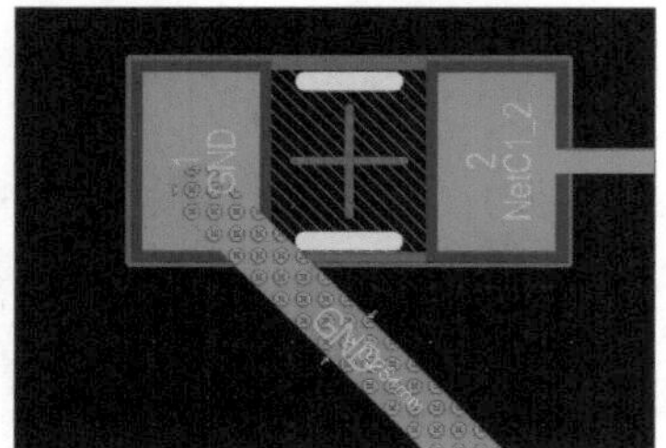

当放大时，其会变为选定的【冲突Overlay样式】

图3-30

- 冲突标识——通过高亮违规色彩表示违规，该高亮违规色彩由【DRC Error Markers】(DRC错误标记)选项决定，可在【View Configuration】面板(按L键)中设置。默认状态下缩小对象时使其以纯色显示，放大对象时再更改为选定的【冲突Overlay样式】。默认设置为【样式B】，即一个带十字的圆圈。
- 冲突详情——继续放大对象时，显示内容中会加入【冲突详情】，对错误性质做详细说明。【冲突详情】包括直接冲突信息、冲突类型以及冲突相关的具体数值。

在进行DRC之前，需要做好以下准备工作。

1. 单击【Panels】按钮，选择【View Configuration】命令，打开相应面板，确认已勾选【DRC Error visibility option】复选框，以显示DRC错误标记。
2. 确认在【优选项】对话框的【PCB Editor】/【General】选项中勾选了【在线DRC】复选框。保持【优选项】对话框处于打开状态，切换到【PCB Editor】/【DRC Violations Display】选项。
3. 利用【优选项】对话框中的【PCB Editor】/【DRC Violations Display】选项设置在设计空间中的违规显示方式。对于本示例，打开【优选项】对话框中的【PCB Editor】/【DRC Violations Display】选项，右击【显示】/【冲突细节】列中的复选框，选择【显示冲突Overlay-已用的】命令。
4. 单击【应用】按钮保存更改，单击【确定】按钮关闭【优选项】对话框。至此，进行DRC前的准备工作已完成，接下来需要设置设计规则检查器。

3.10.2 设置设计规则检查器

Altium Designer 22通过运行设计规则检查器来检查设计是否存在违规。在PCB编辑器主菜单中选择【工具】/【设计规则检查】命令，打开【设计规则检查器】对话框，进行在线和批量DRC设置。DRC设置包括以下内容。

一、DRC报告选项设置

在默认状态下，打开【设计规则检查器】对话框，在对话框左侧选择【Report Options】选项，如图3-31所示。对话框的右侧显示常规报告选项。若需要了解选项的详细信息，将鼠标指针悬停在对话框上并按F1键。此处保持这些选项的默认设置。

二、待检查的DRC规则

在对话框的【Rules to Check】选项中设置特定规则的测试。在对话框左侧选择规则类型，按类型(如电气)对规则进行检查。对绝大多数规则提供在线DRC和批量DRC。按照设计需求启用/禁用规则，或者右击打开快捷菜单，实现在线和批量DRC之间的快速切换。在本示例中，选择【批量DRC-对已用的规则启用】命令，如图3-32所示。

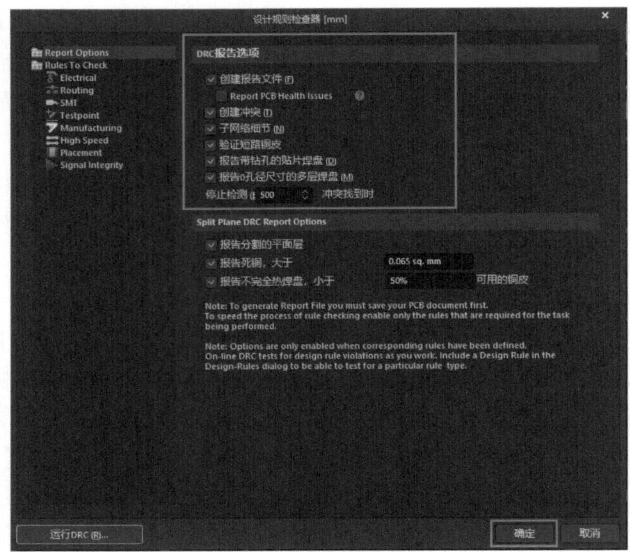

图3-31

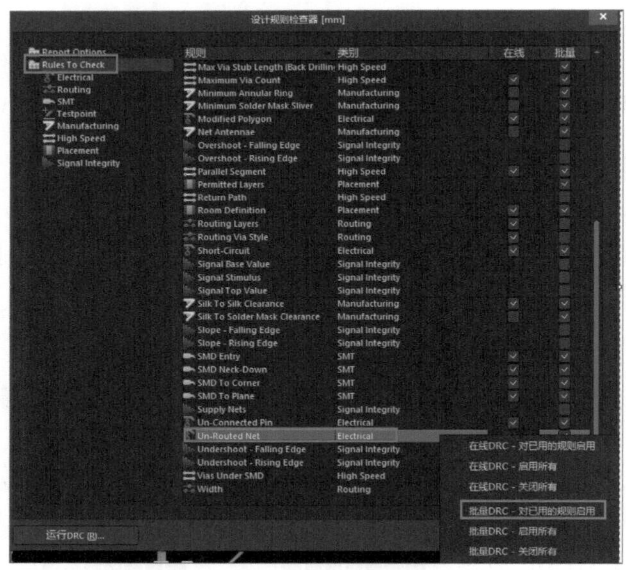

图3-32

3.10.3 运行DRC

单击【设计规则检查器】对话框底部的【运行DRC】按钮，运行DRC。此后，会打开【Messages】面板，其中列出了所有检测到的错误。

如果已经在【Report Options】选项中勾选了【创建报告文件】复选框，则设计规则验证报告文档将在一个单独文档中打开。本教程中的报告如图3-33和图3-34所示。报告的上半部分详细说明了所启用的检查规则以及已检测的违规数量，单击待跳转的设计规则，检查相应的错误；报告的下半部分是违规的摘要及每个违规的具体细节。报告中的链接是实时的，单击特定错误以跳回PCB，并检查PCB上相应的错误。注意，此单击跳转显示违规细节的缩放级别在【优选项】对话框的【System】/【Navigation】选项中设置，设置合适的缩放级别可以看到PCB上每个违规的具体细节。

图3-33

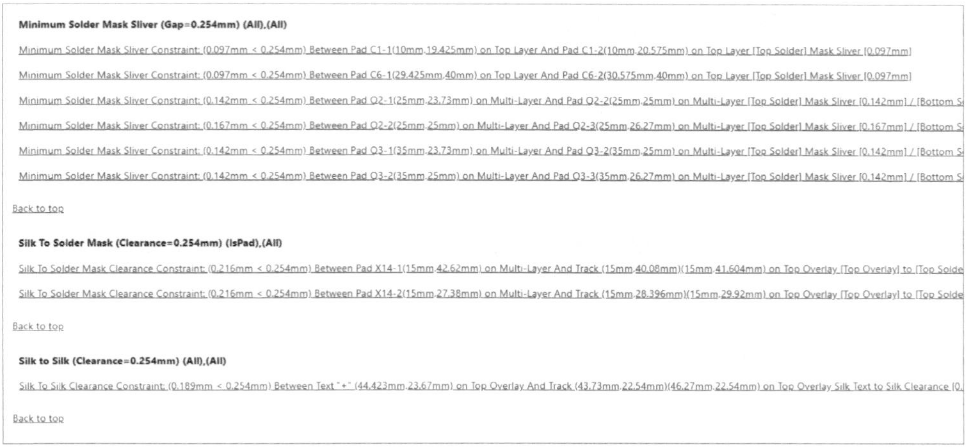

Minimum Solder Mask Sliver (Gap=0.254mm) (All),(All)

Minimum Solder Mask Sliver Constraint: (0.097mm < 0.254mm) Between Pad C1-1(10mm,19.425mm) on Top Layer And Pad C1-2(10mm,20.575mm) on Top Layer [Top Solder] Mask Sliver [0.097mm]

Minimum Solder Mask Sliver Constraint: (0.097mm < 0.254mm) Between Pad C6-1(29.425mm,40mm) on Top Layer And Pad C6-2(30.575mm,40mm) on Top Layer [Top Solder] Mask Sliver [0.097mm]

Minimum Solder Mask Sliver Constraint: (0.142mm < 0.254mm) Between Pad Q2-1(25mm,23.73mm) on Multi-Layer And Pad Q2-2(25mm,25mm) on Multi-Layer [Top Solder] Mask Sliver [0.142mm] / [Bottom S

Minimum Solder Mask Sliver Constraint: (0.167mm < 0.254mm) Between Pad Q2-2(25mm,25mm) on Multi-Layer And Pad Q2-3(25mm,26.27mm) on Multi-Layer [Top Solder] Mask Sliver [0.167mm] / [Bottom S

Minimum Solder Mask Sliver Constraint: (0.142mm < 0.254mm) Between Pad Q3-1(35mm,23.73mm) on Multi-Layer And Pad Q3-2(35mm,25mm) on Multi-Layer [Top Solder] Mask Sliver [0.142mm] / [Bottom S

Minimum Solder Mask Sliver Constraint: (0.142mm < 0.254mm) Between Pad Q3-2(35mm,25mm) on Multi-Layer And Pad Q3-3(35mm,26.27mm) on Multi-Layer [Top Solder] Mask Sliver [0.142mm] / [Bottom S

Back to top

Silk To Solder Mask (Clearance=0.254mm) (IsPad),(All)

Silk To Solder Mask Clearance Constraint: (0.216mm < 0.254mm) Between Pad X14-1(15mm,42.62mm) on Multi-Layer And Track (15mm,40.08mm)(15mm,41.604mm) on Top Overlay [Top Overlay] to [Top Solde

Silk To Solder Mask Clearance Constraint: (0.216mm < 0.254mm) Between Pad X14-2(15mm,27.38mm) on Multi-Layer And Track (15mm,28.396mm)(15mm,29.92mm) on Top Overlay [Top Overlay] to [Top Solde

Back to top

Silk to Silk (Clearance=0.254mm) (All),(All)

Silk To Silk Clearance Constraint: (0.189mm < 0.254mm) Between Text "+" (44.423mm,23.67mm) on Top Overlay And Track (43.73mm,22.54mm)(46.27mm,22.54mm) on Top Overlay Silk Text to Silk Clearance [0.

Back to top

图3-34

3.10.4 定位错误

Altium Designer 22的新手第一次看到长长的错误报告可能会惊慌失措，不过不用着急，因为所有这一切对于设计人员来说都是可控的。可以在设计的不同阶段在【设计规则检查器】对话框中启用和禁用某些规则来实现对错误报告的控制。这并不意味着当发生违规报错时可以直接禁用这些设计规则，这样做只是为了方便检查这些违规行为。

在本示例的PCB上批量运行DRC时，DRC报了以下错误。

- 6个最小阻焊层违规——阻焊间隙的最小宽度小于规则允许的宽度。该违规通常发生在元器件焊盘之间。
- 两个丝印和焊锡掩膜安全距离违规——信号层上对象之间的测量电气安全距离值小于规则规定的最小值。
- 一个丝印与丝印安全距离违规——不同元器件的丝印之间的安全距离值小于规则规定的最小值。

为了定位这些错误，可以单击报告文件中的链接，或双击【Messages】面板，还可以单击【PCB Rules And Violations】面板中的错误。

图3-35显示了安全距离约束错误的详情，由白色箭头和0.254mm的文本指示，表明安全距离小于规则定义的0.254mm（最小值）。下一步是计算出实际值，得出错误差值，采取措施解决此错误。

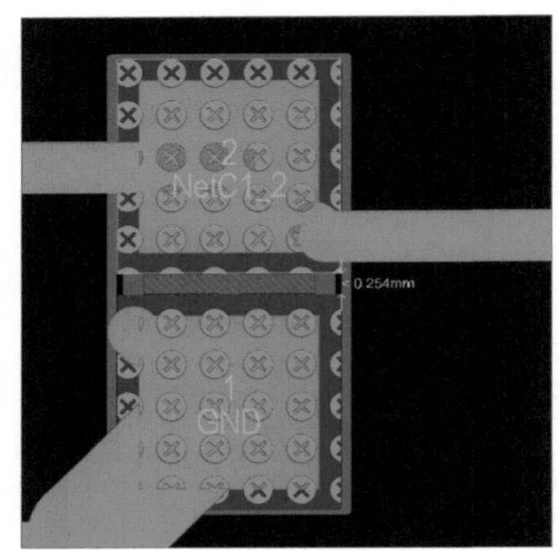

图3-35

一、正确理解错误

通过DRC发现错误后，应如何理解错误发生的原因和次数呢？作为设计者，需要根据错误报告中的基本信息来决定如何将发生的错误解决掉。例如，如果规则允许的最小阻焊安全距离为0.254mm，而实际值为0.097mm，那么情况不算太糟，可以通过调整规则设置来接受此值。

除了实测距离之外，还可通过多种方法确定违规的程度，包括右击打开快捷菜单，选择【冲突】子菜单；或使用【PCB Rules And Violations】面板；或查看【Messages】面板中的详细信息，其中包括实际值与指定值之间的差距。

二、【冲突】子菜单

右击打开快捷菜单，选择【冲突】子菜单，如图3-36所示，其中包含对测量到的违规（冲突）条件的详细说明。

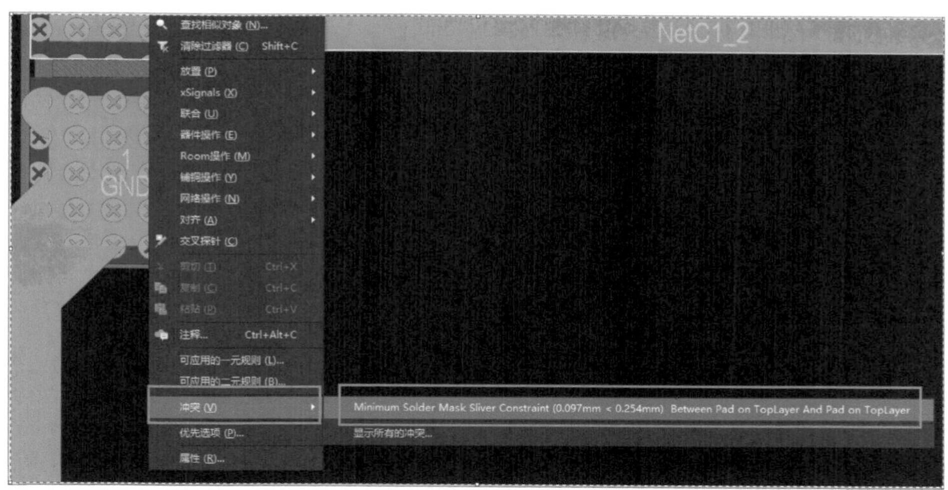

图3-36

按照如下步骤，利用【PCB Rules And Violations】面板定位和了解错误详情。

1. 单击【Panels】按钮，从菜单中选择【PCB Rules And Violations】命令，打开相应面板。默认在【Rule Classes】列表中显示【All Rules】。确定感兴趣的规则类型后，选择该特定规则类，则面板底部仅显示该特定规则类的违规行为。

2. 单击列表中的违规行为可跳转到PCB上显示违规，双击违规可打开【违规详情】对话框，如图3-37所示。

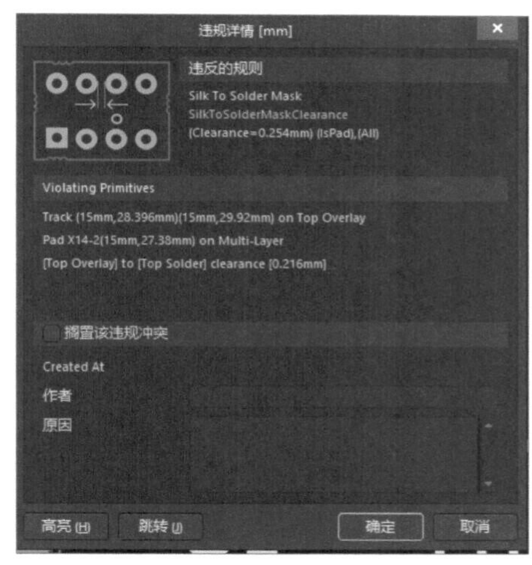

图3-37

三、解决错误

作为设计人员，应找出每种错误的解决方案，下面从相关的阻焊层错误入手，找出DRC报告中出现的错误的解决方案。

（1）最小阻焊层安全距离违规。

阻焊层是涂在PCB外表面上的一层薄薄的漆状层，目的是为镀铜提供保护和绝缘覆盖。阻焊层和元器件线路之间有一个开口，在PCB编辑器的阻焊层上会显示这些开口。在制造过程中，可以使用不同的技术来实现阻焊层。成本最低的方法是通过掩膜将其丝印到PCB表面。考虑到层对齐问题，掩膜开口通常大于焊盘，其设计规则中默认定义为0.097mm。还可以利用其他技术提高层对准和形状定义的准确性，此时阻焊层扩展值可缩小，甚至为零。减小阻焊层扩展值意味着减小阻焊安全距离、丝印与阻焊层之间出现安全距离违规的概率，如图3-38所示。

考虑到成品板的制造技术，应及时解决阻焊层安全距离违规问题。例如，在设计复杂的多层板时，需采用高质量的阻焊技术，以缩小阻焊层的扩展值或将其减为零。本示例中的简单双面板则可使用低成本的阻焊技术，此时通过减小整个PCB的阻焊层扩展值来解决阻焊层安全距离违规并不是一个明智的选择。PCB的设计需要考虑众多因素，解决方案的选择也要考虑众多因素。

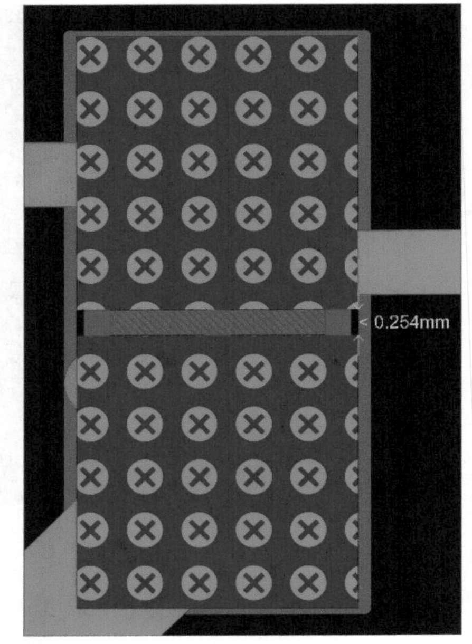

图3-38

以下方法可用于解决此类违规。

- 扩大阻焊层开口，完全移除三极管焊盘之间的掩膜。
- 减小可接受的最小阻焊安全距离的宽度。
- 缩小掩膜开口以将阻焊宽度扩大到可接受的范围。

可以根据对元器件的制造和装配技术的了解程度在以上3种方法中做出选择。在第一种方法中，扩大阻焊层开口，完全移除三极管焊盘之间的掩膜增加了焊盘之间产生焊桥的可能；如果缩小掩膜开口，则裂口的可接受度不确定，并且也可能带来掩膜与焊盘对准的问题。在本示例中，结合第二种和第三种方法，在减小最小安全距离宽度的同时减小掩膜阻焊宽度扩展值。

按照以下步骤解决阻焊层安全距离违规。

1. 减小允许的阻焊层安全距离的宽度。打开【PCB规则及约束编辑器】对话框，在【Manufacturing】文件夹中找到【Minimum Solder Mask Sliver】规则并选择其中的【Minimum Solder Mask Sliver】规则。在本设计示例中，可以接受的数值为“0.02mm”。在规则的【约束】部分，将【最小化阻焊层裂口】的值设为“0.02mm”，如图3-39所示。

2. 为三极管添加一个掩膜扩展规则，使掩膜扩展值为零，使得阻焊层中的开口与焊盘大小相等，即焊盘之间的阻焊裂口宽度与其间距（0.02mm）相等。单击【PCB规则及约束编辑器】对话框左侧的【Mask】文件夹，选择【Solder Mask Expansion】规则，在【Solder Mask Expansion】规则中有一个名为【SolderMaskExpansion】的规则。单击该规则显示其设置，指定该规则扩展值为0.102mm（约4mil）。由于仅有三极管焊盘违规，因此无须编辑【Where The Object Matches】选项，而是需要创建一个新规则。

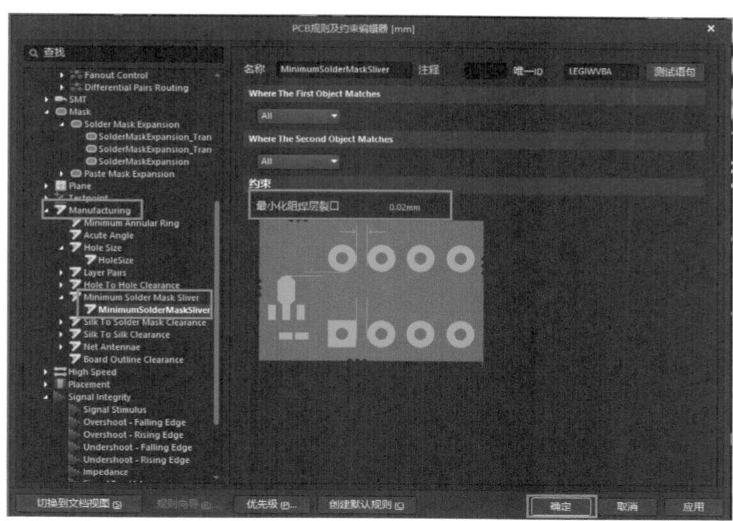

图3-39

3. 创建一个新的阻焊层扩展规则，右击【Solder Mask Expansion】规则，从快捷菜单中选择【新规则】命令，创建一个名为“SolderMaskExpansion_1”的新规则，单击该规则显示其设置。对其进行如下设置，如图3-40所示。

- 名称——SolderMaskExpansion_Transistor。
- Where The Object Matches——在第一个下拉列表框中选择【Component】，在第二个下拉列表框中选择【Q2】（三极管封装的名称）。
- 顶层/底层外扩——0mm。

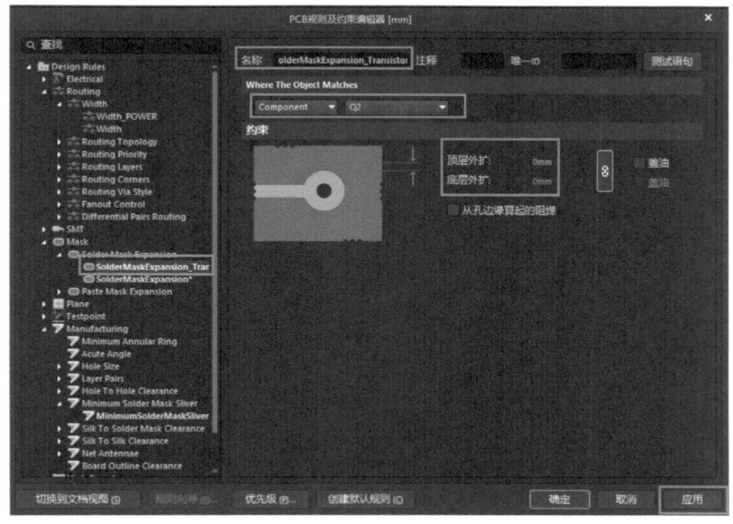

图3-40

4. 单击【应用】按钮保存更改，并保持【PCB规则及约束编辑器】对话框处于打开状态。

（2）安全距离违规。

通常用以下两种方法解决安全距离违规问题。

- 减小三极管焊盘的尺寸，以增加焊盘之间的距离。
- 重新设置设计规则，使得三极管封装焊盘之间的安全距离变小。

由于0.254mm的安全距离过大，而实际安全距离接近0.0907mm，因此在这种情况下，理想的选择是通过设置规则来减小安全距离，可在现有的【Clearance】规则的【约束】部分进行设置。在【约束】部分的表格区域将TH焊盘的【最小间距】改为“0.02mm”，编辑单元格时，先选中，然后按F2键，如图3-41所示。在本示例中，这一解决方案可以接受，因为唯一具有通孔焊盘的元器件是连接器，其焊盘间隔超过1mm。否则，最好的解决方案是添加第二个仅针对三极管焊盘的安全距离约束条件，与阻焊层扩展规则的情况类似。

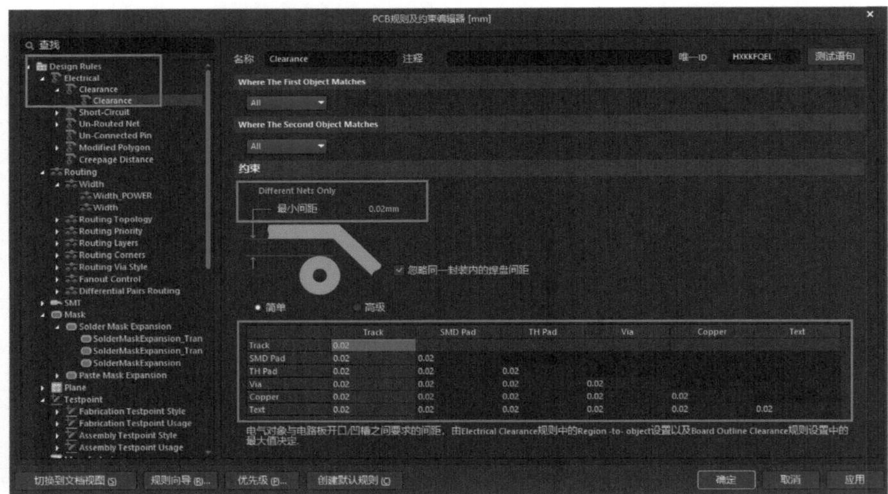

图3-41

（3）丝印与丝印之间的安全距离违规。

最后一种需要解决的错误是丝印与丝印之间的安全距离违规。这种违规发生的原因通常是相邻元器件的位号过于靠近。在密度比较小的简单PCB设计中，此类违规行为发生的概率比较小。一旦发生这类违规，可以重新定位元器件的位号。位号符的移动受当前捕捉栅格的约束。如果当前栅格过于粗糙，可按快捷键Ctrl+G并输入新的栅格值，如图3-42所示。

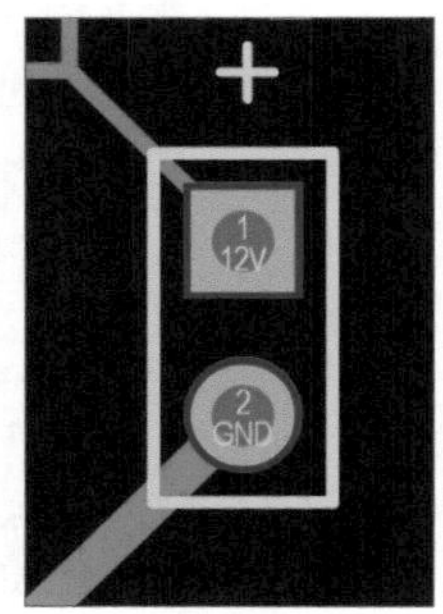

图3-42

四、解决掉全部错误之后再次运行DRC

将DRC错误报告中的全部错误解决之后，按照以下步骤运行DRC。

1. 将PCB文件保存到本地。

2. 在PCB编辑器主菜单中选择【工具】/【设计规则检查器】命令，打开【设计规则检查器】对话框，此时，应确保在【Report Options】选项中勾选了【创建报告文件】复选框。

3. 单击【运行DRC】按钮，生成并打开一个新的DRC报告。在新的DRC报告中，已经没有任何错误信息。如依然有错误信息，说明错误尚未全部解决，应重新回到PCB文档并予以解决，然后再次生成报告。

4. 从项目文件中删除已生成的DRC报告，避免在设计发布过程中将该报告发布出去。在【Projects】面板的【Generated\Documents】子文件夹中找到DRC报告文件，右击该文件，选择【Remove from Project】命令，在打开的【Remove from Project】对话框中选择【Delete file】选项。

5. 将PCB和项目保存到工作区，关闭PCB文件。

五、以3D方式查看电路板

Altium Designer 22能够查看PCB的三维图像。在主菜单中选择【视图】/【切换到3D模式】命令，或按3键，切换到3D模式，显示PCB的三维影像，如图3-43所示。在3D模式下，可以流畅地缩放视图、旋转视图和浏览视图。利用以下操作，可以方便地缩放、旋转和浏览视图。

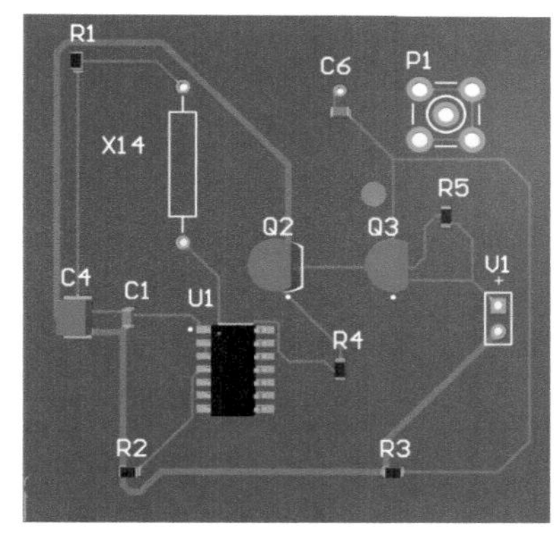

图3-43

- 缩放——在按住Ctrl键的同时按住鼠标右键并拖动鼠标或在按住Ctrl键的同时滚动鼠标滚轮，或者按PgUp/PgDn键。
- 平移——按住鼠标右键并拖动鼠标或鼠标滚轮。
- 旋转——在按住Shift键的同时按住鼠标右键并拖动鼠标。注意：当按住Shift键时，当前鼠标指针位置会出现一个定向球体。使用以下操作可使模型围绕球体中心旋转（在按住Shift键之前先定位鼠标指针）。移动鼠标指针以突出显示所需的控件，然后当【中心点】突出显示时，按住鼠标右键并拖动鼠标可向任何方向旋转；当【水平箭头】突出显示时，按住鼠标右键并拖动鼠标可围绕y轴旋转视图；当【垂直箭头】突出显示时，按住鼠标右键并拖动鼠标可围绕x轴旋转视图；当【圆形】突出显示时，按住鼠标右键并拖动鼠标可围绕z轴旋转视图。

3.11 项目输出

完成PCB的设计和检查之后，就可以准备制作PCB审查、制造和装配所需的输出文档。

3.11.1 输出文档种类

由于PCB制造中使用了多种技术和方法，因此Altium Designer 22能够针对不同目的生成多种不同的输出文档。

（1）装配输出文档。

- 装配图——PCB各侧的元器件的位置和方向。
- 安装和放置文件——利用机械手将元器件放置到PCB上。
- 测试点报告——ASCII文件，有3种格式，用于详细说明被指定为测试点的焊盘、过孔位置。

（2）文档输出。

- PCB打印文档——设置打印输出（页面），排列图层和显示元器件。创建打印输出文档，如装配图等。
- PCB 3D打印文档——从3D视图角度查看电路板。
- PCB 3D视频——根据PCB编辑器的【PCB 3D Movie Editor】面板中定义的3D关键帧序列输出电路板的简单视频。
- PDF 3D——生成电路板的3D PDF视图，支持在Adobe Acrobat中缩放、平移和旋转3D影像。3D PDF中包含一个用于控制网络、元器件和丝印显示的模型树。
- 原理图打印文档——设计中使用的原理图。

（3）制造输出文档。

- 复合钻孔图——显示电路板钻孔位置和尺寸的图纸。
- 钻孔图指南——显示电路板钻孔位置和尺寸（使用符号）的独立图纸。
- 成品图纸——将各种制造输出组合在一起的单个可打印输出文档。
- Gerber文件——创建Gerber格式的制造信息。
- GerberX2文件——包含高级设计信息并且向后兼容原始Gerber格式的一种新标准。
- IPC-2581文件——在单个文件中包含高级设计信息的一种新标准。
- NC钻孔文件——创建供数控钻孔机使用的制造信息。
- ODB++——以ODB++数据库格式创建制造信息。
- 电源平面打印——创建内部和分割平面图。
- 阻焊层/锡膏层图纸——创建阻焊层和锡膏层图纸。
- 测试点报告——为设计创建各种格式的测试点输出。

（4）网表输出。

网表描述了元器件之间的逻辑连接，有助于将设计迁移到其他电子设计应用。Altium Designer 22支持多种网表格式。

（5）报告输出。

- 物料清单——创建制造PCB所需的全部元器件和数量清单。
- 元器件交叉引用报告——根据设计中的原理图创建元器件列表。
- 报告项目层次结构——创建项目所需的源文档的列表。
- 报告单个引脚网络——创建一份报告，在其中列出全部仅有一个连接的网络。

3.11.2　独立的输出作业文件

PCB编辑器具有3种独立的输出作业设置和生成机制。

- 独立机制——每种输出类型的设置均存储在项目文件中。可以在需要时通过【Fabrication Outputs】【Assembly Outputs】【Export】选项有选择地生成输出。
- 采用输出作业文件——每种输出类型的设置均存储在输出作业文件中，该文件支持所有可能的输出类型，可手动生成这些输出或将其作为项目发布。
- 设计发布过程——在项目全部的输出作业文件中设置的输出文档可以作为集成项目发布过程的一部分生成，并且可用于设计验证。

OutputJob（输出作业）文件又可称为OutJob文件，用于将每个输出映射到输出容器中。在输出设置中定义待输出的内容，在容器中定义输出写入的位置。可在OutJob文件中添加任意数量的输出，并可将输出映射到独立或共享的输出容器，如图3-44所示。

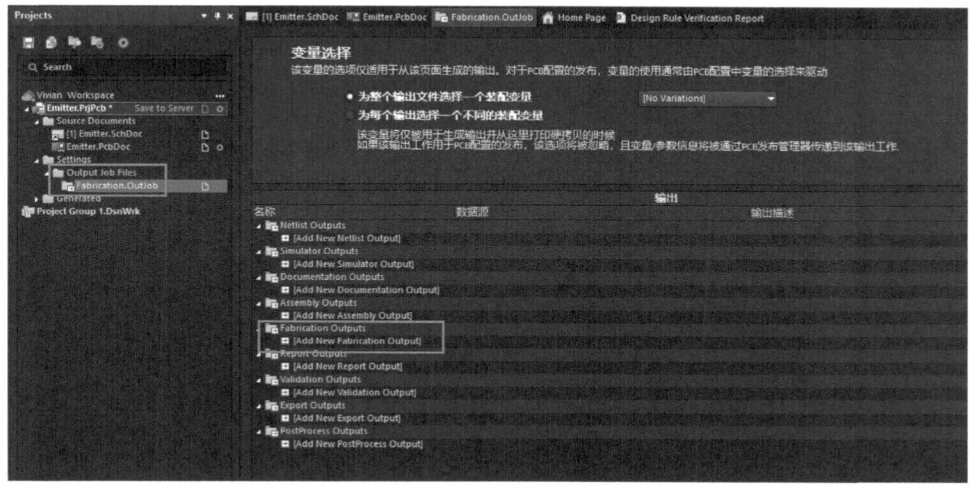

图3-44

按照以下步骤设置输出作业文件。

1. 右击【Projects】面板中的项目名称，选择【添加新的...到工程】/【Output Job File】命令，为项目添加一个新的OutJob文件。

2. 将OutJob文件命名为Fabrication，保存到本地。该文件将自动保存在项目文件夹中。

3. 添加新的Gerber输出。单击【Fabrication Outputs】选项中的【Add New Fabrication Output】链接，选择【Gerber Files】/【[PCB Document]】命令，如图3-45所示，会自动选中PCB项目。可以在不同项目间复制OutJob文件，无须更新此设置。如果项目中有多个PCB，则需要选中特定的PCB。

此时，Gerber输出已经被添加到项目中，接下来需要对Gerber文件进行设置。

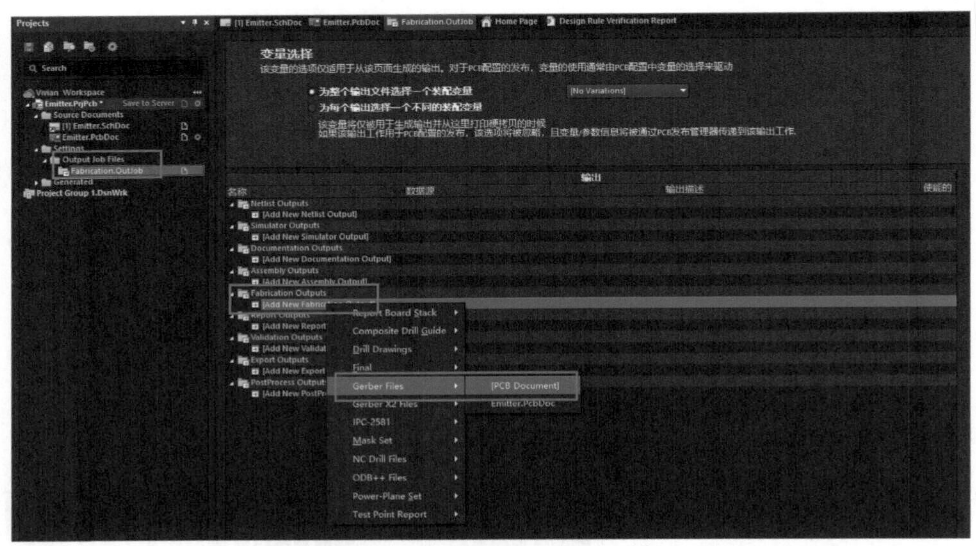

图3-45

3.11.3 设置Gerber文件

Gerber是PCB设计和制造最常见的数据传输形式。每个Gerber文件对应物理板的一层：元器件层、顶部信号层、底部信号层、顶部阻焊层等。建议在提供制造设计所需的输出文件之前咨询PCB制造商，以确认其要求。

如果PCB上有过孔，还需要生成一个NC Drill（数控钻孔）文件，确保该文件中的单位、分辨率和膜位置等参数的一致。在【Gerber设置】对话框中设置Gerber文件，如图3-46所示。在文件输出界面双击Gerber文件，或将Gerber输出添加到OutJob文件的【Fabrication Outputs】选项后双击，从而访问Gerber文件。

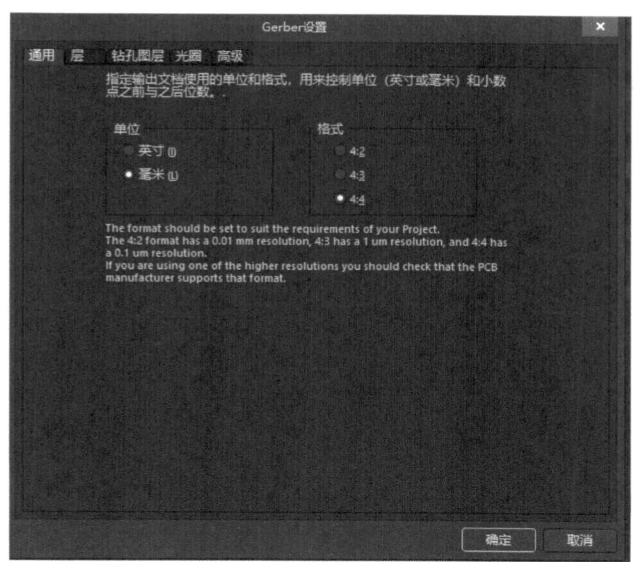

图3-46

按照以下步骤设置Gerber文件。

1. 在OutJob文件中双击已添加的Gerber输出，打开【Gerber设置】对话框。

2. 为了确保NC drill文件中的格式和单位的一致，在【通用】选项卡中将【格式】设置为“4:3”。由于PCB设计采用的是公制单位，因此在对话框的【通用】选项卡中将【单位】设置为“毫米”。

3. 切换到【层】选项卡，单击【绘制图层】按钮，选择【Used On】选项。注意：此时可以启用机械层，机械层通常不会单独执行Gerbered作业。禁用对话框的【Layers to Plot】（待绘制图层）列表中启用的所有机械图层。

4. 切换到【高级】选项卡，将【胶片中的位置】选项设置为【参照相对原点】。注意：NC drill文件的单位、格式和膜片位置必须始终与Gerber文件保持一致，否则，钻孔位置将与焊盘位置不匹配。

5. 单击【确定】按钮接受其他默认设置，关闭【Gerber设置】对话框。

6. 以同样的方式将NC drill输出添加到OutJob文件，单击OutJob文件的【Fabrication Outputs】部分的【Add New Fabrication Output】链接，选择【Drill Drawings】（钻孔图）/【PCB Document】（PCB文档）命令。

7. 双击已添加的钻孔图文件输出以访问【Preview PCB】（PCB预览图）对话框，保持默认设置，单击【OK】按钮关闭对话框，如图3-47所示。

至此，Gerber和钻孔图已设置完成，下一步是设置其命名和输出位置。为此，需将其映射到OutJob右侧的输出容器。具有独立文件格式的离散文件需使用【Folder Structure】（文件夹结构）容器。在【输出容器】列表中选择【Folder

Structure】容器，单击【输出】列表的【使能的】列中的Gerber文件，将这些输出映射到选定的容器，如图3-48所示。

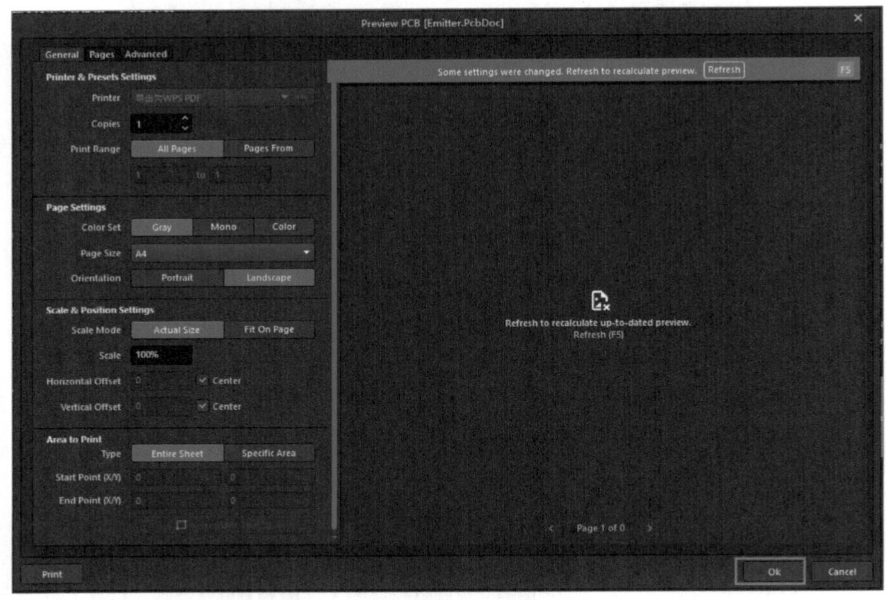

图3-47

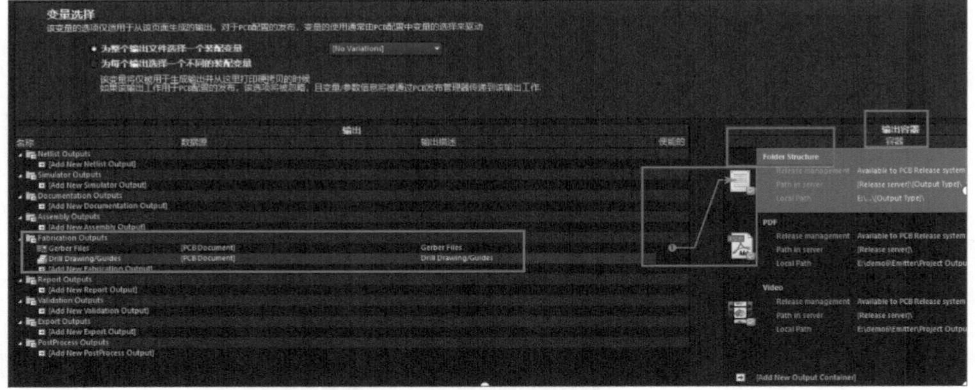

图3-48

8. 单击【输出容器】列表中的【Change】链接，打开【Folder Structure settings】（文件夹结构设置）对话框。对话框的顶部有一组按钮，用于设置发布管理或手动管理输出，将其设置为【Release Managed】（发布管理）。

9. 单击【确定】按钮关闭对话框。

3.11.4 设置生成验证报告

Altium Designer 22的验证功能中还包括对设计输出的验证，在输出时能生成HTML报告文件。在项目发布过程中，Altium Designer 22将检查过往修改发布历史，如果没有通过验证检查，则发布将失败。

按照以下步骤设置生成验证报告。

1. 在【输出】列表的【Validation Outputs】(验证输出）选项中单击【Add New Validation Output】链接，选择【Design Rules Check】/【PCB Document】命令。

2. 将已添加的报告映射到【Folder Structure】输出容器。选中输出容器后，单击【输出】列表的【使能的】列中的DRC验证报告。

3. 将文件保存到本地，关闭OutJob文件。

3.11.5 设置物料清单

在设计的收尾阶段，设计中用到的每个元器件必须具有详细的供应链信息。在整个设计周期内，Altium Designer 22的ActiveBOM（*.BomDoc）功能方便用户随时添加物料清单（BOM），无须为设计自制元器件清单的Excel电子表格。ActiveBOM是Altium Designer 22的元器件管理编辑器，主要有以下功能。

- 设置BOM中的元器件信息，包括添加额外的非PCB元器件BOM项目，例如裸板、点胶、安装硬件等。
- 添加满足装配厂要求的额外列（例如行号列）。
- 将每个设计元器件映射成真实制造商部件。
- 按照明确的制造单位数量验证每个部件的供应链和价格。
- 按照明确的制造单位数量计算成本。

按照以下步骤设置BomDoc文档。

1. 一个PCB项目只能包含一个BomDoc文档。从主菜单中选择【文件】/【新的】/【ActiveBOM文档】命令，创建BomDoc文档，文档中包含本项目中用到的所有元器件。在【Properties】面板中设置BomDoc文档，定义生产数量、货币种类、供应链和BOM项等参数。此外，表格上方包含一个搜索字段，可方便地快速定位参数等。浏览面板的【Columns】选项卡，BOM中的数据可以有不同的渠道来源，统一通过【Sources】按钮控制。

2. BomDoc文档的主表格区域有全部元器件的详细介绍。默认有一个标题为【Line #】(行号#）的列，单击【Set Line Numbers】(设置行号）按钮 可填充此列。PCB项目所需的元器件均从【Manufacturer Part Search】(制造商部件搜索）面板中获取而来，该面板中包含所有元器件的供应链信息。当单击表格中的某个元器件时，其供应链信息将显示在BomDoc文档的下方区域。BomDoc文档下方区域中显示的每一行为解决方案，左侧显示制造商元器件的部件编号（Manufacturer

Part Number，MPN），右侧的平铺图则显示可用供应商部件编号（Suppliers Part Number，SPN）。将鼠标指针悬停在状态图标上，可获取检测到的问题的具体信息。

3. 选择三极管BC546B项，如果这个元器件被标记为【Obsolete】（已过时），则意味着这个元器件未分配MPN或已分配MPN但无供应商，为此，可以创建制造商链接。

4. 为三极管添加制造商链接。选中三极管，单击【Add Solution】（添加解决方案）按钮，如图3-49所示，从弹出的菜单中选择【Create/Edit PCL】（创建/编辑部件选择列表）命令，打开【Edit Manufacturer Links】（编辑制造商链接）对话框。在对话框中单击【Add】按钮，打开【Add Part Choices】对话框。在此对话框中搜索合适的制造商部件，查看供应商、价格和可用性。如果搜索时仅返回已经使用过的同一元器件，可尝试扩大搜索范围。

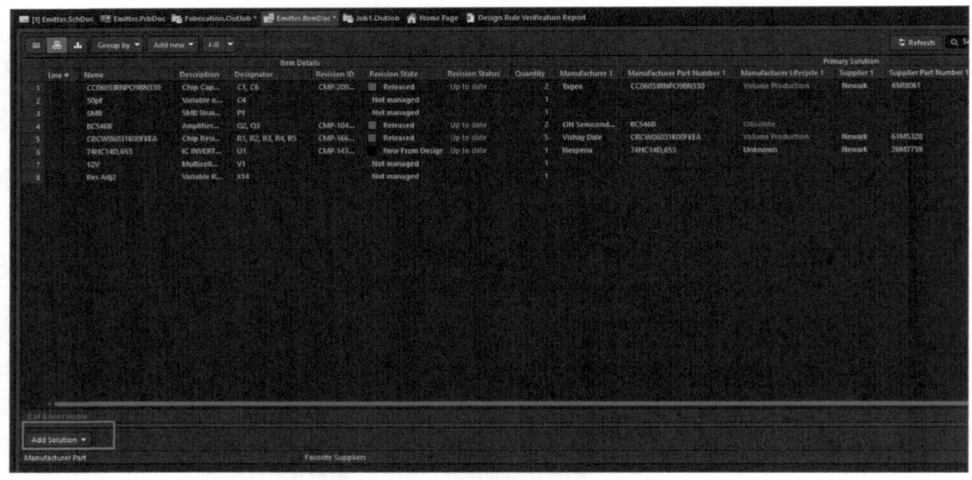

图3-49

5.【Manufacturer Part】列边缘有垂直颜色条，用于显示相关元器件的生命周期状态。在理想情况下，元器件均处于绿色生命周期状态（批量生产状态）。选择生命周期状态为批量生产（将鼠标指针悬停在垂直颜色条上以查看生命周期状态）且库存可用的部件，然后单击【OK】按钮接受该部件，如图3-50所示。

6. 返回【Edit Manufacturer Links】对话框，单击【OK】按钮关闭对话框并返回BomDoc文档。BomDoc文档的解决方案区域将显示设计中使用的元器件和新添加的解决方案。解决方案按照其在BOM中的使用顺序列出。将鼠标指针悬停在星形上，然后单击所需的排序，即可将选中的元器件升序为主要解决方案。

7. 所有元器件的供应链详细信息均在BomDoc文档中，将BomDoc文档存盘，将项目保存到工作区。

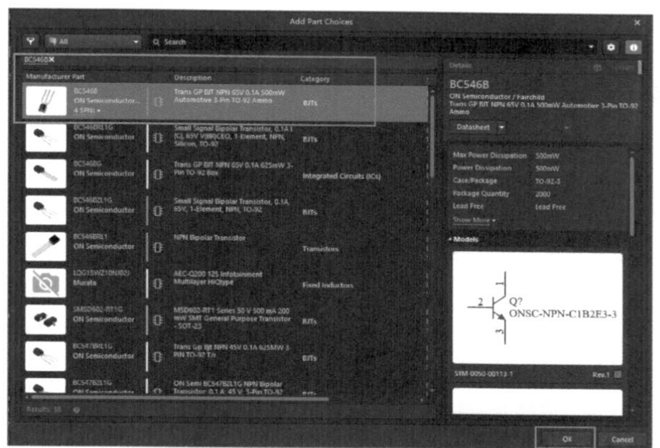

图3-50

3.11.6 输出物料清单

利用报告管理器输出BOM。报告管理器是一个可设置的报告生成引擎，可生成包括文本、CSV、PDF、HTML和Excel在内的多种格式文档，还可以输出自定义格式的Excel文件。即便在没有安装Microsoft Excel的情况下，也能生成Excel格式的BOM，在【File Format】下拉列表框中选择【MS Excel】选项即可。

报告管理器利用【Bill of Materials for BOM Document】对话框输出BOM时，可通过以下几种方式访问该对话框。

- 在原理图编辑器或PCB编辑器的主菜单中选择【报告】/【Bill of Materials】命令。
- 向项目添加BomDoc文档并运行BomDoc文档中的【报告】/【Bill of Materials】命令。
- 将BOM添加到Output Job的Report Outputs。

在默认状态下，如果项目中已经包含了BomDoc文档，则报告管理器参照BomDoc文档中的设置显示元器件详情，可通过对话框中【Properties】部分的【Columns】选项卡添加和删除列；如果项目中未包含BomDoc文档，则【Columns】选项卡包含一个附加部分，用于定义如何识别相似元器件，将相似元器件进行聚类（将元器件属性拖放到对话框的【Drag a column to group】部分即可实现聚类）。

对话框的主表格区域为BOM的内容，可以拖动列进行重新排序，单击列标题即可进行排序，按住Ctrl键并单击可进行子类排序，并在每个列标题的下拉框内定义该列特定值的筛选。

在默认状态下，BOM生成器从原理图文档中获取信息。软件也允许使用其他信息来源，通过对话框【Properties】部分的【Columns】选项卡中的按钮可启用其他来源。例如，如果启用PCB参数，则可以包括元器件位置和板边等详细信息，如图3-51所示。

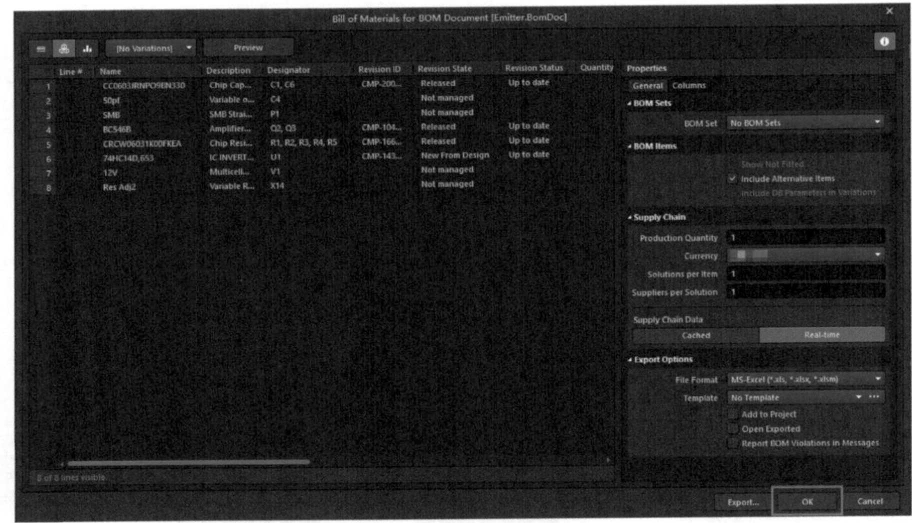

图3-51

3.12 项目发布

在OutJob文件中设置好输出文档之后，可将项目发布到互连工作区。PCB设计发布是一个自动化过程，在发布特定项目时会拍摄设计源快照，该快照将与全部已生成的输出一起存档，代表该设计是由公司的研发部研发并可公开销售的有形产品。

项目发布通过Altium Designer 22的【Project Releaser】（项目发布）命令执行，其用户界面为专用的Release（发布）视图。整个项目发布流程可分为多个阶段，从Release视图左侧的条目可以浏览当前所处的阶段。

按照以下步骤发布项目。

1. 打开Release视图。右击【Project】面板中的项目文件，从快捷菜单中选择【Project Releaser】命令，打开Release视图。

2. 设置发布服务，定义待生成的数据类型。单击数据集标题右侧的【Details】按钮，访问待生成数据集的详细内容。

3. 单击视图左下角的【选项】按钮，打开【Project Release Options】对话框。在对话框的【Release Options】选项卡中，选择【Managed-Vivian Workspace】作为【Release Target】（发布目标），为【Fabrication Data】（制造数据集）分配制造。单击【OK】按钮，如图3-52所示，返回Release视图。

4. 应保证待发布的项目中包含制造和装配数据项，勾选【Include Fabrication Data】（包含无变量制造数据）和【Include Assembly Data for No Variant】（包含无变量装配数据）两个复选框，单击【准备】按钮。

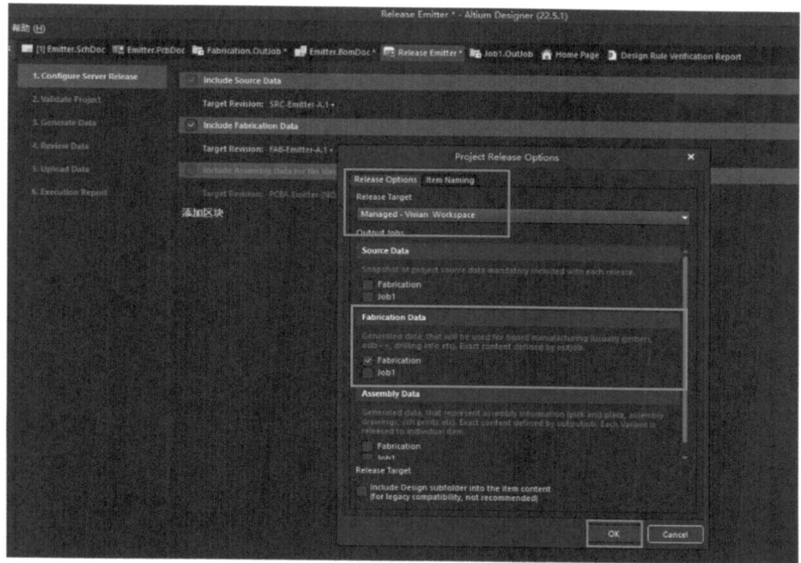

图3-52

5.【Creat Project】对话框将打开，其中包含工作区中待创建的目标发布项目列表。选择【Create items】选项，确认创建项目。如果打开的文档中出现未在本地存盘的更改，【Project Modified】对话框将打开，此时，选择【Save and Commit changes】选项，将更改保存到工作区。

6. 在打开的【Commit to Version Control】(提交至版本控制)对话框中确保已启用修改好的项目源文件以及未在版本控制范围内的源文件，输入注释(例如"项目准备发布")，单击【Commit And Push】(提交并推送)按钮。

7. 如果在已分配的OutJob文件中检测到一个或多个验证类型报告，则自动进入【Validate Project】(验证项目)阶段。由于Fabrication OutJob文件中已经包括了DRC报告，因此可以运行验证输出生成器。

8. 验证成功之后，进入发布过程的【Generate Data】(生成数据)阶段。软件自动生成数据，并将生成的数据发布到工作区的相关目标项。

9. 所有验证检查均通过并生成输出数据之后，进入【Review Data】(审核数据)阶段，对生成的数据进行全面的审核。单击【视图】链接可在Altium Designer 22的编辑器或其他外部应用程序(例如PDF阅读器)中打开相关数据文件或文件集。如果生成的数据没有问题，则单击视图右下角的【发布】按钮继续发布。

10.【Confirm Release】(确认发布)对话框将打开，其中汇总了待发布到工作区的项目设置。输入发布备注(如发布版本信息)，单击【发布】按钮。

11. Altium Designer 22自动上传数据，同时软件会跟踪数据上传进度。

12. 发布过程的最后阶段为【Execution Report】(执行报告)阶段，提供发布摘要。单击视图右下角的【关闭】按钮关闭Release视图。

3.13 查看项目历史

结合项目设计工作区，利用Altium Designer 22可以查看项目历史并与之交互。专用的History(历史)视图提供与项目相关的主要事件的时间表，包括项目创建、项目提交、项目发布、克隆和MCAD交换等，如图3-53所示。

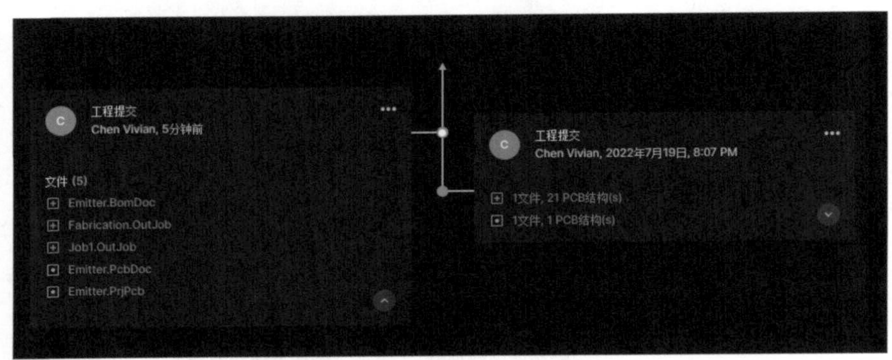

图3-53(软件翻译问题，“工程”应为“项目”)

History视图由以下3个关键部分组成。

- 主干时间轴：事件年表采用自下而上的方向顺序排列，第一个事件(项目的创建)将出现在时间轴的底部，后续事件显示在上方，最新事件(当前事件)则显示在时间轴的顶部。
- 事件：每次发生与项目相关的事件，如项目创建、保存到工作区和项目发布等，都将作为专用平铺图被添加到时间轴中；每种类型的事件的平铺图颜色各不相同，并且与时间轴主干直接连接。
- 搜索：单击视图右上角的按钮，可以对项目进行搜索，输入搜索内容时，时间轴将自动筛选，仅显示与该搜索内容相关的事件。

按照以下步骤查看项目历史。

1. 在【Projects】面板中右击项目，从快捷菜单中选择【版本控制】/【Show Project History】命令。此时，History视图以文档的方式呈现。

2. 查看项目历史中的相关事件：项目创建(时间轴底部的平铺图)、项目提交(将其保存到工作区)、项目发布(时间轴顶部的平铺图，作为重大事件与时间线主干连接)，如图3-54所示。

3. 关闭History视图。右击文档选项卡并从快捷菜单中选择【Close Regulator History】命令。

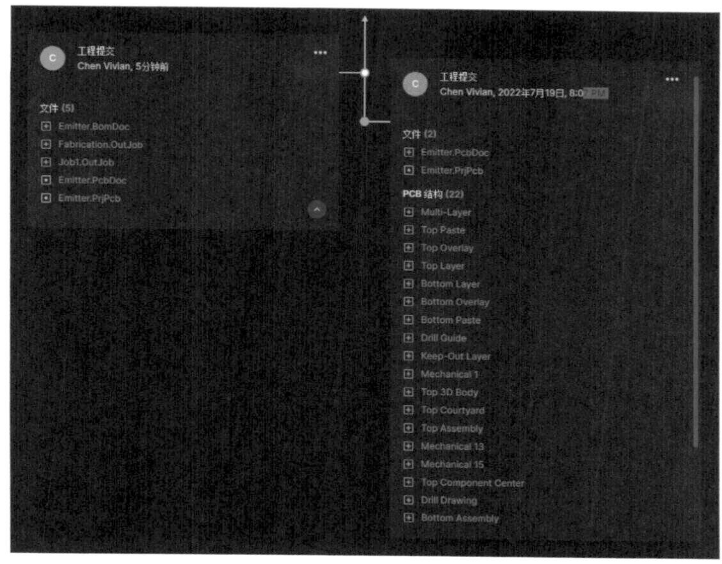

图3-54

3.14 在Web Viewer界面中查看项目

利用工作区的Web Viewer界面，可实现通过标准的网络浏览器访问PCB项目文档。浏览器技术使得用户可以浏览项目结构，与设计文档交互，如图3-55所示。该技术突出显示不同区域或对象并提供注释，方便用户在设计过程中对元器件和网络进行搜索、交叉探测、选择和检查。

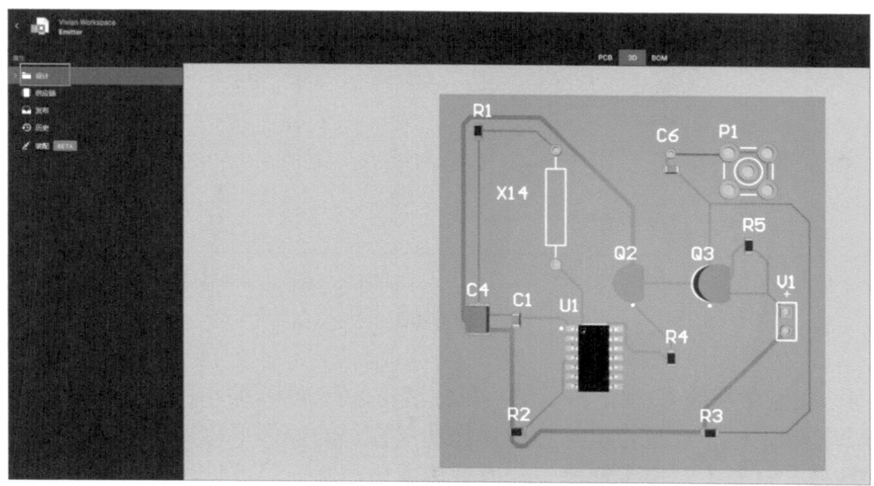

图3-55

通过Web Viewer界面可以看到不同数据的信息，查看源设计时，4个数据视图分别显示源原理图、电路板的2D视图、电路板的3D视图和物料清单。用于特定项目的Web Viewer界面可直接从工作区浏览器界面访问，或从Altium Designer 22内部间接访问。

按照以下步骤通过Web Viewer界面查看项目。

1. 右击【Projects】面板中的项目，从快捷菜单中选择【在Web浏览器中显示】命令，在默认网络浏览器中打开项目的详细管理界面，其中显示了项目的Design视图。

2. 在默认状态下，打开的是项目的源原理图（SCH数据视图）。使用主查看区域顶部的视图按钮，如【PCB】（电路板的2D视图）、【3D】（电路板的3D视图）和【BOM】（物料清单）等，实现视图之间的切换。

3. 在源原理图中，滚动鼠标滚轮进行放大/缩小操作；通过按住鼠标左键并拖动鼠标（或按住鼠标右键并拖动鼠标）的操作可平移文档。将鼠标指针悬停在元器件上，单击元器件，右侧窗格中会显示其详细信息。将鼠标指针悬停在走线上，单击网络，右侧窗格中会显示其详细信息。单击右侧窗格顶部的按钮可交叉探测其他视图上选中的对象。选择元器件或网络时，单击这些按钮可切换到其他视图，并在其中选中、居中和缩放同一对象。在源原理图中选择12V网络，单击【PCB】按钮，切换到包含选中、居中和缩放网络的电路板的2D视图，如图3-56所示。

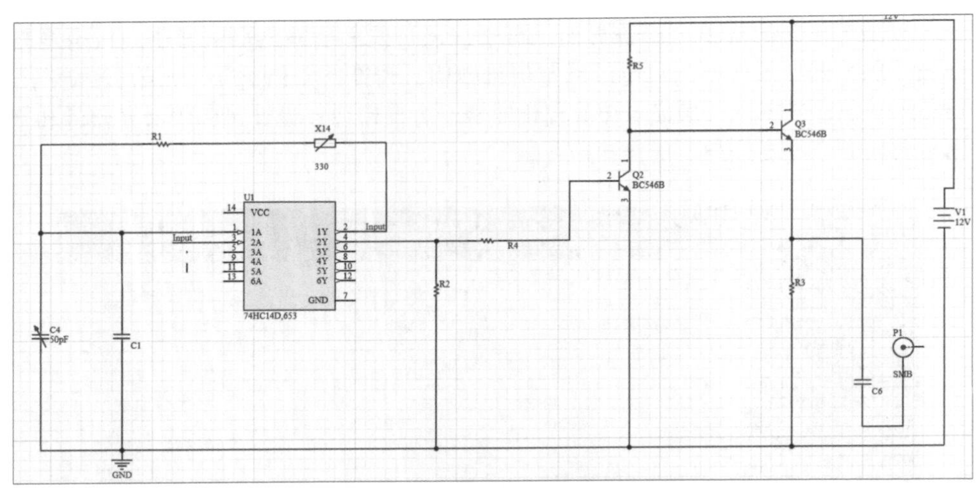

图3-56

4. 在电路板的2D视图中，滚动鼠标滚轮进行放大/缩小操作；通过按住鼠标左键并拖动鼠标（或按住鼠标右键并拖动鼠标）的操作平移文档。单击视图左上角的按钮，打开【图层】窗格，并通过该窗格控制图层可见性。通过窗格顶部的【Top View】（顶视图）和【Bottom View】（底视图）按钮分别控制PCB的俯视视图和仰视视图。

5. 切换到电路板的3D视图。滚动鼠标滚轮进行放大/缩小操作；通过按住鼠标左键并拖动鼠标的操作可旋转文档；通过按住鼠标右键并拖动鼠标的操作可平移电路板。单击右上角按钮聚类中的按钮可访问【搜索】工具，从而搜索元器件和网络。在【搜索】字段中输入C1可显示匹配的元器件和网络列表。单击【12V】可在当前视图中选中相应的网络。

6. 切换到物料清单，使用【Name】（名称）列中的链接在Octopart中打开元器件界面。在访问物料清单之前，使用【Designator】（位号）列中的链接对活动视图上的元器件进行交叉探测。

3.15 文件批注

可以通过Web Viewer界面对设计文件进行批注。Web Viewer界面支持为视图中的特定点、对象或区域添加批注，还可以获取其他用户的回复。在不改变共享数据源的情况下，批注有助于促进用户之间的协作。批注会独立于数据存储在工作区中，如图3-57所示。

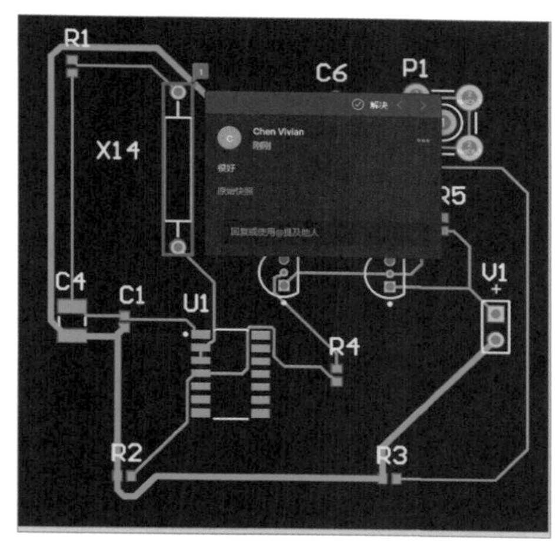

图3-57

按照以下步骤在Web Viewer界面为设计文件添加批注。

1. 在Web Viewer界面打开项目后，切换到电路板的2D视图。单击右上角的按钮，打开【评论】窗格，项目批注将出现在该窗格中。

2. 单击【评论】窗格顶部的按钮【+评论】，此时鼠标指针将变为十字线形状，表示进入评论放置模式。

3. 单击X14接地端，显示【批注】窗口，在所提供的字段中输入批注，然后单击【发送】按钮，批注内容将显示在主查看区域中。

4. 在Altium Designer 22的PCB编辑器中打开原理图。此时注意X14旁边的批注标记（ ），单击该标记可显示【批注】窗口，双击该窗口可打开【评论】面板。在【批注】窗口的【回复】字段输入对批注的回复，单击【回复】按钮。

5. 单击窗口右上角的按钮，将批注标记为已解决，然后关闭窗口。

3.16 项目共享

在协同设计或项目审核阶段，需要确定哪些用户可以访问该项目。可以在Web

Viewer界面进行项目共享，也可以直接在Altium Designer 22编辑器中进行项目共享，如图3-58所示。

图3-58

按照以下步骤实现项目共享。

1. 在Altium Designer 22中，单击应用程序窗口右上角的【Share】按钮，打开【Share】对话框，查看当前谁有访问项目的权限。

2. 默认状态下，工作区内的所有成员（【Workspace Members】条目中的所有人）均有权限编辑项目内容。在【Can Edit】下拉列表中选择【Can View】选项，此时工作区成员可以访问该项目，但其权限仅能查看和批注，项目的编辑权限属于项目所有者（创建项目的用户）和工作区管理员。

3. 单击【Save】按钮将访问权限设置保存，可以单击【Who has access】按钮返回以查看有权访问项目的实体列表，确保已完成权限的更改。

4. 创建和共享设计快照，即分享项目开发的特定时间点的设计，实现与他人的协作。选择【Share】对话框左侧的【Snapshot on the Web】选项。该对话框的默认设置为【Share By Link】，即可以生成一个链接，所有获得该链接的人可在48小时内通过网络浏览器查看该设计快照。单击【Generate Link】按钮生成指向设计快照的链接。

5. 生成网络链接之后，单击【Copy Link】按钮复制该链接。得到该链接的人便可以在网络浏览器中打开该链接，进入Altium主站点上的Altium 365查看器，设计已在该站点得到处理并加载。

Altium 365查看器支持设计项目的全局共享，借助Altium 365查看器，可以便捷地与管理层、采购人员或潜在制造商分享当前的设计进度。项目发布到Altium 365查看器之后，可以通过明确的制造包与制造商共享设计数据，制造商可在不访问工作区的情况下，下载构建包，据此制造和装配电路板。

按照以下步骤与制造商分享制造包。

1. 在工作区的Web Viewer界面打开项目，单击左侧的【发布】选项，访问项目发布版本列表。

2. 单击与发布条目关联的【Send to Manufacturer】按钮，显示【Sending to Manufacturer】窗口，在该窗口内设置制造包的内容以及发送对象。在默认状态下，制造包包含制造和装配数据。在【Description】字段中输入对制造包内容的详细描述，在【Manufacturer Email】字段中输入电子邮箱地址。可以保留其他字段的默认值，然后单击【Send】按钮。制造包出现在Releases视图的【Sent】部分，与指定的制造商共享。

发送制造包后，其条目将出现在【已发送】部分的发布视图中。

制造商将收到一封包含制造包的电子邮件，邀请其通过Altium 365查看器访问该制造包。登录Altium 365查看器后，进入制造包查看器，查看共享的制造包。

至此，已完整地走了一遍PCB项目的设计流程，实现了项目的设计、管理和发布。当然，Altium Designer 22的强大功能远远不止本章所述，本章只是作为PCB设计入门的一个指南，起到抛砖引玉的作用，许多设计技巧需要在日常设计工作中巩固、丰富和提高。

第4章 制作元器件库

利用Altium Designer 22实现电子电路设计的实质是将各种电子元器件有序连通组合，开发出具有特定功能的电子产品。产品开发中最富有挑战性的工作是高效利用各种不同元器件形成独到的设计。因此，元器件的创建和维护成了大多数电路设计人员的主要工作。元器件库是PCB设计的基础，也是公司的宝贵资源，它们代表了公司所拥有的设计资源。

每一个安装到PCB上的元器件，在使用过程中，对应不同的电子设计领域，均有其各自的模型。例如，每一个元器件在原理图上有一个对应的符号，在电路仿真阶段有仿真模型，在信号完整性分析阶段有IBIS（Input/Output Buffer Information Specification）模型，可视化过程中有3D模型、3D安全距离检查等。

PCB设计过程中用到的所有元器件均包含在元器件库中，Altium Designer 22支持以下几种元器件库。

- 原理图库。原理图库（*.SchLib）中存储元器件的原理图符号，原理图库存储在本地。每个元器件的原理图符号都对应于该元器件的PCB封装，可以根据元器件的产品规格书为其添加详细的元器件参数。
- PCB封装库。PCB封装（模型）存储在PCB封装库（*.PcbLib）中，PCB封装库存储在本地。PCB封装包括元器件的电气特性，如焊盘；元器件的机械特性，如丝印层、尺寸、胶点等。此外，它还定义了元器件的3D影像，通过导入STEP模型来创建和放置3D对象。
- 集成库。除了直接利用原理图库和PCB封装库实现设计，还可以将元器件元素编译成集成库（*.IntLib），集成库存储在本地。集成库是一个统一的可移植库，其中包含所有模型和符号。集成库由库文件包（*.LibPkg）编译而成，它本质上是一个专用的项目文件，包含了原理图库文件（*.SchLib）和PCB封装库文件（*.PcbLib），并将二者作为源文件存储。作为编译过程的一部分，还可以通过集成库检查潜在的问题，如模型缺失、原理图引脚和PCB焊盘之间的不匹配等问题。

本章将分别对原理图库的制作、PCB封装库的制作，以及集成库的制作做详细说明。

4.1 原理图库的制作

元器件的原理图符号反映元器件功能、形状和引脚。如何在电原理图中表示一个元器件，完全由设计人员决定。在电原理图设计过程中，可以用一个符号完整地表示一个物理元器件，也可将一个物理元器件拆成多个子部件来描述，例如，4个与门中的每个与门，或继电器中的线圈和触点，可以用一个符号来表示，也可以分成多个子部件来表示。

原理图符号的创建包括放置构件主体图形对象和元器件上的物理焊盘。原理图符号在Altium Design 22的原理图库编辑器中创建，其文件扩展名为*.SchLib，原则上可以在原理图库中创建任意数量的原理图符号。

无论用什么方法定义和存储元器件，一旦将元器件放置在原理图上后，它便成了一个统一的元器件。其符号将在原理图上显示，经过编辑后，将体现完整的元器件属性集，包括其他域模型及其参数列表。

在设计的不同阶段，可以用多种不同的方式表示一个实际安装到PCB上的元器件。在原理图设计阶段，元器件在原理图上表示为一个逻辑符号；在用通用模拟电路仿真器（Simulation Program With Integrated Circuit Emphasis，SPICE）仿真的阶段，元器件可以表示为SPICE模型；在PCB设计阶段，元器件由封装来表示。元器件在不同阶段有其不同的域模型，一个真实的元器件便是各种不同域模型的总和。

原理图符号是元器件域模型之一，它与其他域模型一起构成了一个元器件的标准定义。元器件的原理图符号有两种自然属性：作为简单的域模型，原理图符号用图形和引脚来表示一个元器件；与此同时，元器件的原理图符号又与对应的其他域模型相关联，即每一个元器件的原理图符号均对应各自的PCB封装，并且通过元器件库使二者相互关联。

元器件库的制作是EDA设计的基础，在设计的初始阶段，要准备好各元器件的原理图库和对应的PCB封装库。通常元器件的原理图库和对应的PCB封装库的来源有3种。

- 通过Altium Designer 22原理图的搜索面板获取。
- 使用第三方提供的原理图库和PCB封装库，如DigiPCBA等。
- 创建和编辑自定义的原理图库和PCB封装库。

在早期的EDA设计过程中，创建和编辑自定义的原理图库和PCB封装库是设计人员必备的基本功。随着设计集成度的提高，已经有越来越多设计好的现成原理图库和PCB封装库供设计人员使用，设计人员无须从无到有设计原理图库和PCB封装库，直接调用第三方提供的原理图库和PCB封装库即可。为了确保本书的完整性，将对元器件库的制作进行详细介绍，接下来从头开始指导读者制作自己的原理图库。

4.1.1 准备阶段

在默认状态下，原理图和原理图库栅格的默认单位是英制。所有的元器件都是在英制栅格上设计的。英制栅格可以与公制图纸一起使用，例如使用A3的图纸时不需要更改为公制栅格。当前图纸的单位在【Properties】面板的【Library Options】模式下的【General】选项卡中定义，如图4-1所示。

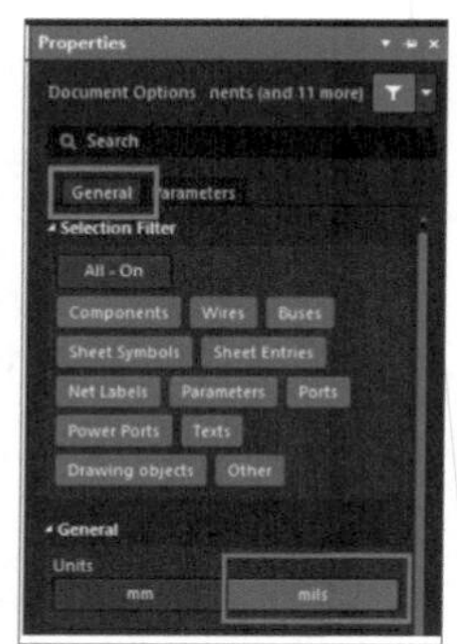

图4-1

将对象（符号和引脚）放置到当前的捕捉栅格之上，在设计空间底部状态栏的右侧会显示当前栅格。按G键循环切换当前捕捉栅格，也可以在【优选项】对话框的【Schematic】/【Grids】选项中进行编辑，如图4-2所示。

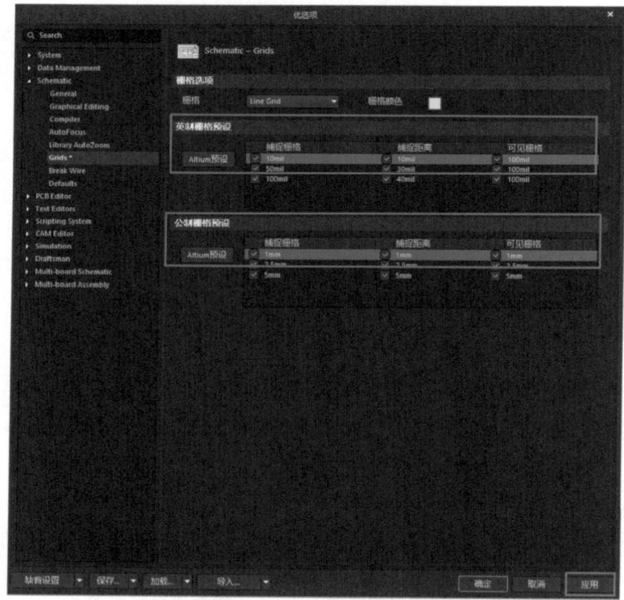

图4-2

4.1.2 创建原理图符号

设置好捕捉栅格之后，接下来需要绘制一个图形来表示元器件，即绘制一个代表元器件的图形符号，并将其放置到原理图上。理论上可以选择任意符号来表示一个元器件，但是在电路设计行业，元器件的标识符遵循统一的标准。Altium Design 22的设计方法遵循IEEE 314标准，该标准不仅涵盖了最常见的电路元器件，而且还明确定义了将多个半导体元器件组合成特定器件的方法。

在原理图编辑器的主菜单中选择【放置】命令，放置元器件主体图形符号。

双击已放置的原理图符号以打开【Properties】面板，进一步定义具体形状。

Altium Designer 22元器件的原理图符号包括各种封闭的符号形状，如矩形、多边形、椭圆和圆角矩形，如图4-3所示。

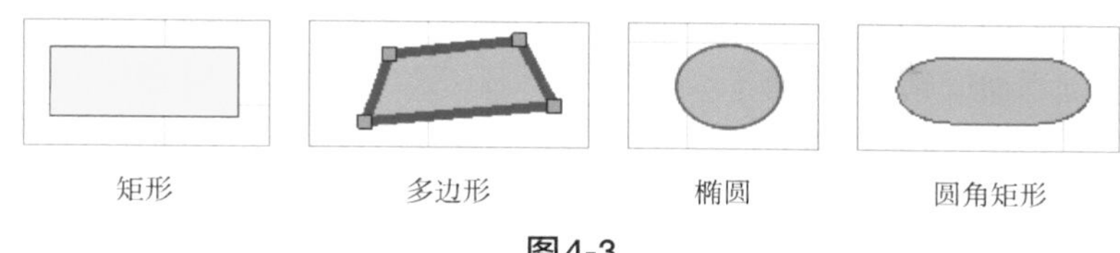

图4-3

线性形状包括圆弧、直线、曲线和椭圆弧，如图4-4所示。直线可以包括箭头和线尾。双击已放置的原理图符号，打开【Properties】面板，定义线性形状的头部和尾部。

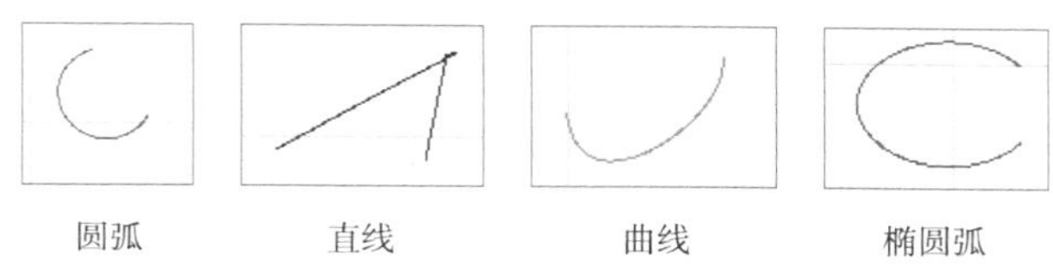

图4-4

所有对象的默认属性设置，如线宽和颜色，都在【优选项】对话框的【Schematic】/【Defaults】选项中定义，如图4-5所示。

图4-5

4.1.3 编辑原理图符号

移动对象：按住鼠标左键并拖动鼠标将对象移动到所需的位置。调整放置好的对象的大小：在对象上单击以选中它，显示编辑控制柄，按住鼠标左键并拖动控制柄以调整对象的大小。在多边形中添加和删除控制柄：单击控制柄，按Insert键或Delete键添加或删除控制柄。

放置和编辑好元器件符号之后，需要为符号添加引脚。元器件的引脚赋予了元器件电气特性，定义了不同引脚之间的互相连接和信号输入/输出的不同走向。原理图库中元器件的每一个引脚对应PCB封装库中元器件的一个或多个焊盘。为原理图库文件中的元器件添加引脚的方式有多种，依据以下任意一种方式进行操作之后，引脚均悬浮在鼠标指针上，根据需要旋转或翻转引脚以后，单击以实现放置。

- 选择【放置】/【Pin】(引脚)命令(快捷键为P+P)。
- 单击活跃工具栏中的按钮。
- 在设计空间中未选择任何对象时，单击【Properties】面板中的【Component】按钮，单击【Pins】选项卡上的【Add】或【Remove】按钮，打开【元件管脚编辑器】对话框，在该对话框中添加和编辑引脚。

单击【Properties】面板的【Pins】选项卡中的高亮按钮，打开【元件管脚编辑器】对话框。使用【元件管脚编辑器】对话框添加(或编辑)引脚，如图4-6所示。

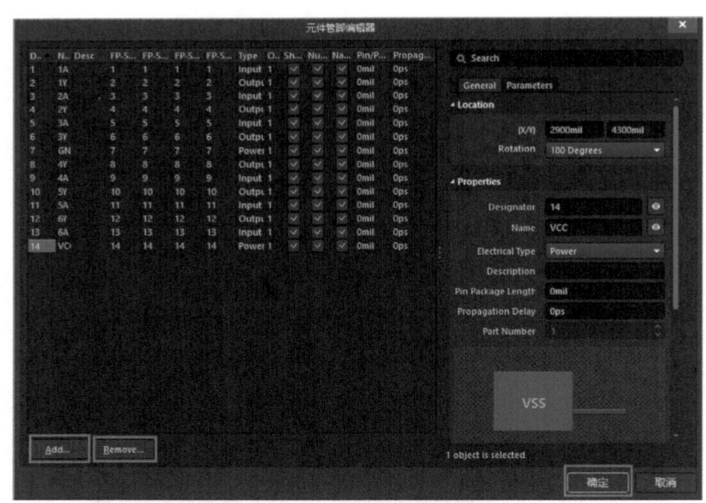

图4-6

4.1.4 设置引脚属性

在将编辑好的元器件符号放置到原理图上之前，应设置好各个引脚的属性。在

【Properties】面板中按 Tab 键打开【Component】模式，编辑各引脚的属性，编辑好一个引脚之后，引脚序号会自动加1。在【优选项】对话框的【Schematic】/【General】选项中的【放置时自动增加】部分进行设置，如图4-7所示，使用负值可以实现自动递减。

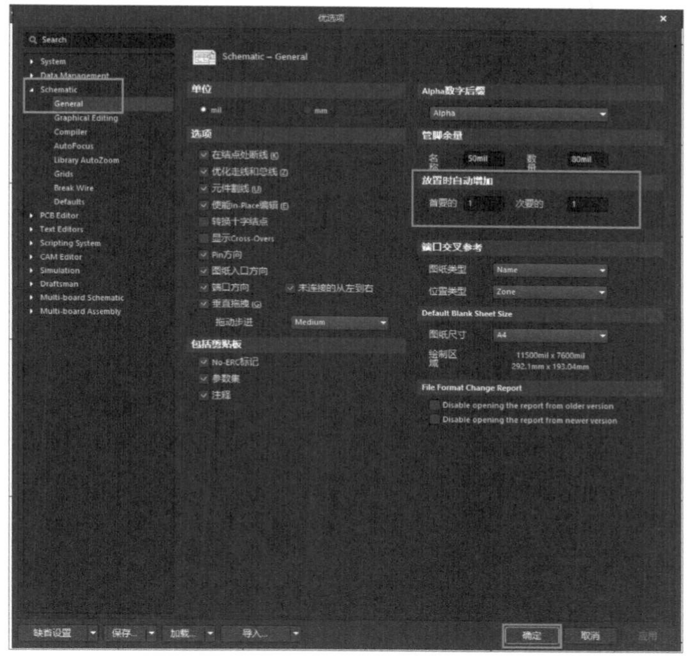

图4-7

在放置或移动引脚时，注意引脚的电气端（又称为引脚的热点端）应远离元器件的主体。引脚的电气端代表了该引脚与其他引脚之间的电气连接，所以应远离元器件的主体，方向朝着引脚连线端。按住 Space 键旋转引脚，放置好引脚的电气端之后，开始编辑引脚的属性。

每个引脚均包含多个属性，包括引脚名称和位号等。引脚的位号与PCB封装中的焊盘号对应。引脚名称和位号之间的默认距离在元器件库编辑器中进行设置。在【优选项】对话框的【Schematic】/【General】选项中的【管脚余量】部分设置引脚名称和位号之间的默认距离；在【元件管脚编辑器】对话框的【Name】字段中单独编辑元器件的名称。

每个引脚还包括电气类型属性，规则检查器利用引脚的电气属性来验证引脚之间的连接是否正确有效。在【元件管脚编辑器】对话框中设置引脚的电气属性。默认的【Pin Package Length】(引脚封装长度）必须与选定的捕捉栅格相匹配。

4.1.5 利用面板创建原理图符号

通常在原理图库编辑器中创建元器件，也可以通过原理图库编辑器将元器件符号从原理图中复制到元器件库中。在设计过程中，最常用的创建元器件的方法是到现有的原理图库中复制原理图符号。按照以下步骤到现有的原理图库中复制原理图符号。

1. 打开原理图库，单击设计空间右下角的【Panels】按钮，从弹出的菜单中选择【SCH Library】命令。
2. 选中需要用到的多个元器件。
3. 右击选定的元器件，从快捷菜单中选择【复制】命令。
4. 打开目标原理图库，在【SCH Library】面板的元器件列表中右击，从快捷菜单中选择【粘贴】命令。

按照以下方法创建一个新的原理图库。

1. 在主菜单中选择【文件】/【新的】/【Library】/【Schematic Library】命令，创建一个名为Schlib1.SchLib的原理图库，该新创建的库中会显示一个名称为Component_1的空白元器件。
2. 选择【文件】/【另存为】命令，重命名新建的原理图库文件，将新创建的原理图库文件保存到合适的位置。

使用【SCH Library】面板可以查看和管理打开的原理图库中的元器件符号。如果当前状态下该面板不可见，单击设计空间右下角的【Panels】按钮，选择【SCH Library】命令可打开它。

4.1.6 定义符号属性

在【Properties】面板的【Component】模式下编辑符号属性，如位号和元器件的详细描述信息等，如图4-8所示，在【SCH Library】面板中双击元器件的名称，定义元器件符号的属性。

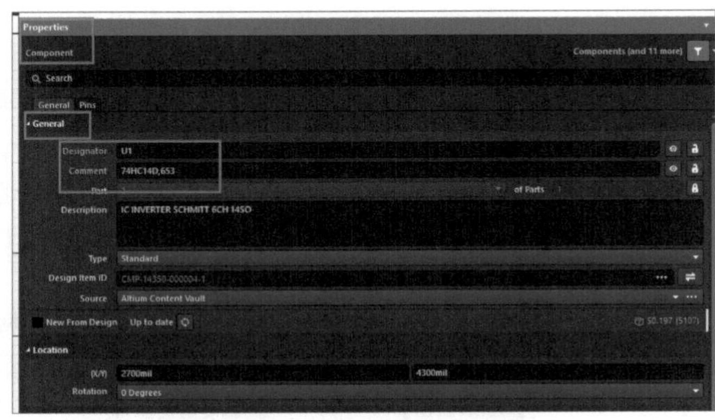

图4-8

如果元器件符号纯粹作为单域模型创建，则只需要对原理图库中的符号的以下属性进行设置。

- Design Item ID（设计项目ID）：如果符号是通用元器件的符号，如电阻、电容和三极管，可以保留此空白项；如果符号是特定元器件的专用符号，则需要编辑注释字符串，以反映原理图上所需的专用符号，在绘制PCB版图时，会将该属性传递给PCB。
- Designator（位号）：输入前缀为三极管Q的位号。
- Description（描述）：有助于确定搜索元器件的描述字符串。

如果元器件符号为非纯粹单域模型，则需要为其添加其他特殊参数。例如可以设置特殊的【Design Item ID】选项，也可以在【Parameters】部分加入特定的信息。【Type】选项定义了该符号代表何种类型的元器件，对于非标类的元器件，可以在创建元器件符号时加入公司Logo，并将它添加到项目之中，如图4-9所示。

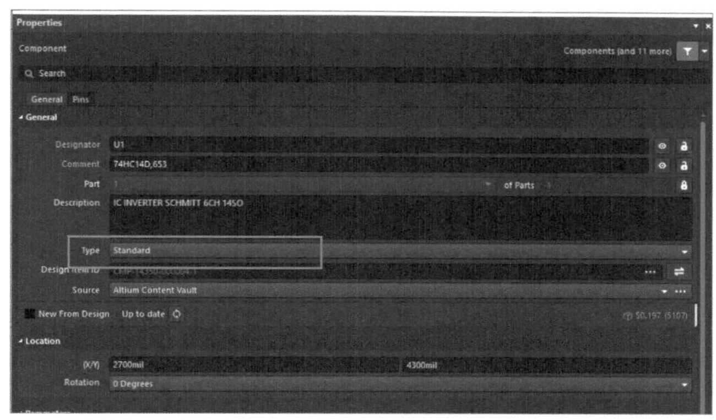

图4-9

随着元器件复杂程度的不断提高，创建元器件符号库的难度也越来越大。目前大规模的BGA封装（Ball Grid Array Package）的元器件需要设置和放置成百乃至上千个引脚，需要花费大量的时间和精力创建元器件符号。一些正规大厂的元器件制造商在供货时，为方便设计人员，往往会提供元器件符号库，设计人员在选用元器件时可以先让供货商提供元器件符号库；如果供货商不提供，还可以到第三方寻求元器件符号库，如DigiPCBA等；在无法找到现成元器件符号库的情况下，就只有自己动手制作了。

4.1.7 原理图符号生成工具

为了方便电路设计人员，提高设计效率，Altium Designer 22提供了Schematic Symbol Generation Tool（原理图符号生成工具）向导，以协助设计人员创建元器件符号和编辑元器件引脚。它具备自动符号图形生成、栅格化引脚表和智能数据粘贴等高端功能。

Schematic symbol generation tool是一个扩展软件，在安装Altium Designer 22时会自动安装。在【Extension Manager】(扩展软件管理器)界面的【Installed】选项卡中可以看到Schematic symbol generation tool。

利用Schematic symbol generation tool创建一个新原理图符号。在【SCH Library】面板中单击【添加】按钮，在打开的【New Component】(新建元器件)对话框中输入新建元器件的名称。然后选择【工具】菜单中的【Symbol Wizard】(符号向导)命令，打开相应对话框，创建新的原理图符号，如图4-10所示。

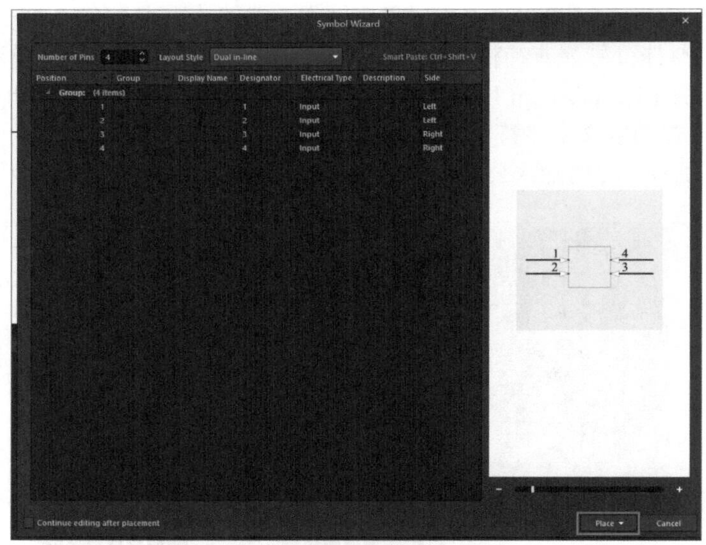

图4-10

在【Symbol Wizard】对话框中对符号的基本选项进行设置，包括【Layout Style】(布局样式)和【Number of Pins】(引脚数量)选项。设置【Layout Style】选项时，可以从一组预定义的模式中选择自动分配引脚，在下拉列表中选择首选的引脚分配。右侧的预览图和左侧表格中的数据将根据不同的选择做相应更新。

4.2 PCB封装库的制作

虽然Altium Designer 22和Altium Live（Altium社区）均提供了海量的PCB封装库和集成库，但是如果这些库依然满足不了特定设计需求，那么设计人员需自定义PCB封装库。通常，在PCB编辑器中创建元器件的PCB封装，此外，公司Logo、生产制造定义等其他对象也可以保存为PCB元器件。

在原理图设计阶段，用原理图符号来表示真实的元器件；在PCB设计阶段，则用PCB封装来表示元器件。PCB封装的来源有多种。

- 本地封装库中创建的元器件封装。

- 从托管的内容服务器中获取，托管的内容服务器是一个全局可访问的元器件存储系统，它包含成千上万个元器件，包括每个元器件的原理图符号、PCB封装、元器件参数和供应商链接。

4.2.1　手动创建元器件的PCB封装

在PCB编辑器的主菜单中选择【文件】/【新的】/【Library】命令，在【New Library】对话框中选择新建一个PCB封装库文件，单击【Create】按钮，如图4-11所示，进入PCB封装库编辑界面。

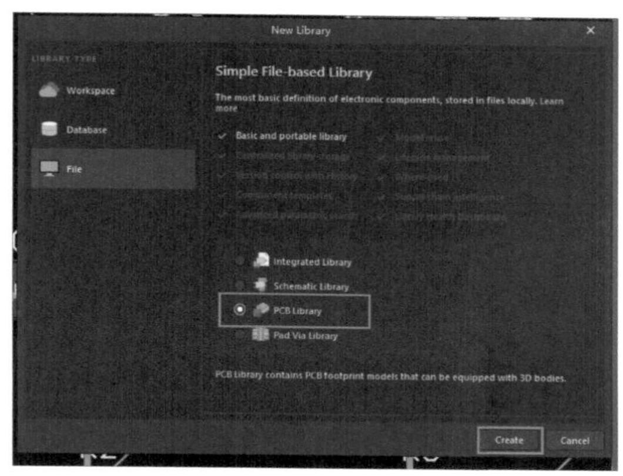

图4-11

按照以下步骤在新创建的PCB封装库中创建一个元器件的PCB封装。

1. 元器件的PCB封装应该建立在PCB LIB编辑器中心的工作区参考点周围。按快捷键J+R可以直接跳转到参考点。如果在开始构建元器件的PCB封装之前忘记跳转到参考点，可以选择【编辑】/【设置参考】子菜单中的命令在元器件的PCB封装中设置参考焊盘。在这里将参考点设置为元器件的1号引脚，即将元器件的1号焊盘设置为参考点。

2. 根据元器件数据手册文件中的要求放置焊盘。选择【放置】/【焊盘】命令。按Tab键打开【Properties】面板，设置好焊盘的属性，焊盘属性包括焊盘的位号、形状和大小、所在层和通孔的内径等。放置好一个焊盘之后，焊盘位号会自动加1。如果焊盘为表面贴装焊盘，将其所在层设置为顶层（Top Layer）；如果焊盘是通孔焊盘，将其所在层设置为多层（Multi-Layer）。

3. 放置焊盘。为了确保焊盘位置的准确性，应专门为此设置一个栅格。按快捷键Ctrl+G打开【Cartesian Grid Editor】对话框，按Q键将栅格从英制切换到公制。若要准确地放置焊盘，应按键盘箭头键来移动鼠标指针。此外，按住Shift键将以10倍于栅格的步长移动。当前x、y坐标位置在状态栏和Heads Up（抬头）中显示。Heads Up中同时显示从上次单击位置到当前鼠标指针位置的位置增量。按快捷键Shift+H打开或关闭Heads Up。也可双击放置的焊盘，在【Properties】面板中输入所需的x和y坐标。

Altium Designer 22会根据焊盘的尺寸和适用的掩膜设计规则自动设置焊盘的属性，如阻焊掩膜和粘贴掩膜。用户也可以为每个焊盘手动定义掩膜设置，但在PCB封装库里这样做好之后，很难在以后的PCB设计过程中修改这些设置。通常，只有当无法通过设计规则来定位焊盘时才这样做。注意，在PCB设计期间，设计规则是在PCB编辑器中定义的。

1. 使用走线、圆弧和其他原始对象来定义丝印层上的元器件轮廓。

2. 将线条和其他原始对象放置在机械层上，以定义额外的机械细节，如放置空间。机械层是一种通用的层，应该分配好这类层的功能，并在制作PCB封装时使用它们。

3. 放置3D主体对象以定义元器件的3D形状。可以放置多个3D主体对象来构建形状，或者将STEP格式的3D组件模型导入3D主体对象中。

4. 在制作元器件的PCB封装的过程中，位号和注释字符串会自动添加到封装的丝印层中。可以在机械层上放置附加的位号和注释字符串。

5. 在【PCB Library】面板中双击【封装】列表，打开【PCB Library Footprint】对话框，在该对话框中重命名已经编辑好的元器件封装（封装名称最多不超过244个字符）。

4.2.2 利用IPC兼容的封装向导创建元器件封装

利用印制电路板协会（The Institute of Printed Circuit，IPC）兼容的封装向导创建元器件封装时，使用元器件实际的尺寸信息，根据IPC发布的算法计算出合适的焊盘和封装属性，如图4-12所示。

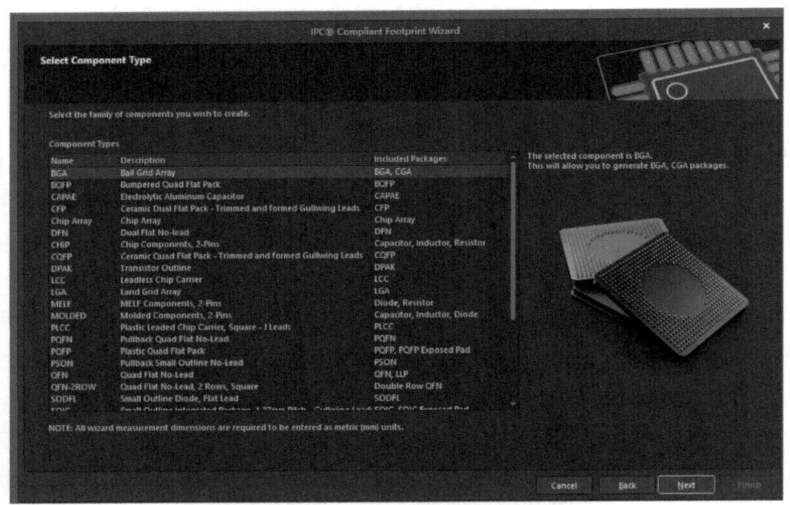

图4-12

在主菜单【工具】中选择【IPC Compliant Footprint Wizard】（兼容IPC封装向导）命令，打开【IPC® Compliant Footprint Wizard】对话框。

利用兼容IPC的封装向导可以创建以下封装类型的元器件封装：BGA、BQFP、CAPAE、CFP、CHIP Array、DFN、CHIP、CQFP，DPAK、LCC、LGA、MELF、

MOLDED、PLCC、PQFN、PQFP、PSON、QFN、QFN-2ROW、SODFL、SOIC、SOJ、SON、SOP/TSOP、SOT143/343、SOT223、SOT23、SOT89和SOTFL等。

兼容IPC的封装向导具备以下特性。

- 可以输入并立即查看完整的包装尺寸、引脚信息、引脚间距、焊料圆角和公差。
- 可以输入机械尺寸，如中心、装配和部件（3D）信息。
- 该向导支持回退操作，可以在向导中反复审查和调整封装尺寸，在每个阶段都会显示出该封装的预览图。
- 可以在任何阶段单击【完成】按钮来生成当前封装的预览图。

按照向导引导的步骤设置好元器件的封装和尺寸后，单击【完成】按钮即可创建元器件封装。

4.2.3 利用IPC封装批量生成器创建元器件封装

IPC Footprints Batch generator（IPC封装批量生成器）可生成多个封装，生成器从Excel文件或以逗号分隔的文本文件中获取电子元器件的维度数据，应用IPC等来构建兼容IPC的元器件封装，如图4-13所示。

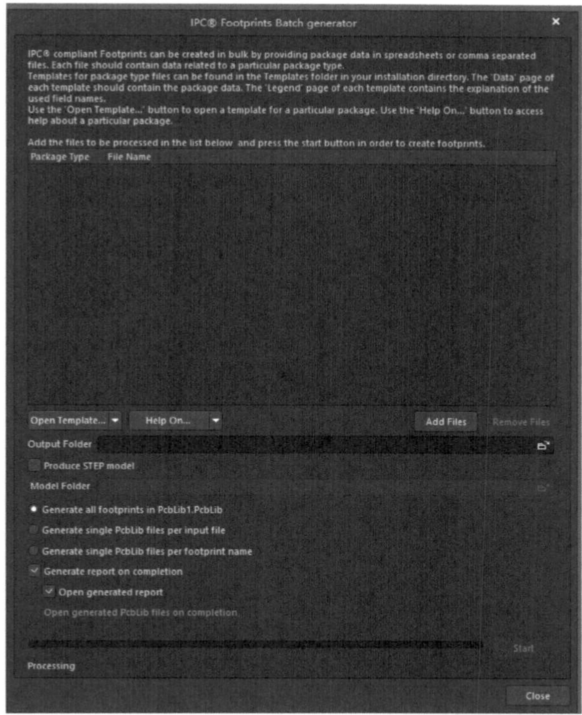

图4-13

IPC封装批量生成器支持的文件：安装Altium Designer 22时，在\Templates目录中的空白模板文件包；包含一个或多个元器件封装的输入文件包，可以是Excel或CSV格式文件。

4.2.4 利用封装向导创建元器件封装

PCB编辑器包含一个Footprint Wizard（封装向导），如图4-14所示。利用此向导可以从各种程序包中选取合适的信息，并根据这些信息构建元器件封装。在该元器件的封装向导中，可以设置焊盘大小和元器件丝印层的尺寸。

右击【PCB Library】面板中的【封装】列表，选择【Footprint Wizard】命令，打开【Footprint Wizard】对话框；也可以在主菜单中选择【工具】/【元器件向导】命令打开【Footprint Wizard】对话框。

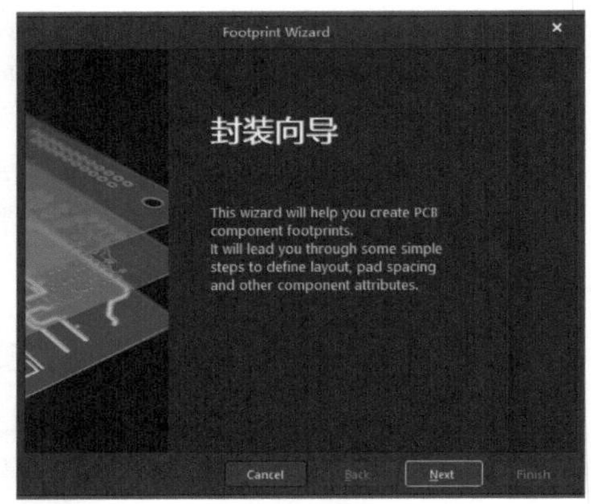

图4-14

4.2.5 创建异形焊盘

当创建异形焊盘时，虽然可以使用PCB编辑器中可用的任意设计对象来实现，但这样做必须记住一个重要的因素——阻焊扩展值。

Altium Designer 22会根据对象的形状自动添加阻焊，默认情况下，阻焊扩展值由设计规则定义；也可以通过【优选项】对话框的【PCB Editor】/【Defaults】选项中包含的焊盘设置来指定，如图4-15所示；也可以在放置期间或放置后通过【Properties】面板覆盖这些设置。

如果仅是利用焊盘对象创建一个异形焊盘，Altium Designer 22会自动生成匹配异形焊盘的形状。但是，如果用不规则的其他对象创建异形焊盘，如线（轨迹）、填充、区域、通孔和弧，则需要手动设置焊接掩膜。

所有对象均具有焊料掩膜属性，填充和区域对象也具有粘贴掩膜展开属性。如果这些对象放置在顶层用来创建异形焊盘，则可以启用这些对象的焊接掩膜属性来遵从适用的设计规则，或使用手动展开值。如果填充和区域对象用于建立一个异形焊盘，那么也可以将粘贴掩膜作为对象的附加属性来使用。

当未正确地将掩膜形状创建为自定义形状的对象集展开（或折叠）时，还可以通过直接在相应的焊料或粘贴填充物层上放置线（轨迹）、填充、区域或圆弧基元来实现手动定义的焊料或粘贴掩膜展开（或折叠）。

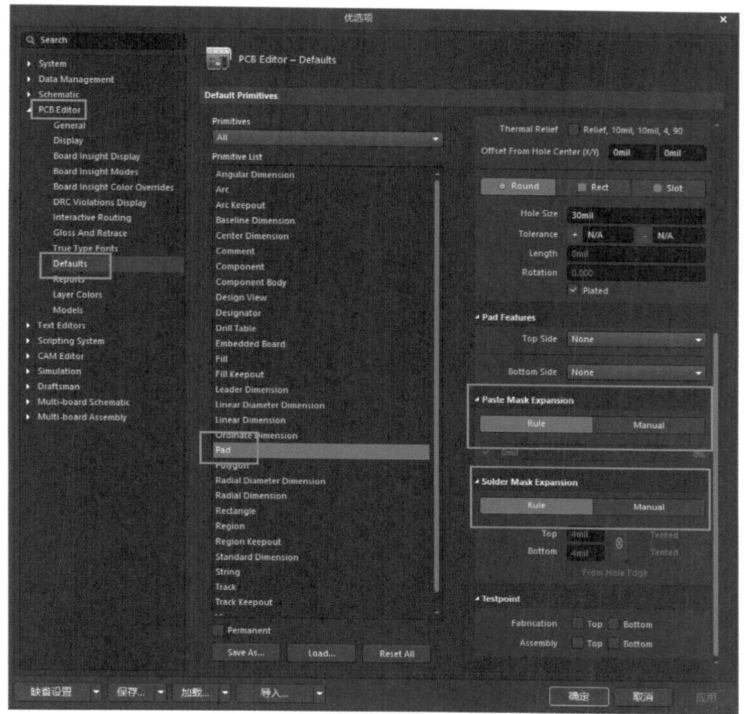

图4-15

4.2.6 位号和批注字符串

（1）默认位号和批注字符串。

当将一个元器件封装放置到PCB上时，软件会从设计的原理图中提取该封装的位号和批注字符串，用户无须手动定义位号和批注信息。位号和批注字符串的位置取决于【Properties】面板中的指定符和批注字符串的【Autoposition】（自动转换）选项。位号和批注字符串的默认位置和大小可在【优选项】对话框的【PCB Editor】/【Defaults】选项中的相应原始信息中设置。

（2）其他位号和批注字符串。

在某些特殊情况下，有时可能需要添加位号和批注字符串的额外副本。例如，装配厂可能需要一份详细的装配图，要求有每个元器件的轮廓，而公司内部的要求规定位号应位于最终PCB中元器件上方的丝印层。对于附加位号和批注字符串的特殊要求，可以通过在封装位号中添加特殊字符串来实现，在批注中添加其他层位置信息的特殊字符串。

为了满足装配方的要求，应将位号字符串放置到库编辑器中的一个机械层上，作为设计装配说明的一部分，或将包含该层的内容打印出来。

（3）添加PCB封装的高度信息。

在元器件封装的3D表示级别上，应将高度信息添加到PCB封装中。为此，双击【PCB Library】面板的【封装】列表中的一个封装，打开【PCB库封装】对话框。在【高度】字段中输入元器件的高度，如图4-16所示。

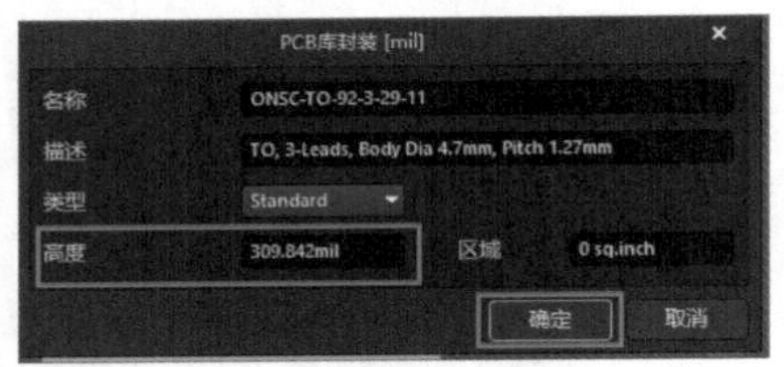

图4-16

可以在PCB设计期间定义高度设计规则，选择PCB编辑器中的【设计】/【规则】命令，测试元器件类别中定义的元器件最大高度。定义好的元器件高度信息将会添加到元器件的3D模型或STEP模型中。

4.2.7 验证元器件的封装

创建好元器件的PCB封装之后，需要检查已创建的元器件封装是否正确，是否与当前PCB封装库中的元器件重复。选择【报告】/【元件规则检查】命令进行元器件规则检查，检测是否有重复的元器件封装、缺少的焊盘位号、浮铜和不正确的元器件引用等信息，并验证当前PCB封装库中的所有元器件是否可用，如图4-17所示。

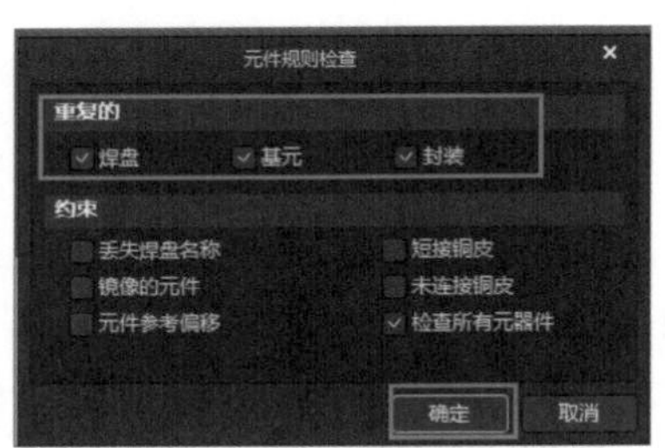

图4-17

4.2.8 更新PCB封装库

更新PCB封装库的方法有两种：推送封装更新PCB封装库，或从PCB编辑器中拉取封装更新PCB封装库。推送封装更新PCB封装库时，从PCB封装库中选中一个元器件封装，用它来更新包含该元器件封装的所有打开的PCB文档，当需要替换全部元器件封装时，此方法是最佳选择。从PCB编辑器中拉取封装更新PCB封装库时，可以在执行更新之前检查现有元器件封装和原有库中元器件封装之间的所有差异，选中要从库中更新的对象，当需要找出PCB上的元器件封装和库中元器件封装之间发生了什么变化时，此方法是最好的选择。

（1）推送封装更新PCB封装库。

在PCB编辑器中，选择【工具】主菜单中的【更新当前器件的PCB封装】命令或【更新所有的PCB器件封装】命令。在【PCB Library】面板中，右击【Components】部分，选择【Update PCB with [Component]】（更新PCB上的元器件）命令或【Update PCB with All】（更新PCB上的全部元器件）命令。打开【Component（s）Update Options】（元器件更新选项）对话框，在该对话框中选择要更新的元器件/属性。

（2）从PCB编辑器中拉取封装更新PCB封装库。

在PCB编辑器中，选择【工具】/【更新当前器件的PCB封装】命令，打开【Update From PCB Libraries - Options】（从PCB库更新-选项）对话框，单击【OK】按钮，打开【Update From PCB Libraries】（从PCB库中更新）对话框，在该对话框中选择要更新的元器件/属性。

4.2.9 将创建好的元器件封装发布到服务器上

可以直接将创建好的元器件封装发布到服务器上，通过【Explorer】（探索）面板的【Server's support for direct editing】（支持服务器端直接编辑）命令，或者通过元器件编辑器的【Single Component Editor mode】（单个元器件编辑模式）命令，将新创建的元器件封装初始版本发送给服务器。也可以通过服务器上加载的临时编辑器直接编辑新创建的元器件封装，编辑完成之后，将元器件封装的实体发布到后续的版本，并关闭临时编辑器。

4.3 集成库的制作

集成库是Altium Designer 22的集成元器件模型，在集成库中，利用原理图库文件中的原理图符号为元器件构建高水平模型，为其添加其他模型的链接，并为其添加元器件参数。包括原理图符号库和PCB封装库在内的所有原始库文件均在项目的集成库文件包中定义，随后编译成一个单一独立的文件——集成库文件。

本节将介绍创建集成库的方式，以及集成库中元器件的放置和修改等。

4.3.1 集成库的优点

将元器件库文件编译成集成库有以下好处。

可以在一个可移植的文件中获得所有元器件的信息。由于将元器件的所有模型都打包到了集成库中，因此在重定位项目时，只需要将一个集成库文件移植到新项目。如果需要将工作分配到不同的工作站中，或者想与他人分享设计，那么集成库的这种可移植性便“物有所值”。

如果将集成库中的一个元器件放置到原理图上，设计师可以直接从集成库中找到相应的元器件模型，准确定位到它，无须到硬盘驱动器的不同目录下查找独立的原理图库和PCB封装库，从而简化了日常的库管理任务。

从安全的角度来看，集成库更加可靠，因为它一旦生成，便无法更改。更新一个集成库意味着要完全替换它，必须拉出所有原始的库文件包，更新源文档，然后重新编译。

编译集成库时会检查它们的完整性。不仅要检查可用性，而且要检查引脚映射是否正确。即使想继续使用离散的库文件，为了确保源元器件能够正确地映射到目标模型，建议先在一个集成库文件包中编译原理图库，成功之后，可以忽略已创建的集成库，直接从集成库中调用原理图库中的元器件，将其放置到原理图上。

4.3.2 创建集成库

集成库文件包（*.LibPkg）是Altium Designer 22的一种项目文件，包含了生成集成库所需的全部设计文档。在原理图库编辑器中绘制原理图符号，并为每个符号定义好模型引用、链接，以及其他参数信息，将它们存储到一个或多个原理图库文件中。参考模型包括PCB 2D/3D元器件模型、电路仿真模型和信号完整性模型等。

首先必须将原理图库文件添加到集成库文件包中，此外还需要将PCB 2D/3D元器件模型和电路仿真模型等文件添加进来，这些文件可以位于项目内的任何有效搜索位置。然后，将集成库文件包编译成一个统一的集成库文件（*.IntLib）。

综上所述，创建一个集成库需要经过以下4个步骤。

① 创建集成库文件包。

② 创建并添加必要的原理图库文件。

③ 创建并添加（或指向）所需的域模型文件。

④ 编译集成库文件包以生成集成库文件。

一、创建集成库文件包

从主菜单中选择【文件】/【新的】/【Library】/【Integrated Library】（集成库）命令，创建新的集成库文件包，新创建的库文件包将被添加到【Projects】面板中，此时其中不包含任何文档。

二、创建并添加原理图库文件

创建包含项目需要的所有元器件的原理图库文件（*.SchLib），为其中的所有元器件添加模型链接和参数信息，有3种方法可以创建原理图库文件（*.SchLib）。

- 从头开始创建原理图库文件（*.SchLib）。选择【文件】/【新的】/【Library】/【Schematic Library】（原理图库）命令，使用原理图库编辑器创建新的元器件，或从其他开放的原理图库中复制现有的元器件。

- 右击【Projects】面板中库文件包的条目，然后从快捷菜单中选择【添加新的...到工程】/【Schematic Library】命令。
- 选择【设计】/【生成原理图库】命令，将项目中原理图库中已有的元器件创建为原理图库文件。

准备好原理图库后，使用以下两种方法中的一种将其添加到集成库文件包中，添加好原理图库之后的集成库如图4-18所示。

- 选择【Project】/【添加已有文件到工程】命令。
- 右击【Projects】面板中集成库文件包的条目，然后从快捷菜单中选择【添加已有文件到工程】命令。

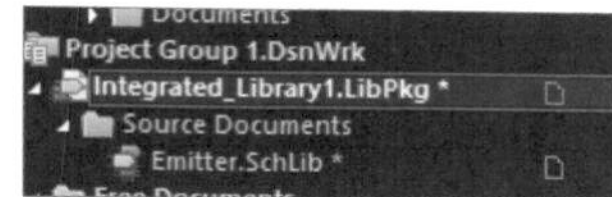

图4-18

三、创建并添加域模型文件

创建与元器件原理图关联的其他相关模型，如PCB库中的PCB 2D/3D元器件模型文件（*.PcbLib）、电路仿真模型文件（*.Mdl）和子电路文件（*.Ckt）。其中，最重要的模型是PCB 2D/3D元器件模型，因为它与原理图库一一对应，可以通过以下几种方式创建PCB封装库中的PCB 2D/3D元器件模型。

- 选择【文件】/【新的】/【Library】/【PCB Library】命令，在PCB编辑器中创建新的2D封装（并添加3D信息），或从其他开放的PCB封装库中复制元器件的封装。
- 右击【Projects】面板中库文件包的条目，从快捷菜单中选择添加2D模型命令。
- 对于已经放置到PCB文件中的元器件，选择【设计】/【生成PCB库】命令。

对于已经定义好的模型文件，需要让集成库文件包知道它们的位置，包括存储路径和文件名称，供原理图库中的元器件参考引用。无论是在构建集成库文件包还是在进行原理图设计的过程中，Altium Designer 22都提供一个标准的系统来定位模型。通常，有以下3种定位可用模型的方法。

- 直接将元器件库/模型添加到项目中。
- 安装【已安装的库】列表中的库/模型，该方法适用于所有的设计项目。
- 定义指向库/模型的搜索路径。

以上3种方法有各自的优点，要根据项目的实际需求选择合适的方法。不同的模型也可以用不同的方法定位。例如，当打开模型库文件包之后，可能不希望在【Projects】面板中列出大量的仿真模型，但可能希望看到PCB 2D/3D元器件模型。在这种情况下，可以定义存储仿真模型文件夹的搜索路径，并将PCB封装库添加到集成库文件包中。

总的来说，这3种方法均可通过【可用的基于文件的库】对话框来实现，该对话框可通过单击【Components】面板右上角的■按钮，选择【File-based Libraries Preferences】（基于文件的库选项）命令来访问，如图4-19所示。

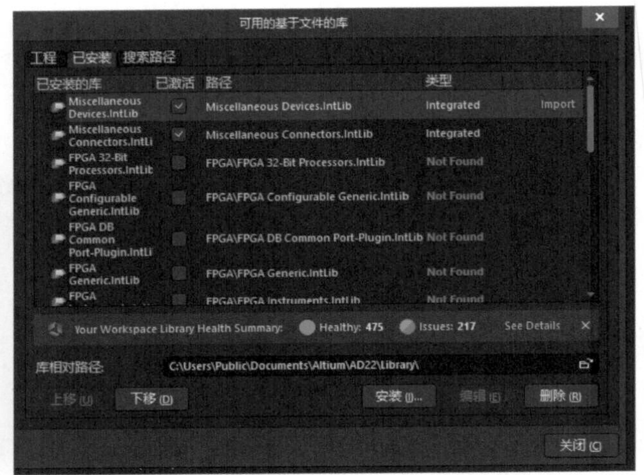

图4-19

还可以使用【添加已有文档到工程】命令将PCB封装库（以及其他模型文件）直接添加到集成库文件包中，该命令在主编辑器的【工程】菜单或右击【Projects】面板中集成库文件包条目弹出的快捷菜单中。将源PcbLib文件添加到集成库文件包中，如图4-20所示。

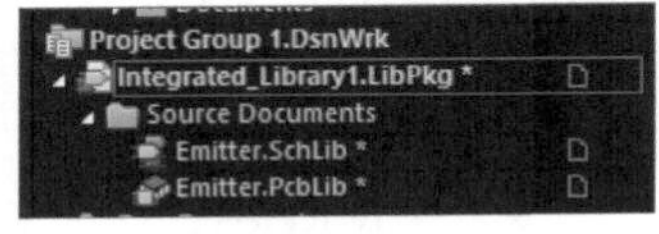

图4-20

从【可用的基于文件的库】对话框的【搜索路径】选项卡中定义模型文件的搜索路径，访问【Options for Integrated Library】（集成库选项）对话框的【Search Paths tab】（搜索路径）选项卡，根据需要添加一个或多个路径，Altium Designer 22沿着这些路径搜索模型文件。单击【刷新列表】按钮，以验证是否确实找到了所需的模型文件，在必要时可对路径做一些调整。

四、编译集成库文件包

定义好模型文件的搜索路径，将源库文件添加到集成库文件包中之后，编译该集成库文件包以生成集成库文件。在编译过程中，集成库文件包的编译器将生成一个警告和错误消息的列表，例如未找到模型的警告。此外，编译器还会检查引脚映射错误，例如，当实际焊盘为A和K时，将焊盘映射为1和2。

在进行编译之前，谨慎的做法是先浏览【Options for Integrated Library】对话框的【Error Reporting 】（错误报告）选项卡，设置错误报告发生条件，如图4-21所示。

从【Project】菜单或右击【Projects】面板中集成库文件包条目弹出的快捷菜单中选择【Compile Integrated Library command】（编译集成库）命令。原理图库文件和模型文件被编译成一个以集成库文件包命名的集成库<LibraryPackageName>.IntLib。与此同时，编译器将检查是否有违规发生，发现的所有错误或警告均会在【Messages】面板中列出。修复源库中的全部问题，然后重新编译。

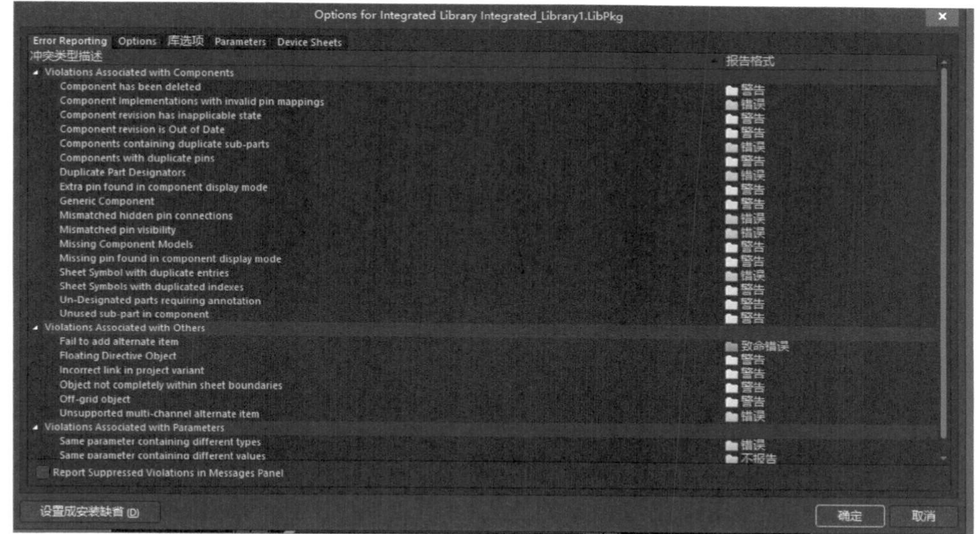

图4-21

编译好的集成库保存在【Options for Integrated Library】对话框的【Options】选项卡上指定的输出文件夹中（默认情况下是项目所在位置的子文件夹Project Outputs），并自动添加到【可用的基于文件的库】对话框的【已安装】选项卡中和【优选项】对话框的【Data Management】/【File-based Libraries page】选项中。

4.3.3 根据项目文件创建集成库文件包

可以直接由项目文件（原理图和PCB文件）生成集成库，在原理图编辑器或PCB编辑器的【设计】菜单中选择【生成集成库】命令，如图4-22所示，具体步骤如下。

1. 打开所有的原理图文件，创建一个原理图库。
2. 根据PCB文件制作一个PCB库。
3. 将这些库编译成一个以项目命名的集成库<ProjectName>.IntLib。

IntLib文件被添加到项目之中后，可以在【Projects】面板的Libraries\Compiled Libraries（库\已编译的库）文件夹下看到，也可通过【Components】面板中的【Available File-based Libraries】命令访问。

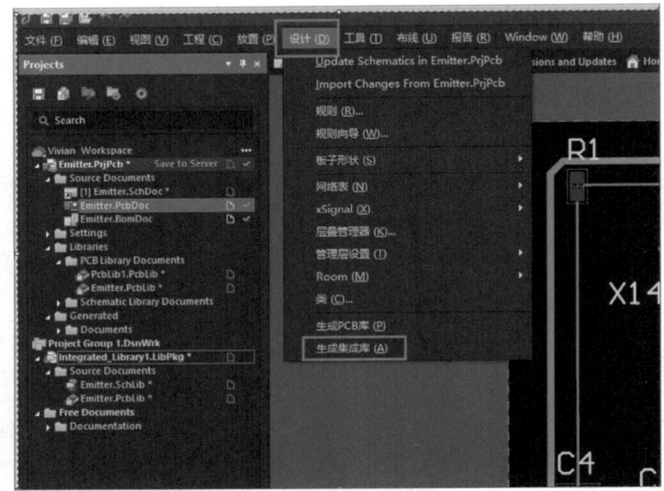

图4-22

4.3.4 修改集成库

通过集成库放置元器件时，无法直接编辑集成库中的元器件。如果要对集成库进行修改，应首先在源库中进行修改，然后重新编译集成库文件包，以生成新的集成库。按以下步骤修改集成库。

1. 打开需要修改的集成库源库文件包。
2. 打开要修改的原理图库或模型库。
3. 根据需要进行修改，保存好修改后的库，然后将它们关闭。
4. 重新编译库文件包，新生成的集成库将取代旧的集成库。

4.3.5 集成库反编译

如4.3.4小节所述，无法直接对集成库进行修改，但是出于某些特殊的原因，可能需要对集成库中的源库进行修改，在无法直接编辑集成库的情况下，可以将它们反编译回源符号库和模型库。执行以下操作，实现集成库的反编译。

1. 使用以下两种方式之一打开包含源库文件的集成库。

（1）选择【文件】/【打开】命令，在【Choose Document to Open】（选择要打开的文档）对话框中选中集成库，单击【Open】（打开）按钮。

（2）将IntLib文件从Windows文件资源管理器中拖放到Altium Designer 22的窗口中。

2. 在出现的【Open Integrated Library】（打开集成库）对话框中选择【Extract】（提取）选项，如图4-23所示。

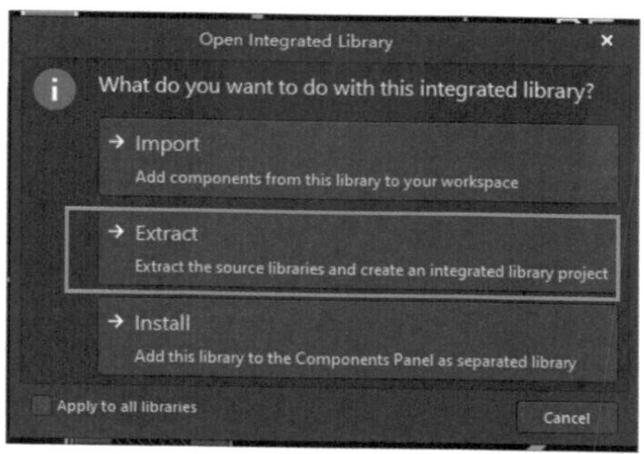

图4-23

原理图库和模型库被提取出来，并被保存到一个新的文件夹中，该文件夹以原始集成库文件名命名。创建<IntegratedLibraryFileName>.LibPkg，将原理图库和PCB封装库添加到项目中，并在【Project】面板中显示出来。仿真模型和子电路文件不会自动添加到项目中。

05

第5章 信号完整性分析

在完成原理图和PCB版图设计之后，可以利用Altium Designer 22分析PCB的信号完整性（Signal Integrity，SI），根据预定义的测试评估指标对网络进行筛选，对特定网络进行反射和串扰分析，并在【Waveform Analysis】（波形分析）窗口中显示和操作波形。

Altium Designer 22的SI分析包括设置设计规则和设置SI模型参数，对原理图和PCB版图中的网络进行SI分析，设置用于网络筛选分析的测试，对选定的网络进行深度分析，放置信号线的终端和处理生成的波形等。

利用SI分析器可以对设计的电路进行测试，例如，可以尝试用不同的终端来降低网络上的振铃，根据需求说明书对电路或PCB进行修正，重新进行SI分析，直到达到所要求的效果。

5.1 SI简介

Altium Designer 22包括布线前和布线后的SI分析功能，将传输线的计算结果和输入/输出缓存的宏模型作为电路的输入，在快速反射和串扰仿真模型的基础上，结合通过业界验证的算法，利用SI分析仪对电路进行精确的仿真。

设计好原理图之后，在进行PCB布板之前，可以进行阻抗和反射仿真。在PCB布板前的仿真可以定位阻抗不匹配等潜在的SI问题，并将这些问题在PCB布板之前解决。

在完成PCB布板之后，可以对最终的PCB进行全阻抗、信号反射和串扰分析，以检查设计的正确性。Altium Designer 22内置的SI筛选设计规则系统可以作为DRC过程的一部分，检查PCB的设计是否违反SI规则。当发现SI问题时，Altium Designer 22会显示各种不同终端的不同仿真结果，为寻求最佳设计方案提供依据。

Altium Designer 22的SI分析功能为扩展功能，如需进行PCB的SI，应在安装Altium Designer 22的【Select Design Functionality】界面勾选【Signal Integrity

Analysis】复选框，如图5-1所示。

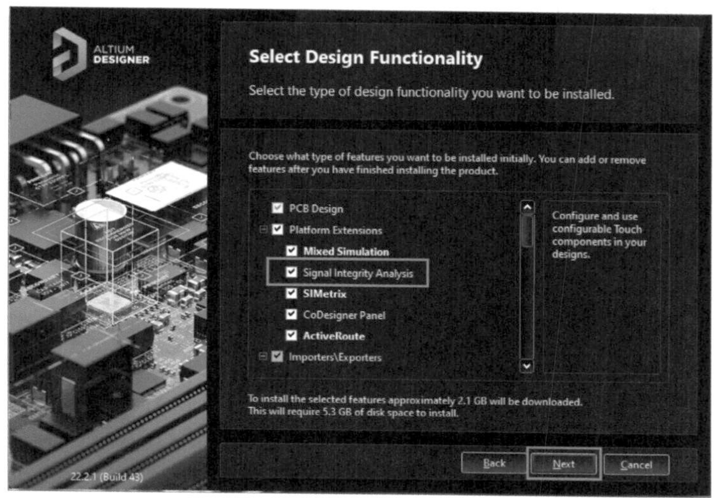

图5-1

5.1.1 对只有原理图的项目进行SI分析

在没有完成PCB布线之前，可以只对原理图设计进行SI分析。需要进行SI分析的原理图必须是项目的一部分，无法在自由文档上进行SI分析。由于没有进行PCB布线，此时的预分析不包括串扰分析。

对只有原理图的项目进行SI分析时，可以使用SI设置选项来定义默认的平均线长和阻抗。SI分析器还可以从原理图的激励网络和电源网络中读取PCB的设计规则，将这些规则添加到原理图中作为PCB布局指令或参数集指令。

在原理图编辑器中，打开原理图，从主菜单中选择【工具】/【Signal Integrity】命令。在这里，先设置好必要的SI模型，然后打开【Signal Integrity】面板，在【Signal Integrity】面板中可以查看初始结果和深入分析结果。

5.1.2 对项目的PCB文档进行SI分析

对PCB文档进行SI分析时，PCB应与相关原理图一起作为项目的一部分。注意，对项目中的原理图文档进行SI分析得到的结果与对PCB文档进行SI分析相同。对PCB文档进行SI分析时，可以同时进行反射分析和串扰分析。

从PCB编辑器的主菜单中选择【工具】/【Signal Integrity】命令，具体操作步骤和过程与对原理图进行SI分析相同。

当对PCB文档进行SI分析时，PCB上的元器件应与原理图上的元器件相关联。在主菜单中选择【工程】/【元器件关联】命令来检查项目中的元器件是否已经关联。

此外还要注意，在SI分析过程中，PCB中没有走线的网络均使用引脚之间的曼哈顿长度作为走线长度预估值。

5.2 前期准备工作

在进行SI分析之前，应做好以下准备工作，以确保能获取到完整的分析结果。

- 为了获得有意义的仿真结果，网络上至少需要有一个集成电路（Integrated Circuit，IC）的输出引脚，该引脚为网络提供激励，以保证网络能给出所需的仿真结果。例如，电阻器、电容器和电感器都是没有驱动源的无源元器件，因此不会为它们单独提供仿真结果。
- 每个元器件的相关SI模型必须正确。在编辑与原理图源文档上的元器件相关联的SI模型时，可以通过【Model Assignments】（模型分配）对话框手动设置【Signal Integrity Model】（信号完整性模型）对话框中的【Type】字段的条目来实现。如果未定义此条目，则【Model Assignments】对话框将尝试猜测元器件的类型。
- 必须有电源网络的设计规则。一般来说，至少应该有两个规则，一个是电源网络的设计规则，另一个是接地网络的设计规则。这两条规则覆盖的对象可以是网络，也可以是网络类。无法对电源网络进行SI分析。
- 应设置一个信号激励的设计规则。
- PCB的层叠必须设置正确。SI分析器需要连续的电源平面，不支持分割的电源平面。如果不存在连续的电源平面，则假设它们存在，所以最好添加连续的电源平面，并进行恰当的设置，包括所有层厚度、芯厚度和预浸料的厚度。选择【设计】/【层叠管理器】命令可以在PCB编辑器中设置图层堆叠。在仅原理图模式下进行SI分析时，将使用默认的具有两个平面的两层板。

5.2.1 使用【Model Assignments】对话框添加SI模型

向设计中添加SI模型的最简单的方法是使用【Model Assignments】对话框。

1. 从主菜单中选择【工具】/【Signal Integrity】命令。如果是首次在项目上启动SI，没有为元器件添加SI模型，则打开【Signal Integrity】对话框时会报错或出现警告提示，提示使用【Model Assignments】对话框为元器件分配SI模型。

从主菜单中选择【工具】/【Signal Integrity】命令，打开【Signal Integrity】面板，单击【Model Assignments】按钮，如图5-2所示，打开【Model Assignments】对话框。此时，如果模型分配有任何改动，将清除和重新计算所有结果，原有结果将失效。如果为所有元器件均设置好了SI模型，则将显示【SI Setup Options】（SI设置选项）对话框。

2. 如果在【Errors or warnings found】（发现的错误或警告）对话框中单击【Model Assignments】（模型分配）按钮，则将显示【Signal Integrity Models Assignments】（信号完整性模型分配）对话框。

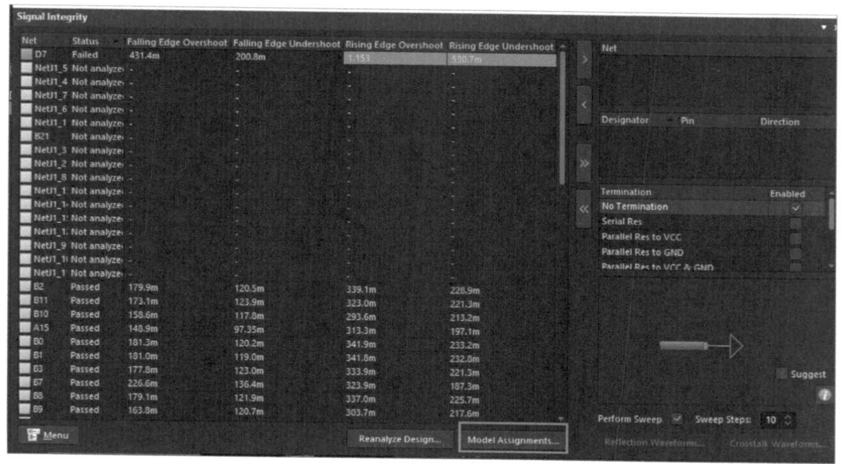

图5-2

进行SI分析时，【Model Assignments】对话框会对那些没有SI模型的元器件进行合理的猜测。那些已经定义了SI模型的元器件都将显示在【Model Assignments】对话框中。每个元器件的不同状态信息如表5-1所示。

表5-1 元器件的不同状态信息表

状态	描述
不匹配	【Model Assignments】对话框未找到该元器件的特征信息，需要手动添加
低可靠度	【Model Assignments】对话框为该元器件选定SI模型，证据不足
中可靠度	【Model Assignments】对话框为该元器件选定SI模型，有可靠的依据
高可靠度	【Model Assignments】对话框为该元器件选定SI模型，有明确的关联性
模型已找到	已经为该元器件找到SI模型
模型已修改	已通过【Model Assignments】对话框修改SI模型
模型已添加	已经保存修改过的SI模型

5.2.2 使用【Model Assignments】对话框修改元器件模型

选中需要修改SI模型的元器件。

选择正确的元器件类型。有7种类型的元器件：电阻、电容、电感、二极管、BJT、连接器和集成电路。可通过下拉列表选择元器件类型，也可通过右键快捷菜单来选择元器件类型。

设置电阻、电容或电感的值。在【Model Assignments】对话框中设置元器件的注释字段和参数。如果需要修改参数值，则应首先进行参数修改。特殊元器件（如电阻排）的数值可通过在相应的对话框中进行设置。

如果该元器件是一个集成电路，那么类型的选择就尤为重要了，这将决定在仿真过程中使用的引脚特性，可以通过下拉列表进行选择，也可以通过右键快捷菜单进行选择。

最后，需要在【Model Assignments】对话框中指定更多的细节，例如IBIS模型，可以通过右键快捷菜单来添加。

5.2.3 保存模型

为所有元器件选定模型之后，就可以更新原理图文档，更新后存盘。

勾选【Setup Signal Integrity】对话框中待更新的元器件，单击【Update Models in Schematic】(更新在原理图中的模型)按钮。

所有选定元器件的SI模型（或修改后的模型）均将被添加到原理图文档中，将原理图文档存盘。

保存模型之后才能进行SI分析。如果未存盘，将按照【Model Assignments】对话框中显示的模型进行分析，但是，下次进行SI分析时，将丢失先前的更改。

5.2.4 手动为元器件添加SI模型

元器件的SI模型与元器件的集成库相关联，它包含在元器件的集成库中。

双击元器件，打开元器件的【Component】对话框，为原理图编辑器中已放置的元器件添加SI模型。

单击【Model】选项卡中的【Add】按钮，选择【Signal Integrity】选项，如图5-3所示，单击【OK】按钮，此时将弹出【Signal Integrity Model】对话框。

在对话框中设置模型并单击【OK】按钮，如图5-4所示。

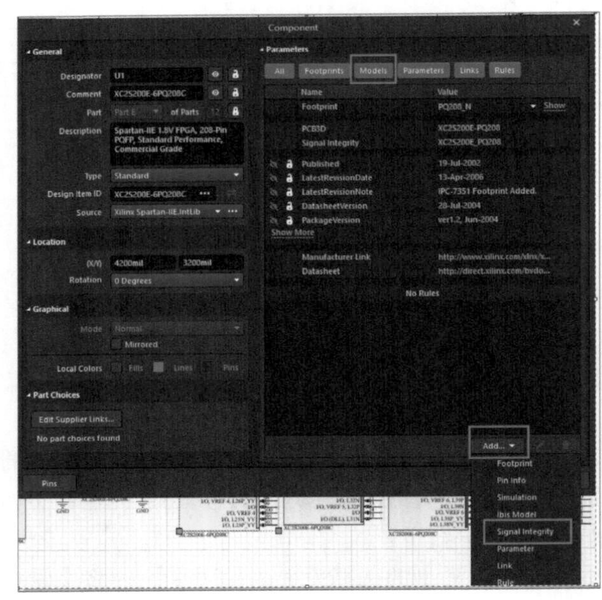

图5-3

图5-4

5.2.5 设置被动元器件

在设置电阻和电容等被动元器件时，只需要设置元器件类型和取值两个参数，可以在【Value】字段中输入元器件的取值。

若要设置支持电阻排等元器件，可以通过在选择元器件类型后单击【Signal Integrity Model】对话框中的【Setup Part Array】(设置元器件阵列)按钮来实现。

5.2.6 设置IC

在为IC设置模型时，可以有以下两种选择。

- 在选择IC后，需要为该IC选择一种技术类型，以确保在仿真时为该IC分配合适的引脚。
- 如果需要更多的控制，可以为IC的各引脚做详细设置，具体可通过【Signal Integrity Model】对话框底部的【Pin Models】列表来实现。

5.2.7 导入IBIS文件

IBIS文件用于指定IC模型的输入和输出特征，单击【Signal Integrity Model】对话框中的【Import IBIS】按钮，如图5-5所示。从【Open IBIS File】对话框中选择IBIS文件，然后单击【Open】按钮，此时将弹出【IBIS Converter】对话框。

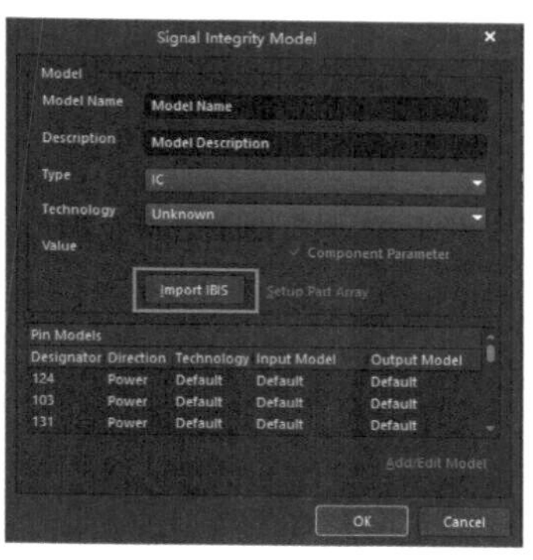

图5-5

选择IBIS文件对应的元器件，Altium Designer 22将读取IBIS文件，并将引脚模型从IBIS文件导入已安装的引脚模型库中。如果找到了一个重复的模型，系统会询问是否希望覆盖现有的模型，元器件上的所有引脚都将具有在IBIS文件中指定的相应引脚的模型。

此时，将自动生成一个报告，说明哪些引脚分配成功、哪些引脚分配未成功。对于那些未分配成功的引脚，可以手动为其选择合适的引脚模型，进行定制。

单击【OK】按钮以完成IBIS信息的导入，返回【Signal Integrity Model】对话框。

5.2.8 编辑引脚模型

可以对现有的引脚模型进行编辑，为引脚添加各种电气特性。对于其他类型，如BJTs、连接器和二极管，也可以对其模型进行编辑。

单击【Signal Integrity Model】对话框中的【Add/Edit Model】按钮，如图5-6

所示。如果允许对该模型进行编辑，则会显示【Pin Model Editor】(引脚模型编辑器)对话框。

在【Model Name】的下拉列表中单击【New】按钮，进行必要的修改之后，单击【OK】按钮。如果这是一个新的引脚模型，则该模型可以被当前元器件或其他元器件选用。

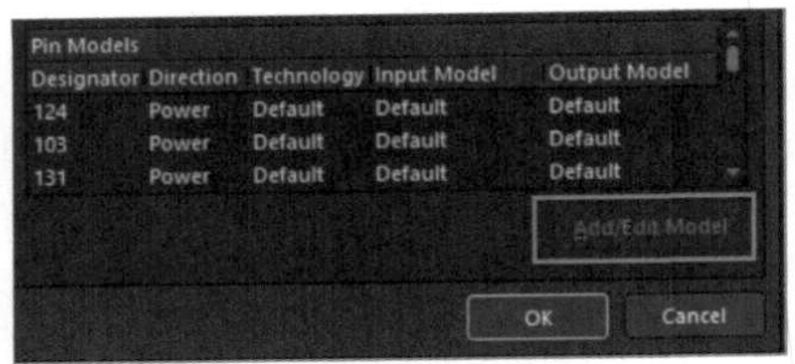

图5-6

5.3 原理图中的SI设计规则

可以在原理图设计阶段为PCB定义SI分析的具体设计规则，首先需要添加一个PCB规则来识别电源网络及其电压，然后在原理图上为每个电源网络添加一个PCB SI设计规则。

按照以下步骤在原理图中为电源网络添加SI设计规则。

1. 打开【Properties】面板，切换到【Rules】选项卡，单击【Add...】按钮以添加未定义的规则，如图5-7所示。

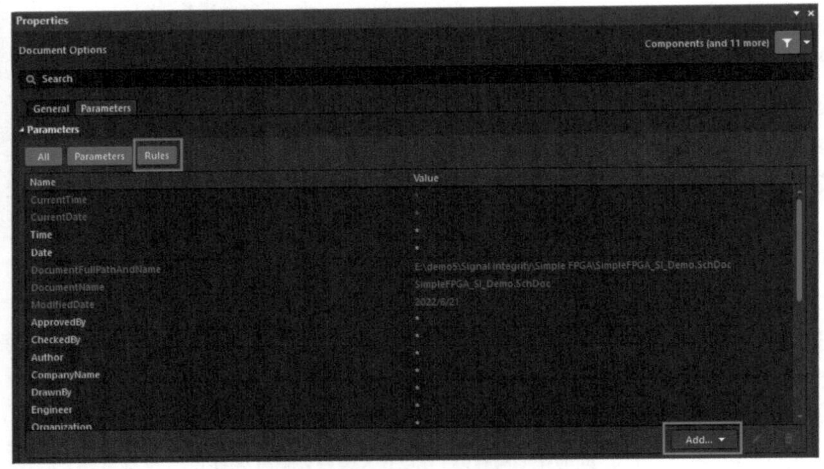

图5-7

2. 打开【选择设计规则类型】对话框，在其中选择规则类型。

3. 向下滚动到【Signal Integrity】规则，选择【Supply Nets】(电源网络)规则，单击【确定】按钮，如图5-8所示，此时将弹出【Edit PCB Rule】对话框，输入此电源网络的电压值，单击【确定】按钮，如图5-9所示，并关闭所有对话框。

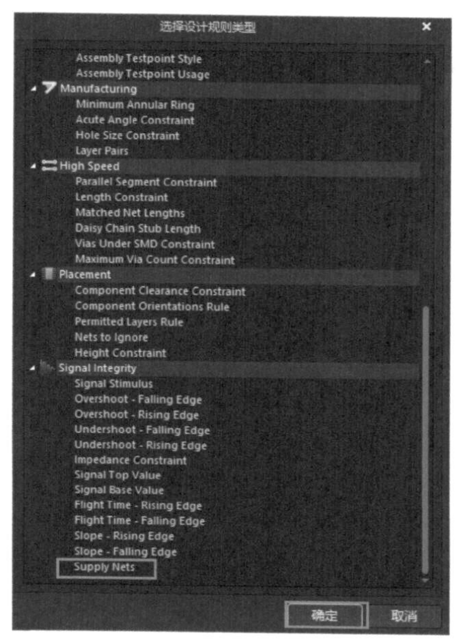

图5-8

图5-9

4. 将PCB规则指令放置在相应的网络上。正确添加指令之后，会出现一个点。将设计迁移到PCB编辑器之后，软件会自动将该规则添加到PCB设计规则中。为GND网络（电压=0）创建一个PCB规则指令。右击以退出指令放置模式。

5.4 信号激励设计规则

此外，需要在原理图编辑器中设置信号激励设计规则。运行该规则时，将激励注入待分析网络的各个输出引脚上。由于信号激励设计规则的适用范围为All，为此需要创建一个工作表参数。如果未设置此设计规则，则会使用默认的设计规则。

按照以下步骤设置信号激励设计规则。

1. 在原理图编辑器中打开【Properties】面板的【Document Options】模式，单击【Parameters】选项卡，添加图纸参数。单击【Rules】选项卡和【Add...】按钮，打开【选择设计规则类型】对话框。

2. 在【选择设计规则类型】对话框中，向下滚动至【Signal Integrity】规则，选择【Signal Stimulus】（信号激励）规则，单击【确定】按钮，如图5-10所示。此时将弹出【Edit PCB Rule】对话框。

3. 设置激励类型、起始电平和时间，单击【确定】按钮，关闭该对话框，如图5-11所示。

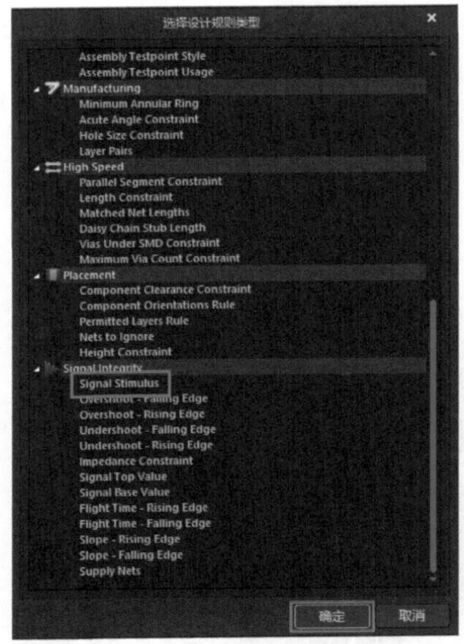

图5-10

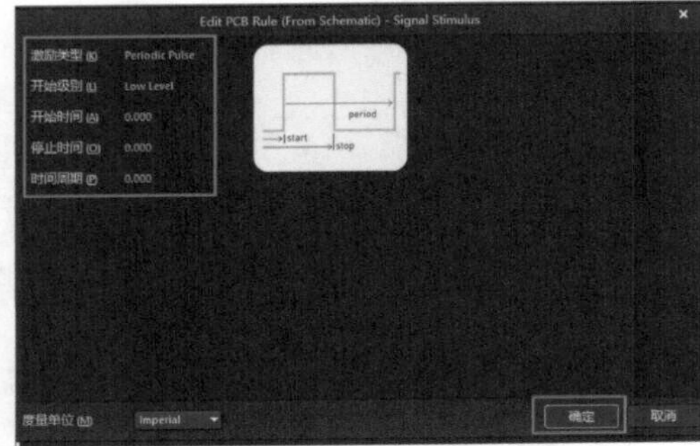

图5-11

5.5 PCB的SI设计规则

SI参数，如超调、欠调、阻抗和信号斜率等，可以理解为标准的PCB设计规则。可以在PCB编辑器中选择【设计】/【规则】命令来设置这些规则，也可以使用原理图编辑器中的参数来设置这些规则。在将设计迁移到PCB编辑器之后，这些规则将出现在【PCB规则及约束编辑器】对话框中，如图5-12所示。

图5-12

设置这些规则有两个目的：一是在PCB内部运行标准DRC时，可以使用这些规则进行标准筛选分析；二是在使用【Signal Integrity】面板时，利用这些规则来设置和启用测试，并图形化地显示出哪些网络未通过测试。

5.6 设置SI设置选项

当所有元器件都关联SI模型之后，选择【工具】/【Signal Integrity】命令。在打开的项目中首次执行这一命令时，将弹出【SI Setup Options】对话框。

根据需要设置走线阻抗和平均线长，只有在没有将原理图迁移到PCB版图或PCB尚未布线时，才需要设置这些走线特性参数。值得注意的是：只有在原理图模式下才会显示【Supply Nets】和【Stimulus】选项卡。

单击【Analyze Design】按钮，进行初始默认筛选分析，在【Signal Integrity】面板中进一步选择要分析的网络以进行反射或串扰分析。

在第一次分析时，在原理图或PCB中设置的默认公差规则和全部SI设计规则都会启用并运行，之后，可以在【Signal Integrity】面板中单击【Menu】按钮并选择【Set Tolerances】(设置公差)选项来设置这些公差。

5.7 仅原理图模式下的SI设置选项

如果项目中没有可用的PCB，可以通过单击【Menu】按钮并选择【Setup Options】选项，弹出【SI Setup Options】对话框。

利用【Track Setup】选项卡设置仿真时默认的线长。当PCB使用线宽规则时，则不使用此值；如果【Use Manhattan length】复选框没有被勾选，则PCB使用此值。此外，在此选项卡中要设置好【Track Impedance】(线路阻抗)。

单击【Supply Nets】和【Stimulus】选项卡，显示并启用网络和激励规则信息。这些选项卡提供了特殊的用于定义特性的接口，而非PCB或原理图上常规的规则定义方法。

5.7.1 使用【Signal Integrity】面板

在进行初始设置之后，【Signal Integrity】面板将加载来自初始筛选分析的数据，此时，在面板左侧的列表中会显示筛选分析的结果和通过测试的网络。

注意，此时系统中只有一个本次分析的副本，再次选择【工具】/【Signal Integrity】命令，将清除面板现有的内容，并重新加载一组新的分析结果。每当对项目中的PCB或原理图文档进行更改后，或者开始分析新项目时，均应刷新分析结果。

5.7.2 查看筛选结果

初始筛选分析对项目中的全部网络进行快速仿真。通过初始筛选分析，能够获得大致信息并识别出关键网络，以便后续进行更详细的检测，如进一步实施反射或串扰分析。

初始筛选分析将单个网络分为3个类别：通过、未通过和未分析。

- 通过初始筛选分析的网络的所有值都在定义的测试边界之内。
- 未通过初始筛选分析的网络至少有一个值超出了定义的公差级别，所有未通过的值都是浅红色。
- 由于某种原因无法分析该网络时，右击【Show/Hide】列，选择【Analysis Errors】命令，查看具体原因。

（1）未通过初始筛选分析的网络。

通常，网络无法通过初始筛选分析的常见原因包括：连接器、二极管或三极管、输出引脚缺失或者有多个输出引脚。包含双向引脚且网络中没有输出引脚时，将双向引脚分别仿真为一个输出引脚。未通过初始筛选分析的网络，仍然可以进行反射和串扰仿真。

也有可能出现其他错误，导致网络无法通过初始筛选分析，或在进一步仿真中出现不正确的分析结果。这些没有通过初始筛选分析的网络会以亮红色突出显示，此外，已经通过仿真的网络会呈浅灰色。

（2）检查未通过仿真的网络或未分析的网络。

查看未通过初始筛选分析或无法分析的网络的方法如下。

在【Signal Integrity】面板中选中一个以亮红色突出显示的网络，然后右击并选择【Show Errors】命令。将错误消息添加到【Messages】面板，交叉探测以修复出现的问题。

若要查看所选网络的全部可用信息，右击并选择【Details】命令，打开【Full Results】对话框，如图5-13所示，其中会显示筛选分析计算出的全部信息。

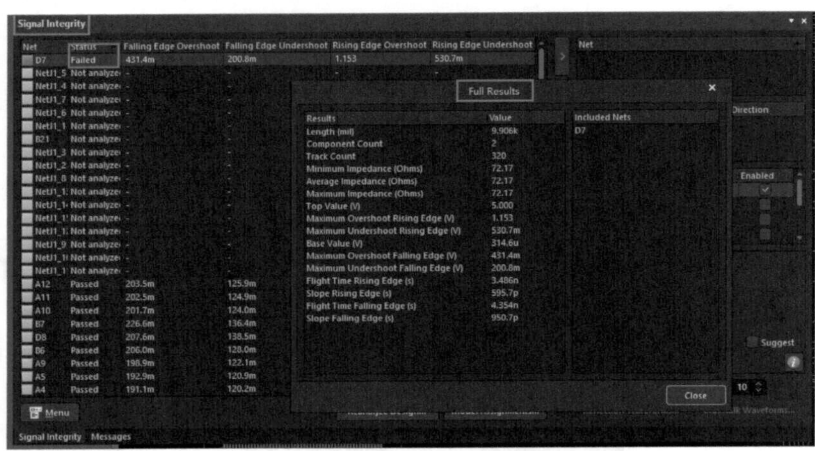

图5-13

在【Message】面板中，右击并选择【Cross Probe】(交叉探测)命令，交叉探测会跳转到原理图或PCB上的特定网络。使用F4键在【Signal Integrity】面板和原理图设计之间切换显示。

选中所需的网络，右击查找耦合网络，系统将显示哪些网络是单个网络、哪些网络是相互耦合的一组网络。网络耦合标准在【Signal Integrity Preferences】对话框中设置，在【Signal Integrity】面板中单击【Menu】按钮，选择【Preferences】选项。

可以将有用的信息复制到剪贴板，并粘贴到其他应用程序中进一步处理或报告。选中所需的网络，右击，从快捷菜单中选择【Copy】命令。此外，可以选择快捷菜单中的【Show】/【Hide Columns】命令自定义显示信息。

从【Signal Integrity】面板的快捷菜单中选择【Display Report】命令，可以获得生成结果的分析报告。在文本编辑器中打开SI测试报告文件Report.txt，并将其添加到项目中。

5.7.3 选项设置

可以指定应用于SI分析的各种选项，包括一般设置、集成方法和精度阈值等选项。对设置选项所做的全部更改适用于所有项目，所有选项设置都存储在名为SignalIntegrity.ini的文件中，该文件位于\Documents and Settings\User_name\Application Data\Altium Designer文件夹中。

单击【Signal Integrity】面板中的【Menu】按钮，选择【Preferences】选项，如图5-14所示，打开【Signal Integrity Preferences】(信号完整性优选项)对话框。

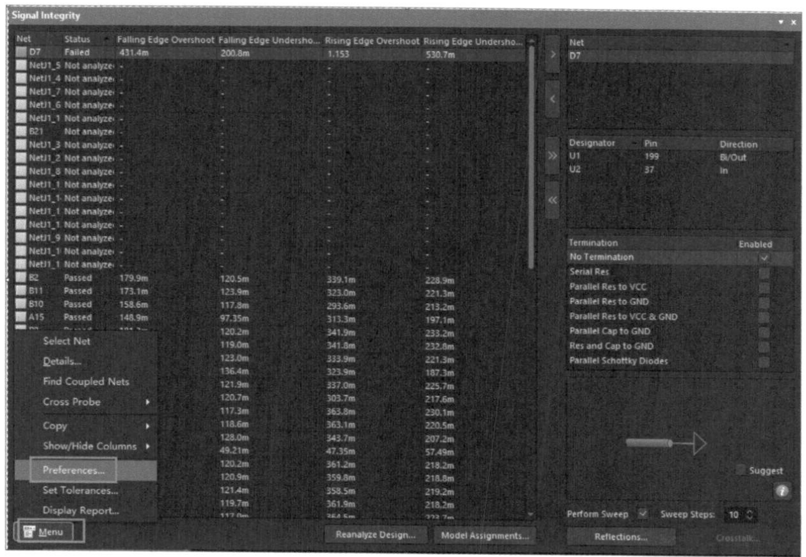

图5-14

单击相关选项卡并设置好选项，单击【OK】按钮。单击【Signal Integrity Preferences】对话框中的【Defaults】按钮，可以让所有SI选项均恢复到默认值，如图5-15所示。

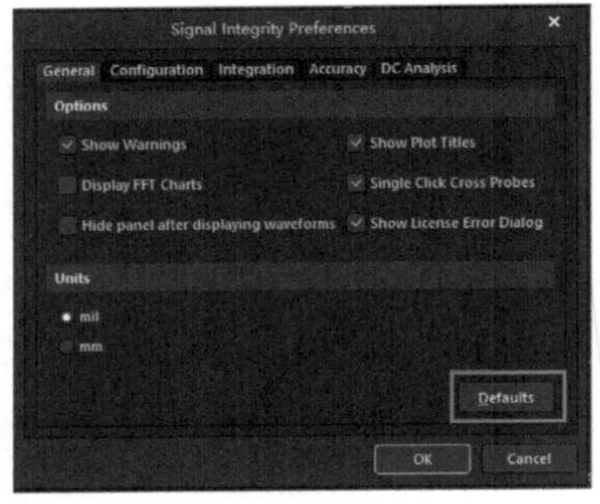

图5-15

（1）【General】（常规）选项卡。

使用【General】选项卡可以设置设计中出现与SI分析相关的错误时显示提示或警告的错误处理选项。遇到的全部提示或警告都将作为消息在【Messages】面板中列出。如果勾选了【Show Warnings】复选框并且发生了警告，则在访问【Signal Integrity】面板时将出现警告确认对话框。此外，还可以在选择显示波形后，选择隐藏【Signal Integrity】面板。还可以定义SI测量的默认单位，即当结果波形显示在【Waveform Analysis】窗口中时，是否显示绘图标题和FFT图表。

（2）【Configuration】（设置）选项卡。

在【Configuration】选项卡中定义各种与仿真相关的阈值，例如耦合网络之间的最大距离和耦合网络的最小长度。

（3）【Integration】（积分）选项卡。

【Integration】选项卡定义了用于分析的数值积分方法。Trapezoidal（梯形法）相对快速和准确，但在一定条件下容易引起振荡；Gear（齿轮法）需要更长的分析时间，但往往更加稳定（使用更高阶数的Gear在理论上可以得到更准确的结果，但也增加了分析时间）。默认使用梯形法。

（4）【Accuracy】（精度）选项卡。

【Signal Integrity Preferences】对话框中的【Accuracy】选项卡定义了分析中涉及的各种算法的公差阈值和极限设置。

（5）【DC Analysis】（直流分析）选项卡。

【DC Analysis】选项卡定义了与直流分析相关的各种参数的公差阈值和极限设置。

5.7.4 设置公差

在第一次进行SI分析时，在原理图或PCB中设置的4种默认公差规则和所有SI规则都会启用。

此后若要启用这些规则，单击【Signal Integrity】面板中的【Menu】按钮，选择【Set Tolerances】选项，此时将弹出【Set Screening Analysis Tolerances】（设置筛选分析公差）对话框，勾选规则类型旁边的【Enabled】（已启用）复选框，以便在分析设计时运行该规则，单击【OK】按钮，如图5-16所示。

单击【PCB Signal Integrity Rules】按钮，打开【PCB规则及约束编辑器】对话框，在其中添加或修改所需的SI规则，单击【确定】按钮，返回【Signal Integrity】面板。

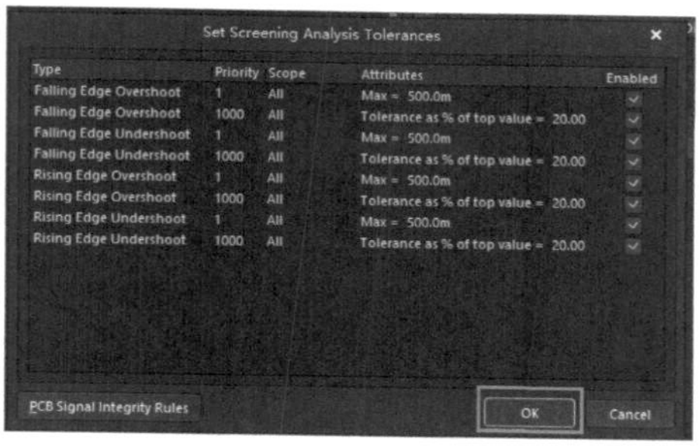

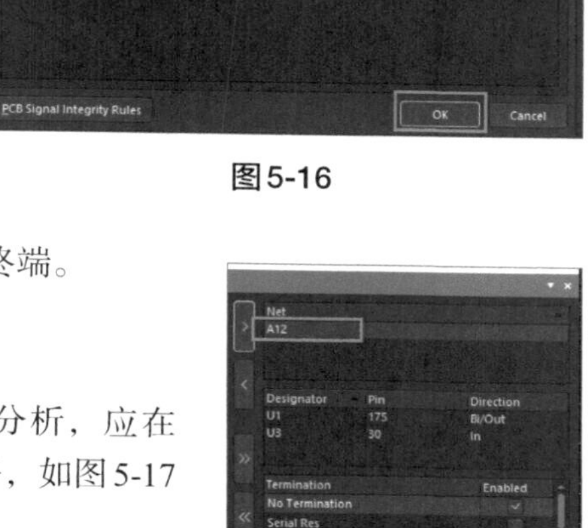

图5-16

5.8 选定待分析的网络

在进行SI分析之前，首先应选中需要分析的网络，然后编辑缓冲区来查看或更改元器件的引脚属性，按需为网络添加终端。

5.8.1 选择待分析的网络

为了对具体网络做深入的反射或串扰分析，应在【Signal Integrity】面板的右侧列表中选中网络，如图5-17所示。

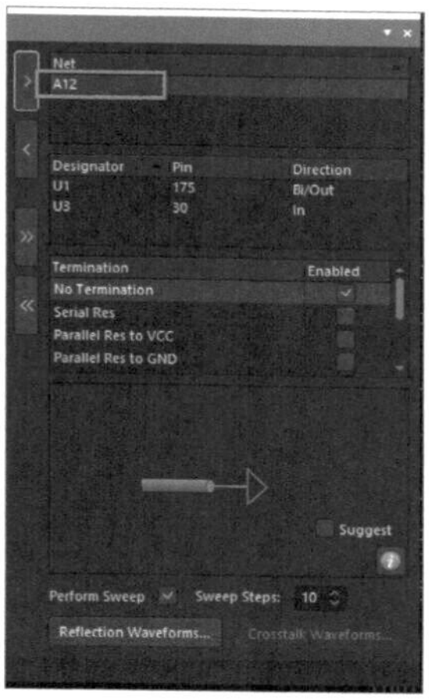

双击左侧列表中的一个网络以选中它，将其移动到右侧列表中；或者，使用箭头按钮将网络移动到右侧列表中；还可以通过按住 Shift 键或 Ctrl 键，在左侧列表中选择多个网络并将其移动到右侧列表中。一旦网络处于选中状态，便可以对它进行仿真前的设置。

图5-17

5.8.2 设置被干扰源网络和干扰源网络

在串扰分析时，应设置好干扰源网络和被干扰源网络，因为串扰分析的性质决定了只有当选择两个或多个网络时，串扰分析才可用。

在右边的网络列表中选中一个网络，右击并根据需要设置干扰源网络或被干扰源网络。若需要取消网络，右击该网络，在快捷菜单中选择【Clear Status】命令。

5.8.3 设置双向引脚的方向

对于双向网络，应为其设置双向引脚的方向。可按照如下方法设置双向引脚的方向。

在右上角的网络列表中选择双向网络，将显示双向网络的引脚列表。在引脚列表中右击，从快捷菜单中选择双向引脚的输入/输出状态，更改每个选定的双向引脚的输入/输出状态。这些输入/输出设置将与项目一起保存，以便下次使用。还可以通过右击，从快捷菜单中选择【Cross Probe options】命令来交叉探测相关的原理图或PCB文档。

5.8.4 编辑缓冲区

如果需要查看或更改元器件的引脚属性，如输入/输出模型和引脚方向，可到网络列表中选中元器件的特定网络，右击引脚列表中的特定引脚，选择【Edit Buffer option】(编辑缓冲区)命令，打开元器件数据对话框。

不同元器件的引脚对应不同的对话框和选项，例如，电阻、IC、BJT等。

元器件种类、输入模型和输出模型字段是上下文敏感的。当选择好一种元器件之后，该元器件的默认模型便已经定好了。注意，如果已经为特定引脚分配好了模型(例如已导入的IBIS模型)，那么即便更改了器件型号也不会为其重新分配引脚模型。

在选择好引脚种类和方向之后，会显示相关输入和输出模型的列表，引脚种类和方向的更改在分析中仅在本地可用，当面板重置时，将不会保存更改。更改完成之后，单击【OK】按钮。

5.8.5 终端

传输线(线路)上的多次反射会引发信号波形的明显振荡，这些“反射”或“振铃”在PCB设计中经常发生，其原因为驱动器/接收器的阻抗不匹配——通常是低阻抗驱动器匹配了高阻抗接收器。

在理想状态下，负载下获得良好的信号质量意味着零反射(没有振铃)。可通过终端设计，将振铃水平降低到可接受的范围内。

【Signal Integrity】面板中包含了【Termination】(终端)列表，通过【Termination】列表将虚拟终端插入特定的网络中。通过这种方式，可在不对电路进行物理修改的情况下测试各种不同的终端策略。

可用的终端仿真有如下几种，如图5-18所示。

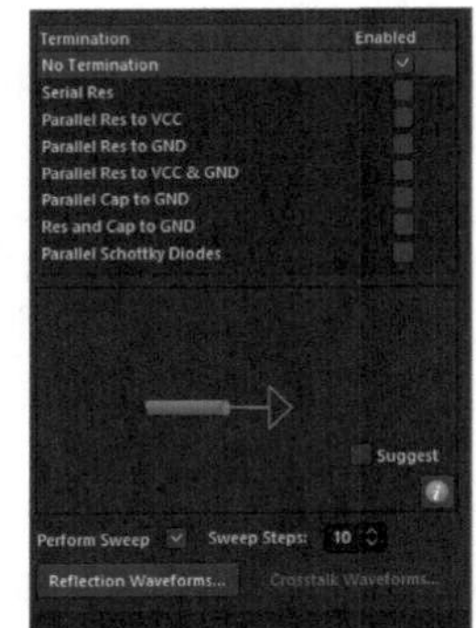

图5-18

- Series Res：串联电阻。
- Parallel Res to VCC：在VCC上并联电阻。
- Parallel Res to GND：在GND上并联电阻。
- Parallel Res to VCC & GND：在VCC和GND上并联电阻。
- Res and Cap to GND：在GND上并联电阻和电容。
- Parallel and Cap to GND：在GND上并联电容。
- Parallel Schottky Diodes：并联肖特基二极管。

在【Termination】列表中启用或禁用不同类型的终端，当运行反射或串扰分析时，将尝试启用不同类型的终端，生成各自独立的波形。当使用串联电阻时，会将串联电阻放置在所选网络中的输出引脚上；对于其他类型的终端仿真，会将终端放置到网络的所有输入引脚上。

为了获得最佳结果的终端策略，还需要根据网络的特性来设定端子的具体数值。选定终端种类之后，会显示终端列表图，在终端列表图中设置电阻电容端子的最大值和最小值。在扫描计数时，会用到端子的最大值和最小值。

如果需要采用建议值，则可以勾选【Suggest】复选框，Altium Designer 22将根据各种终端信息弹出窗口中标注的公式计算出建议值，并使其显示为浅灰色。若不采用建议值，则取消勾选【Suggest】复选框，并根据需要输入自定义的值。

如果需要设置扫描，应勾选【Perform Sweep】(执行扫描)复选框，并确保在进行分析时设置好所需的扫描步长。为了进行更好的比较，可以将每次扫描生成一组独立的波形。

5.8.6 在原理图上放置终端

波形生成之后，检测出最佳终端，可以通过右击【Termination】列表弹出的快捷菜单中的命令来将该终端放置到原理图上，放置的端子只适用于当前选中的网络。按照以下步骤将虚拟终端放置到原理图上。

1. 在【Signal Integrity】面板的【Termination】列表中右击，选择【Place on Schematic】(放置到原理图上)命令。

2. 此时将弹出【Place Termination】(放置终端)对话框，可以在该对话框中设置各种属性，例如采用库中的哪个元器件作为终端，是自动放置还是手动放置，放置到所有引脚上还是仅放置到选定的引脚上。设置好属性之后，单击【OK】按钮，如图5-19所示。

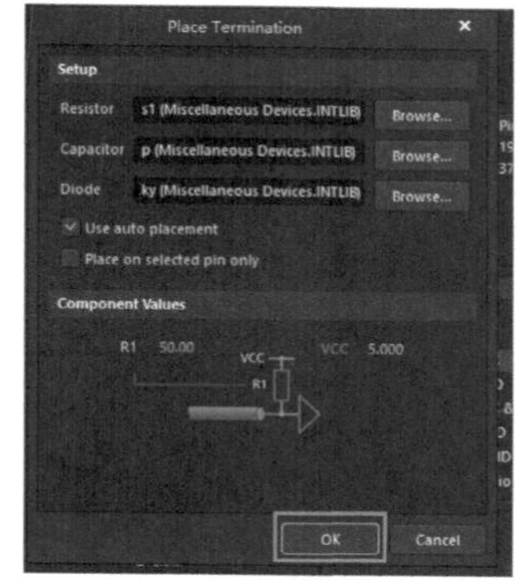

图5-19

3. SI分析其查找引脚所属的原理图文档，在文档上的空余空间添加端子器件(电阻、电容或其他必要的元器件)和电源对象，将该终端电路连接到原理图中相应的引脚上。如果涉及PCB文档，则需要将添加的端子同步到PCB中。通过选择【设计】/【Update PCB】(更新PCB)命令将添加的端子同步到PCB文档中。

5.9 进行SI分析

按需要设置好网络(选择好终端类型)后，单击【Signal Integrity】面板中的【Reflections】(反射)或【Crosstalks】(串扰)按钮，开始进行SI分析。

生成一个仿真波形文件(PCBDesignName.sdf)，此文件位于【Projects】面板中的Generated\Simulation documents(已生成的\仿真文档)文件夹下，它将作为一个独立的选项卡打开，在仿真数据编辑器的【Waveform Analysis】窗口中显示分析结果。

SI分析器为选中的各个网络生成的图表显示在【Waveform Analysis】窗口中，如图5-20所示。

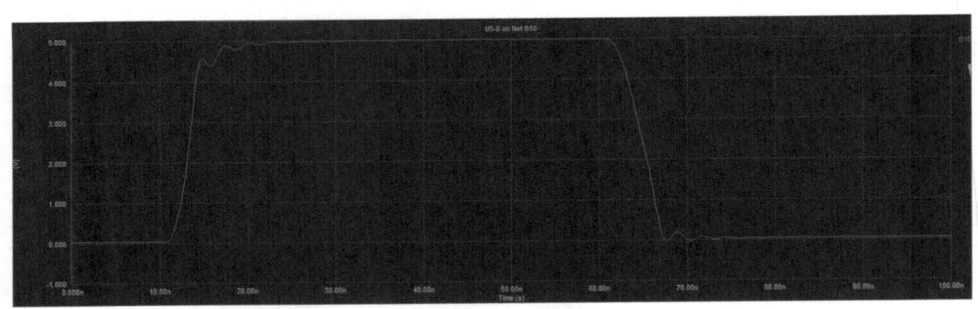

图5-20

5.9.1 反射

反射分析可以仿真一个或多个网络。注意，网络数量应保持在一个合理的范围内，因为当分析的网络数量增大时，分析时间也会大大增加。

SI分析器利用PCB上相关驱动器和接收器I/O缓冲器模型的走线和层叠信息来计算网络节点上的电压，二维场求解器自动计算传输线的电气特性，建模过程假设直流路径损耗足够小，忽略不计。

SI分析器会为每个选中的网络生成一个仿真结果的图表，在【Waveform Analysis】窗口中标记为网络的名称，该图表包含所有终端上的波形。

5.9.2 串扰

串扰分析至少需要两个网络，在进行串扰分析时，通常会同时考虑两个或三个网络，即网络和它的近邻网络。

串扰的电平（或电磁干扰的范围）与信号线上的反射成正比。如果达到信号质量条件，并通过正确的信号终端将反射降到几乎可忽略的水平，即信号以最小的信号杂散传递到目的地，则会最小化串扰。

在串扰分析中，所有的网络都将显示在一个名为Crosstalk Analysis（串扰分析）的图表中。

5.9.3 使用【Waveform Analysis】窗口

仿真数据编辑器的【Waveform Analysis】窗口包含一个或多个选项卡，对应不同的仿真分析结果。每个选项卡包含一个或多个波图，一个波图中又可以包含多个波形，每个波形表示一组仿真数据。在同一个窗口中，最多可以同时显示4个缩放的波形。

初始源数据包括在SI设置期间选中的所有网络，并在【Sim Data】（仿真数据）面板的波形列表中列出，可以进一步定义活动图表中使用到的源仿真波形列表。

选择【图表】/【源数据】命令，或单击【Sim Data】面板中的【Source Data】（源数据）按钮，打开【Source Data】对话框，如图5-21所示，该对话框中列出了可与活动图表一起使用的全部源仿真波形。

单击【Create】按钮，打开【Create Source Waveform】（创建源波形）对话框，如图5-22所示，从中可以为一系列数据点输入相应的X、Y值来定义新的波形，或创建自定义的正弦波或脉冲波。

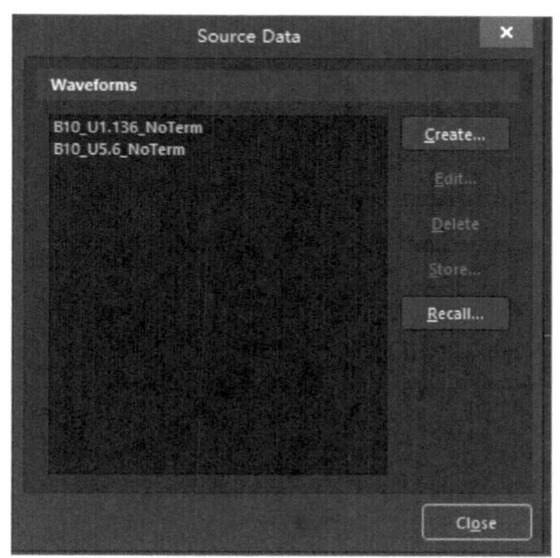

图5-21

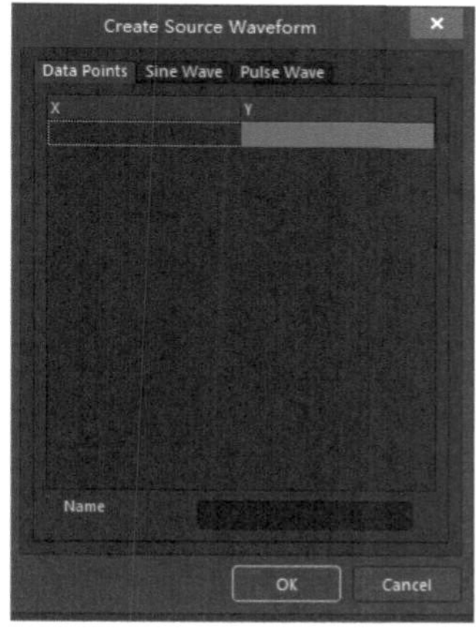

图5-22

单击【Create】按钮，创建一个新的信号波形，并将波形添加到【Sim Data】面板的可用波形列表中。

通过【Source Data】对话框还可以将任何波形存储为ASCII文本文件WaveformName.wdf，并随时将这些波形文件加载到列表中。单击【Edit】按钮可自定义波形。

5.10 【Waveform Analysis】窗口

单击【Waveform Analysis】窗口底部的选项卡名称可选中图表，单击波形图区域内的任何位置可激活该图表。

5.10.1 文档选项

在【工具】菜单中选择【文档选项】命令，打开【文档选项】对话框，或者在【Waveform Analysis】窗口中选择【Document Options】选项卡。如果在【Document Options】对话框中将【Number of Plots Visible】（可见图数目）选项设置为【All】，则可通过围绕波形名称的黑色实线来区分活跃波形图。

如果将【Number of Plots Visible】选项设置为【1】【2】【3】或【4】，则由显示区域左侧的黑色箭头来区分活跃波形图。

5.10.2 选择波形

单击【Waveform Analysis】窗口中的名称来选择一个波形。选定波形的颜色并将其变为粗体，名称后面会出现一个点，其他的波形将被屏蔽，颜色变暗。单击【Mask Level】（屏蔽程度）按钮设置屏蔽色彩对比度，单击【Clear】按钮（快捷方式：Shift+C或Esc）清除对选中波形的屏蔽。

也可以使用箭头键或鼠标滚轮来上下移动波形名称列表，如果波形名称列表的长度超出了图上可以显示的长度，可以单击显示整个列表的滚动箭头。

如果在【Document Options】对话框中勾选了【Highlight Similar Waves】（突出显示相似波）复选框，则可以在同一次扫描中突出显示所有波形，如图5-23所示。

图5-23

（1）波形放大。

可以在波形的周围拖动选择框以放大波形，查看波形细节。若要再次回看完整波形，右击，从快捷菜单中选择【Fit Document】（适配文档）命令。

（2）移动波形。

如果希望将波形从一个波图移动到另一个波图，应单击波形名称，并将其拖动到所需波图的名称区域。

5.10.3 在自定义的坐标图中查看波形

如果希望在自定义的坐标图中查看波形，应将【Number of Plots Visible】选项设置为【All】，单击波形名称，将其拖动到现有的空白坐标图中，创建一个新的坐标图。

5.10.4 向坐标图中添加波形

按照以下方法在当前图表的活跃坐标图中添加一个新的波形：单击坐标图区域内的任意位置，激活将要添加新波形的坐标图；选择【波形】/【添加波形】命令，打开【Add Wave to Plot】（将波形添加到坐标图中）对话框；从可用的仿真波形的列表中选中一个波形；如果需要，还可以创建一个数学表达式，将其应用于一个或多个基波，通过向表达式中添加函数来创建新的波形；单击【Create】按钮，将波形添加到活跃的坐标图中。

5.10.5　编辑新波形

用户可以利用【Create Source Waveform】(创建源波形)对话框自定义波形，但无法编辑通过仿真生成的波形。若需要更改仿真生成的波形，则要修改电路、PCB及设置，重新进行SI分析。选择【Edit Waveform】命令可以在现有波形的基础上创建新的波形。

单击波形的名称，在【Waveform Analysis】窗口中选中需要编辑的波形，选择【波形】/【编辑波形】命令，打开【Edit Waveform】对话框，在该对话框中可以在现有波形的基础上利用表达式创建一个新波形，也可以从可用波形列表中选取一个波形作为新的波形。

5.10.6　保存和召回波形

在主菜单中选择【工具】/【存储波形】命令，将波形保存为ASCII文本文件WaveformName.wdf。.wdf文件包含波形的数据点集合，每个数据点由一对XY值表示，用户一旦保存了自定义的波形，就无法再编辑它们了。

选择【工具】/【恢复波形】命令可召回已保存的波形，从【Recall Stored Waveform】(召回保存波形)对话框中选择一个已保存的.wdf文件，将该波形加载到活动图表的源仿真数据波形列表中。

5.10.7　创建新图表

通过【Create New Chart】(新建图表)对话框可以创建已添加到当前的.sdf文件中的新图表，如图5-24所示。

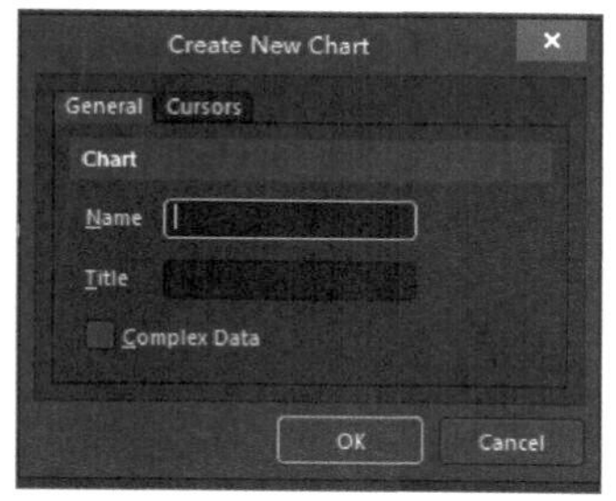

图5-24

选择【绘图】/【新图形】命令，打开【Plot Wizard】(绘图向导)对话框，定义图表的名称和标题，以及x轴的标题和单位，指定是否可以在图表中显示复杂的数据。单击【OK】按钮，【Waveform Analysis】窗口中将出现一个新的空白绘图表，该绘图表会被添加到文档列表中最后一个图表的选项卡之后。

5.10.8　创建FFT图表

在活动图表上执行快速傅里叶变换(Fast Fourier Transform，FFT)，并将结果显示在一个新的图表中。

单击【Waveform Analysis】窗口底部的选项卡，选中希望执行FFT的图表。选择【图表】/【产生FFT图表】命令，执行FFT，结果将显示在新图表中，并将添加新创建的选项卡<netname>_FFT，其在窗口中为活跃图表，如图5-25所示。

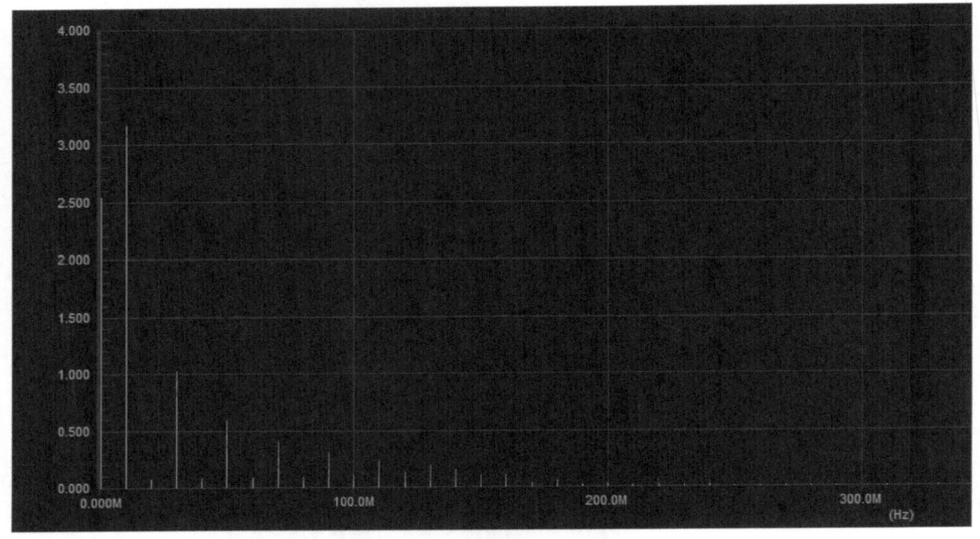

图5-25

5.10.9 创建新坐标图

使用【Plot Wizard】对话框添加新的坐标图。选择【绘图】/【新图形】命令，打开【Plot Wizard】对话框，为新坐标图指定一个名称，单击【Next】按钮，如图5-26所示。

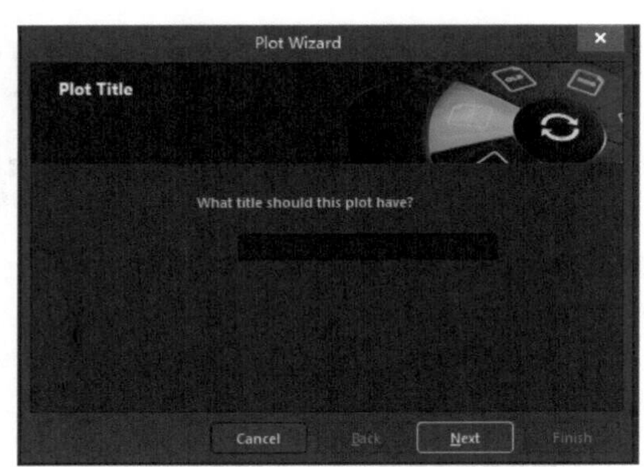

图5-26

设置坐标图的外观，单击【Next】按钮。单击【Add Wave to Plot】（将波形添加到坐标图中）对话框中的【Add】按钮，选择要绘制的波形或添加表达式，单击【Create】按钮。单击【Next】按钮，创建好坐标图之后，单击【Finish】按钮退出【Plot Wizard】对话框。新的坐标图将在【Waveform Analysis】窗口中显示。

5.10.10　使用【Sim Data】面板

利用【Sim Data】面板将可用源数据中的波形添加到活跃坐标图中，并根据所选的波形和使用测量游标计算出的测量值获取测量信息。

面板顶部的Source Data列表包含执行仿真的所有可用源数据信号波形，单击【Source Data】按钮，打开【Source Data】对话框。

（1）通过【SimData】面板向坐标图中添加波形。

单击【SimData】面板中的【Add Wave to Plot】（将波形添加到坐标图中）按钮，将选定的波形添加到【Waveform Analysis】窗口中当前选定的坐标图中。

（2）测量游标。

当使用一个或两个测量游标时，面板的【Measurement Cursors】（测量游标）选项反映当前计算的测量值。

在【Waveform Analysis】窗口中右击选定的波形名称，可以获得两个测量游标（A和B），将游标拖动到所需的位置。

这两个游标显示当前波形名称，以及x轴和y轴数值，这些数值与游标所在波形的位置相关。计算好的x和y值将出现在【Sim Data】面板的【Measurement Cursors】选项中。

（3）波形测量。

【Waveform Measurements】对话框中显示了在【Waveform Analysis】窗口中选中波形的各种常规测量值，如上升时间和下降时间等。

06

第6章 混合信号仿真

电路设计完成之后，在进行生产制造之前，需要对设计的电路进行仿真，以验证设计的正确性。通过仿真测试，可以准确获取电路的各种参数，实现对电路精准的测量。

Altium Designer 22的仿真器是一个真正意义上的混合信号仿真器，它既可以分析模拟电路，又可以分析数字电路。仿真器使用了增强版本的XSPICE模型，兼容SPICE3f5，支持PSPICE模型和LTSPICE模型。

放置好元器件，为元器件的各引脚连上线，设置好仿真源，便可以开始仿真了。既可以直接从电原理图中进行仿真，也可以在分析仿真波形之后重新进行仿真。仿真结果在内置的波形查看器中显示，可以从中分析结果数据、傅里叶变换或其他各种用户自定义的测量值。通过仿真可以获取仿真网表，打开仿真网表，确认生成的SPICE模型结果是否正确，也可以通过仿真网表进行电路仿真。

6.1 SPICE简介

多个元器件构成了特定功能的电路。各个元器件之间通过走线连接在一起，构成电子产品的电路，实现特定的功能和性能。电路中元器件的参数可通过以下方式确定。

- 人工进行数学计算。
- 为设计创建一个原型，然后对它进行测试。
- 基于计算机的数学仿真，又可称为SPICE。

其中，最为高效、成本效益最优的方法是基于计算机的数学仿真方法，即使用计算机辅助设计（Computer Aided Design，CAD）系统对电路进行仿真。

电路CAD仿真系统可以实现对模拟电路和数字电路的仿真，通过计算机仿真获得电路的真实特性，评估设备中可能存在的风险，并以最优方式实现电子产品的预期性能。

对电子设备功能进行仿真的主要目的是验证和分析设计的性能，早期的电路验证通过实验方法来实现，后来逐渐演进到计算机软件仿真。经验表明，计算机软件仿真已成为CAD领域简单、高效的电路验证方法。

仿真程序可以在不损坏设备的情况下分析出电路的各种参数和特性，对电子设备进行测量，在波形图上显示仿真结果，从波形图上获取参数测量值。

SPICE为一个开源软件包，经过长期的发展，在业界得到了广泛的应用和支持。Altium Designer 22的混合仿真（Mixed Sim）技术以SPICE算法为核心，实现对模拟电路、数字电路或模数混合电路的仿真。

本章内容不仅包括获取基本电路特性的机制，还包括仿真电路设计的特点、向电路元器件添加模型的过程，以及网表文档的描述及其应用等。

Altium Designer 22的仿真技术支持多种模型的仿真，如PSPICE和LTSPICE，还支持各种模型仿真的底层算法和多种电路分析算法。Altium Designer 22仿真器可以实现以下仿真分析。

- 工作点——在假设电感为短路、电容为开路的前提下，确定电路的直流工作点。
- 传递函数的极点和零点——通过计算电路的小信号交流传递函数中的极点和零点来确定单个输入、单个输出线性系统的稳定性。找到电路的直流工作点之后，对其线性化，以确定电路中非线性元器件的小信号模型，找出满足指定传递函数的极点和零点。
- 直流（Direct Current，DC）传递函数——计算电路中每个电压节点处的直流输入电阻、直流输出电阻和直流增益（直流小信号分析）。
- 直流扫描——产生类似于曲线跟踪器的输出，扫描包括温度、电压、电流、电阻和电导率在内的多个变量。
- 瞬态分析——产生类似于示波器上显示的输出，计算出在指定的时间间隔内瞬态输出变量（电压或电流）对应时间的函数。在进行瞬态分析之前，会自动进行工作点分析，以确定电路的直流偏置。
- 傅里叶分析——在瞬态分析过程中，在捕获的最后一个周期的瞬态数据的基础上进行傅里叶分析。例如，如果基频为1kHz，那么可以利用来自最后1ms周期的瞬态数据进行傅里叶分析。
- 交流扫描——线性或低频信号频响，生成并显示电路频响输出，计算出小信号交流输出变量对应频率的函数。先进行直流工作点分析，确定电路的直流偏置，然后用固定振幅正弦波发生器代替信号源，在指定的频率范围内分析电路。小信号交流分析的期望输出通常为传递函数（电压增益、跨阻抗等）。
- 噪声分析——通过绘制噪声谱密度来测量电阻和半导体器件的噪声，噪声谱密度是以每赫兹的电压平方值（V^2/Hz）为单位来测量噪声的。电容、电感和受控源为无噪声源。

- 温度扫描——在指定的温度范围内对电路进行分析，生成温度曲线。仿真器可执行多参数的标准温度扫描分析（交流、直流、工作点、瞬态、传递函数、噪声等）。
- 参数扫描——在指定的增量范围内扫描电路的值。仿真器可执行多参数的标准参数扫描分析（交流、直流、工作点、瞬态、传递函数、噪声等）。可以自定义要扫描的辅助参数，在扫描主参数的同时扫描辅助参数。
- 蒙特卡罗分析——当元器件的数值在公差允许的范围内随机变化时，进行多次仿真分析。仿真器可执行多参数的蒙特卡罗扫描分析（交流、直流、工作点、瞬态、传递函数、噪声等）。蒙特卡罗分析可以改变元器件和模型，但是子电路数据在蒙特卡罗分析过程中不发生变化。
- 灵敏度分析——计算与电路元器件、模型参数对温度、全局参数的灵敏度，分析结果为包含每种测量类型的灵敏度值列表。

为了仿真已设计好的电路，用数学模型来表示电路中的元器件，把该数学模型当作SPICE模型添加到元器件上。SPICE模型反映了元器件的基本属性，SPICE模型的仿真过程是电路设计过程中的一个重要环节，对电路特性的有效性和可靠性起着决定性的作用。

Altium Designer 22仿真器支持业界流行的SPICE模型格式，包括Altium MixedSim格式、PSPICE格式和LTSPICE格式，可以使用扩展名为.mdl、.ckt、.lib和.cir的模型文件。

将SPICE模型（或宏模型）添加到原理图编辑器的原理图符号中，或直接添加到原理图图纸的元器件上。可以在已安装的库中使用可仿真的元器件，也可使用不同元器件制造商提供的源模型。

Altium Designer 22的库中包含以下可仿真的元器件。

- 通用仿真元器件：包括离散件、基本逻辑元器件、按钮、继电器、源等。
- 仿真数学函数：仿真数学函数集。
- 仿真源：电流和电压源集。
- 仿真PSPICE函数：PSPICE函数集。
- 专用仿真函数：专用函数集，包括s域传递函数、求和器、微分器和积分器等。
- 传输线仿真：传输线集合。
- 其他设备：库中的各种其他库元素，65%的元器件带有仿真模型。

6.2 信号源

为了实现电路仿真，通常需要有一个信号源作为电路的激励。通用元器件仿真源库中包含大量的交/直流电流源、电压源、受控电流源和受控电压源，以及各种类型的其他信号源，如图6-1所示。

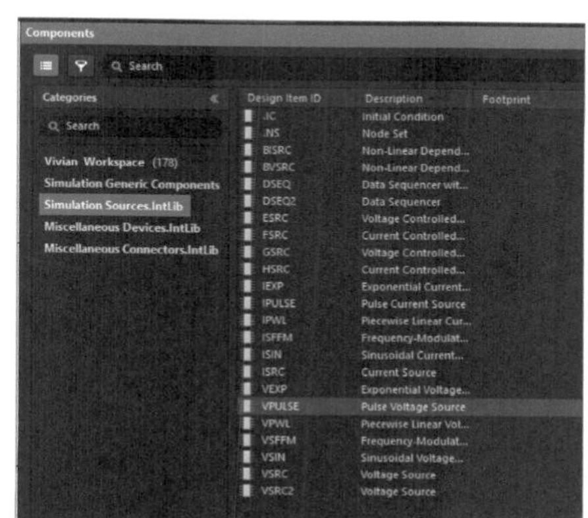

图6-1

仿真源库中包含以下信号源。

- VSRC/ISRC——直流电压/电流源。
- VSIN/ISIN——正弦波信号发生器。
- VPULSE/IPULSE——梯形信号、三角波信号发生器。
- VEXP/IEXP——指数曲线波形。
- VPWL/IPWL——插值（分段线性）源。
- VSFFM/ISFFM——频率调制源。
- BVSRC/BISRC——非线性相关源。
- ESRC/GSRC——由输入引脚电压控制的电压/电流源。
- HSRC/FSRC——由输入引脚电流控制的电压/电流源。
- IC &.NS——用于指定瞬态过程初始条件的元素。
- DSEQ/DSEQ2——由时钟输出/数据序列控制的数据序列。

在进行仿真之前，首先应设置和放置信号源。在原理图编辑器的主菜单中选择【Simulate】/【Place Sources】命令，将电压源或电流源放置到原理图上，如图6-2所示。

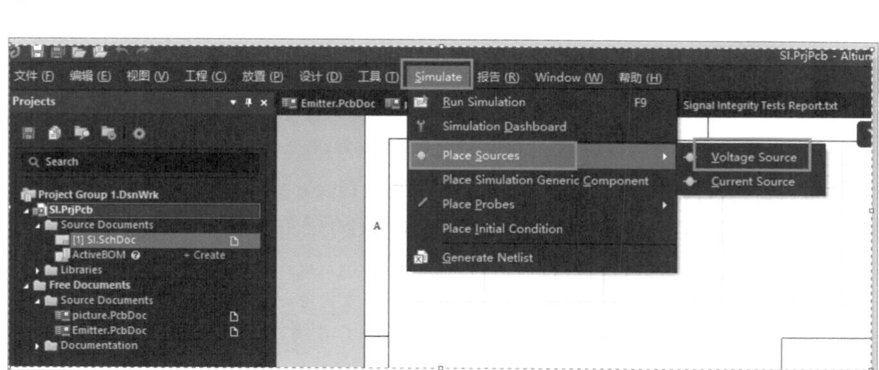

图6-2

将信号源放置到原理图上后，双击它，打开【Voltage】对话框，更改【Stimulus Type】（激励类型）下拉列表框中的值，当变更了激励类型之后，软件会自动选择与之对应的参数集和设置，如图6-3所示。

使用激励源的特殊说明。

- 双击所选激励源，打开【Voltage】对话框。

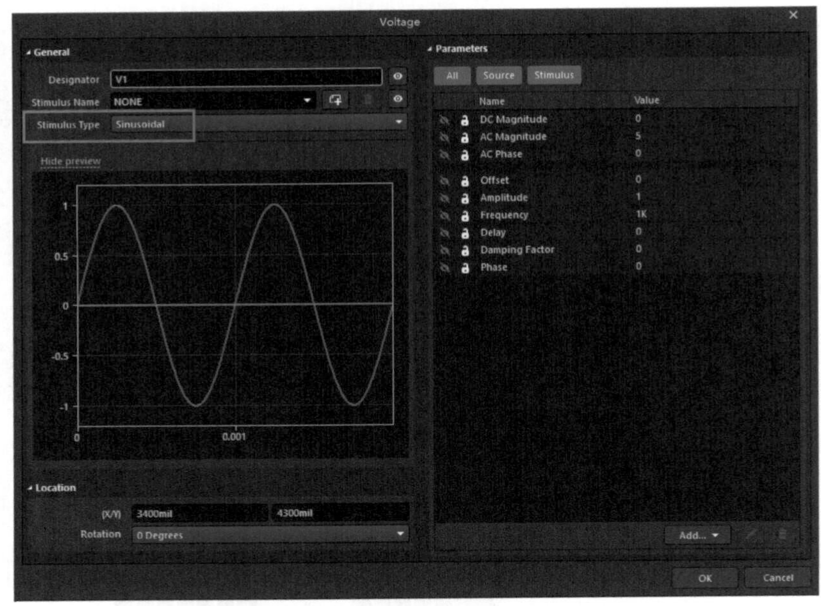

图6-3

- 在【Stimulus Name】(激励名称)字段中为激励源输入合适的名称。注意，在变更【Stimulus Type】时，由于【Stimulus Name】字段为用户自定义的字段，所以它保持不变。如果多个激励源共享一个【Stimulus Name】字段，那么对其中一个激励属性的改动也将应用于具有相同名称的其他激励源。
- 如果变更了【Stimulus Type】，但没有同时更新图形，此时可以直接从库中获得激励信号源的图形。
- 【DC Magnitude】(直流幅度)参数指定的直流电流值或电压值用于直流电路计算，【AC Magnitude】(交流幅度)和【AC Phase】(交流相位)参数用于频率计算，【Time】(时间)函数用于计算电流或电压的瞬态过程。

一、直流电压源和电流源设置

为直流电压源和电流源设置如下参数，如图6-4所示。

- DC Magnitude：直流幅度。
- AC Magnitude：交流幅度。
- AC Phase：交流相位。

二、正弦电压源和电流源的设置

正弦电压源和电流源的参数集与直流元器件/交流元器件的参数相类似，如图6-5所示，其应设置的参数如下。

图6-4

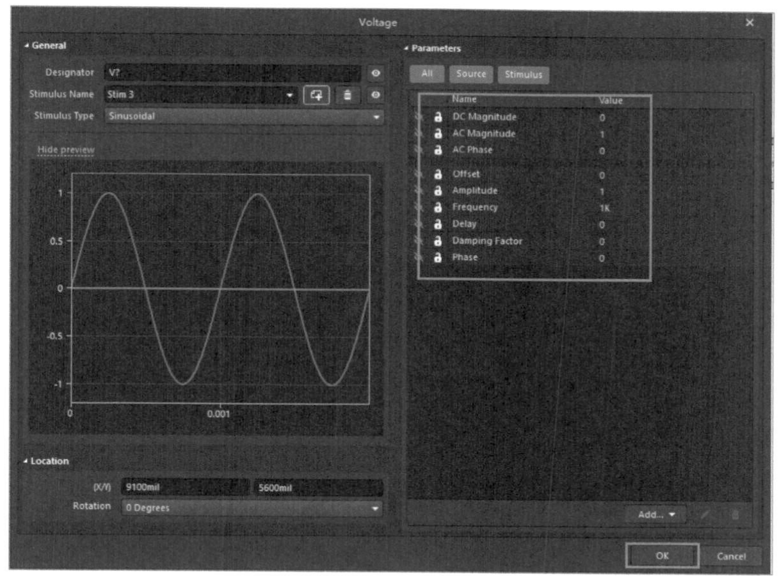

图6-5

- Offset：偏移量，信号的常量分量（用于瞬态计算）。
- Amplitude：幅度。
- Frequency：频率。

- Delay：延迟。
- Damping Factor：阻尼因子。

【Voltage】对话框包括一个预览部分，用于显示指定的参数信号，跟踪所做的更改，并验证其正确性。单击【Hide Preview】或【Show Preview】链接，可以隐藏或显示预览部分。

三、VPULSE激励源的设置

每种类型的激励源均有各自的参数集，如图6-6所示，VPULSE激励源应设置如下参数。

- Initial Value：输出信号的初始值。
- Pulsed Value：脉冲幅度。
- Time Delay：信号时延。
- Rise Time：信号上升时间。
- Fall Time：信号下降时间。
- Pulse Width：脉冲宽度。
- Period：信号周期。

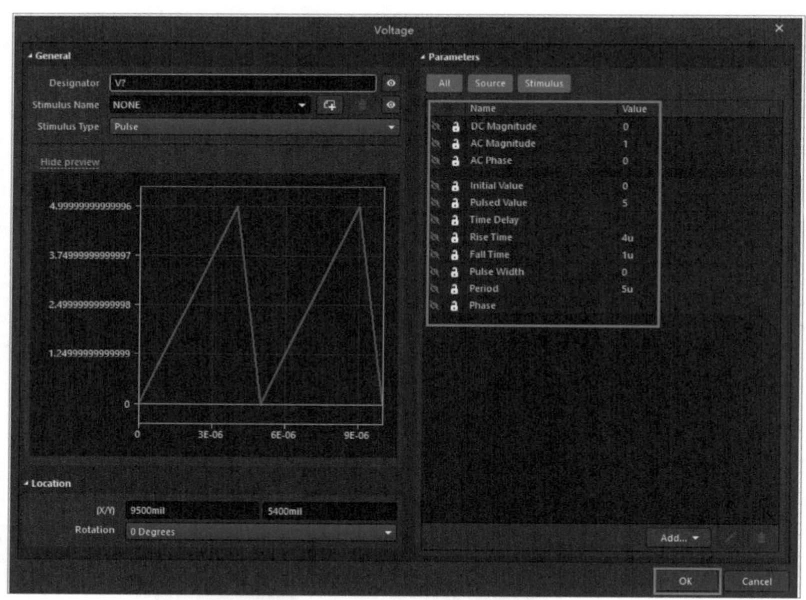

图6-6

当波形由用户自定义时，通常需要创建一个复杂的分段线性信号，此时可以使用带插值的VPWL和IPWL电压源/电流源，创建合适的【Time-Value Pairs】（时间对）来设置自定义激励信号源的参数，如图6-7所示。

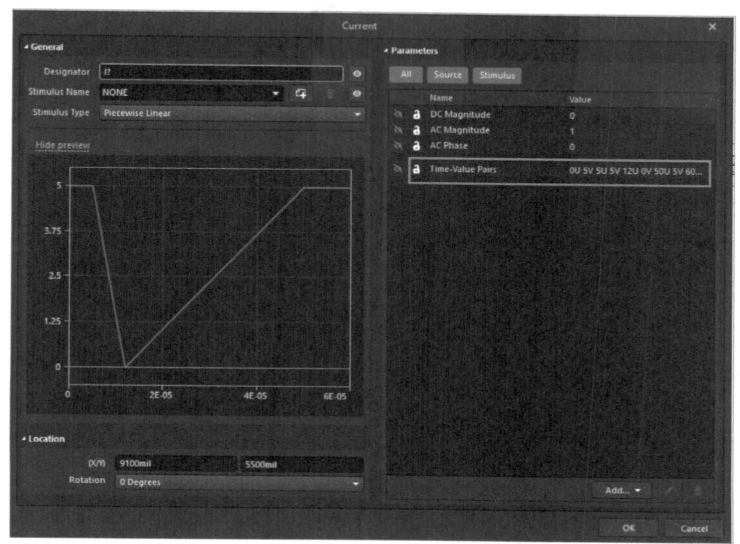

图6-7

6.3 通用仿真流程

创建原理图后的第一步是验证原理图和元器件模型，通过对原理图的仿真来验证电路的正确性。

在开始仿真之前，应先选定需要仿真的文档，它可以是活跃的原理图文档，也可以是由多个文件组成的项目文件，在【Simulation Dashboard】(仿真仪表板)面板顶部的【Affect】下拉列表中选择待仿真的文件。

利用混合信号仿真创建反映电路不同特性的图表，【Simulation Dashboard】面板是用于控制分析、定义视图和调整参数的面板，可通过【Simulate】菜单中的命令或单击【Panels】按钮打开该面板。

6.3.1 准备工作

进行电路仿真之前，需要确认仿真信号源是否已正确设置，并添加探针来测量电路内特定位置的电压、电流或功率，如图6-8所示。

每个激励信号源和探针都可以临时禁用，此特性允许在电路中的同一点上添加多个具有不同特性的激励信号源，然后在进行不同的仿真时，根据需要启用/禁用它们。

一、添加测量探针

探针用于测量电路上不同位置的电流值、电压值，跟踪电流值、电压值或功率值，并在绘图区域显示它们。在【Properties】面板中设置探针名称和对应Value，还可以隐藏或显示不同的探针，如图6-9所示。

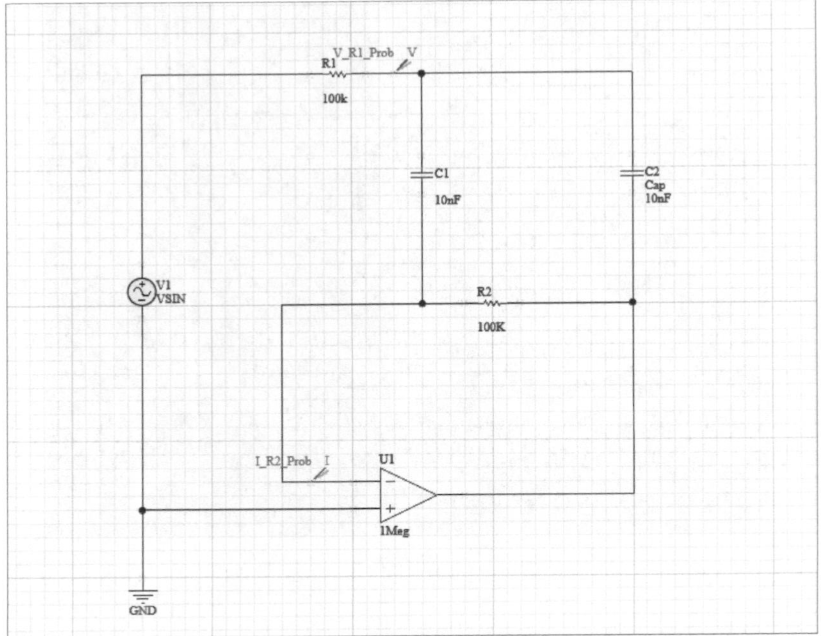
V_R1_Prob V
R1
100k
C1
10nF
C2
Cap
10nF
V1
VSIN
R2
100K
I_R2_Prob I
U1
1Meg
GND

图6-8

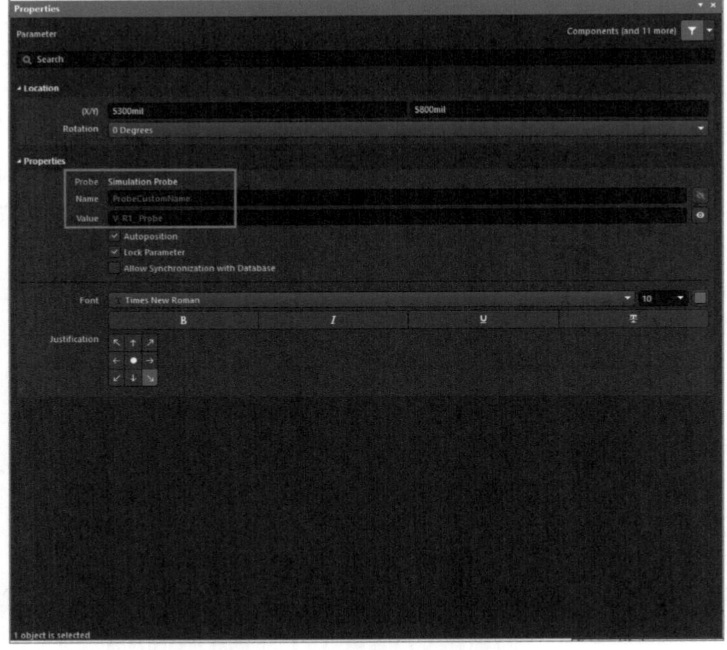
Properties
Parameter
Components (and 11 more)
Search
Location
(X/Y) 5300mil
5800mil
Rotation 0 Degrees
Properties
Probe Simulation Probe
Name ProbeCustomName
Value V_R1_Probe
Autoposition
Lock Parameter
Allow Synchronization with Database
Font Times New Roman
10
Justification
1 object is selected

图6-9

正确连接探针之后，软件会自动指定探针；如果连接不正确，将显示文本“Empty Probe”（空探针），如图6-10所示。

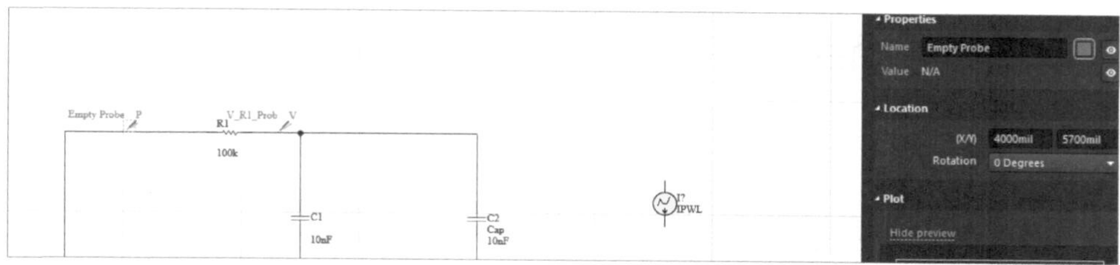

图6-10

二、分析的设置和运行

接下来需选择计算类型，设置好参数之后单击【Run】按钮，如图6-11所示，Altium Designer 22中可用的计算类型如下。

- 计算直流工作点。
- 计算直流扫描（DC Sweep）模式，包括电压、电流特性。
- 瞬态计算，瞬态是一个虚拟示波器。
- 频率分析，交流扫描，包括幅频特性和相频特性。

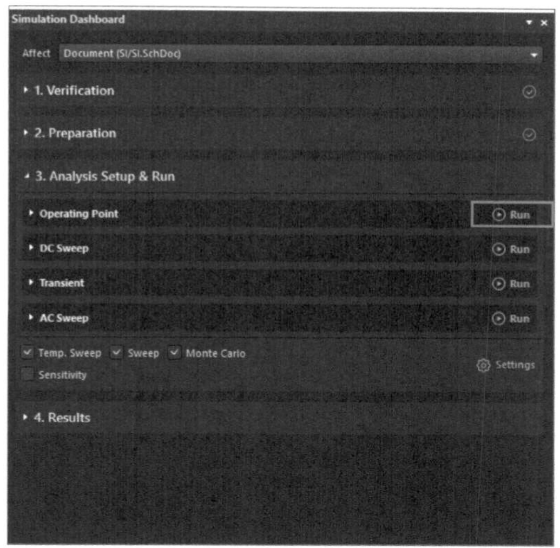

图6-11

（1）直流工作点分析。

直流工作点（Operating Point）分析用于计算稳态电路电流和电压平衡点的值、直流模式下的传输系数，以及在交流传递函数计算中需要用到的传递函数极点和零点。

单击Operating Point文本右侧的【Run】按钮进行直流工作点分析，此时会自动打开一个新的选项卡，并显示<ProjectName>.sdf文件。SDF文件中有一个Operating Point选项卡，显示在工作区底部，用于显示设置的探针点的全部计算值。电路中所有节点上的探针数值均通过自动计算得到。SDF文件激活之后，可以通过双击【Sim Data】面板中的【Wave Name】(波形名称)来将这些值添加到结果列表中，如图6-12所示。

(a) 单击【Run】按钮进行直流工作点分析

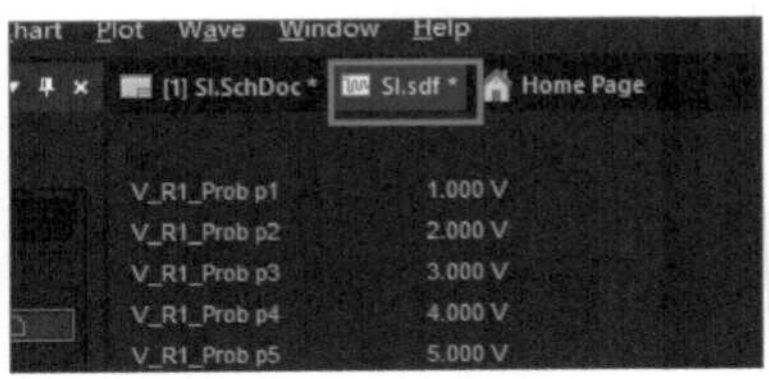

(b) 在打开的SDF文件中显示结果

图6-12

附加的Advanced(高级)计算参数会隐藏起来，如果需要启用并设置Advanced计算参数，应勾选相应的复选框。【Transfer Function】(传递函数)和【Pole-Zero Analysis】(零极点分析)选项的设置如图6-13所示。

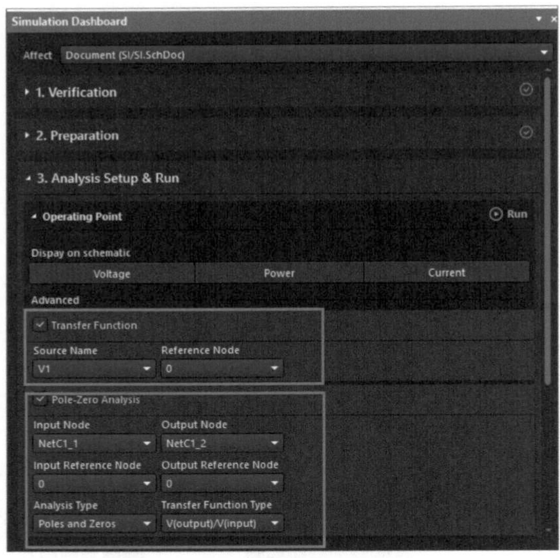

图6-13

- 传递函数：在直流模式下计算传递系数，应定义电压源(源名称)和电路的参考节点。
- 零极点分析：计算交流传输特性的极点和零点。为计算传递函数的零极点，应设置好【Input Node】/【Output Node】（输入、输出信号节点）、【Input Reference Node】/【Output Reference Node】（输入、输出参考节点）、【Analysis Type】（分析类型）和需要计算的【Transfer Function Type】（传递函数类型）等参数。

设置好后，单击【Run】按钮以进行直流工作点分析。

（2）直流扫描。

进行直流扫描，可以看到改变激励源和电阻值时电路中会发生的变化。

设置好参数和输出表达式之后，开始进行直流扫描。单击【+Add Parameter】（添加参数）链接以添加需要分析的激励源。在【From】【To】【Step】字段中指定激励源的初始值、最终值和步长，如图6-14所示。

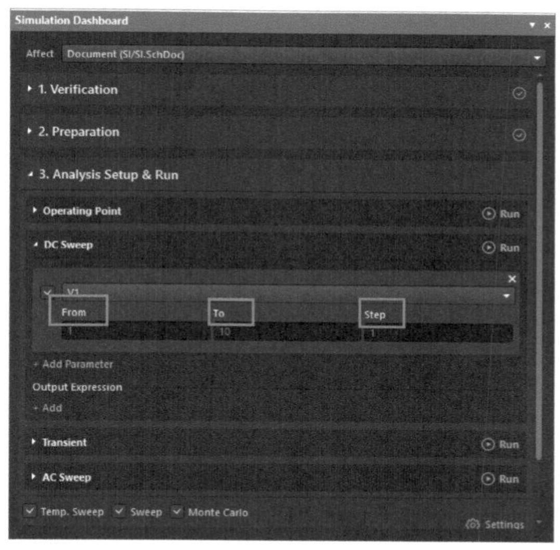

图6-14

单击【+Add】链接，添加其他输出表达式。可以手动添加输出表达式，也可以单击 ••• 按钮从【Add Output Expression】对话框的【Waveforms】下拉列表框中选择输出表达式，还可以使用【Functions】下拉列表框定义数学表达式，如图6-15所示。

在【Add Output Expression】对话框中，还可以设置如何将仿真结果绘制成图表，并在【Name】和【Units】字段中指定输出表达式的名称和度量单位；在【Plot Number】（绘图编号）和【Axis Number】（坐标轴编号）下拉列表中进行设置，将表达式添加到现有的图像和坐标轴中，创建新表达式的图像和坐标轴。完成设置之后，单击【Run】按钮进行直流扫描。

当进行直流扫描时，结果将显示在标记为直流扫描的SDF文件的选项卡中。图6-16显示了直流扫描结果，以及电阻器C2的引脚上的电特性（在图6-16的实例图像中显示）。

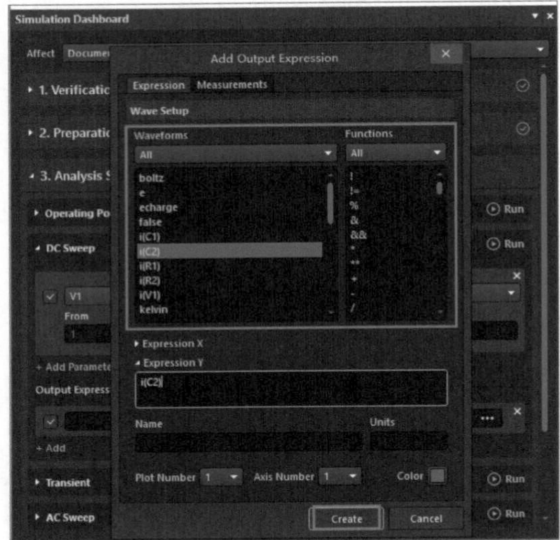

图6-15

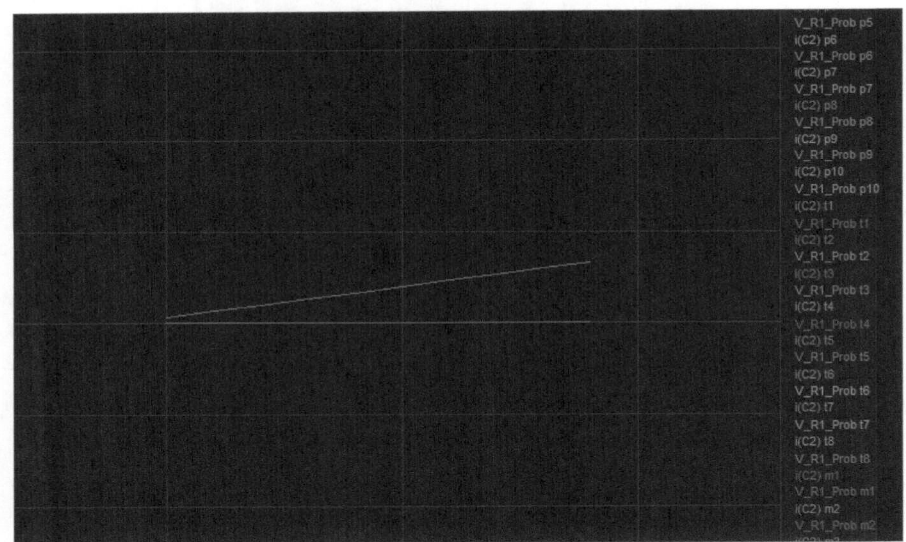

图6-16

（3）瞬态分析。

瞬态分析（Transient）计算信号对应时间的函数，单击按钮切换至所需的模式，进行瞬态分析。瞬态分析需定义数个具有相同时间间隔的时间周期，如图6-17所示。

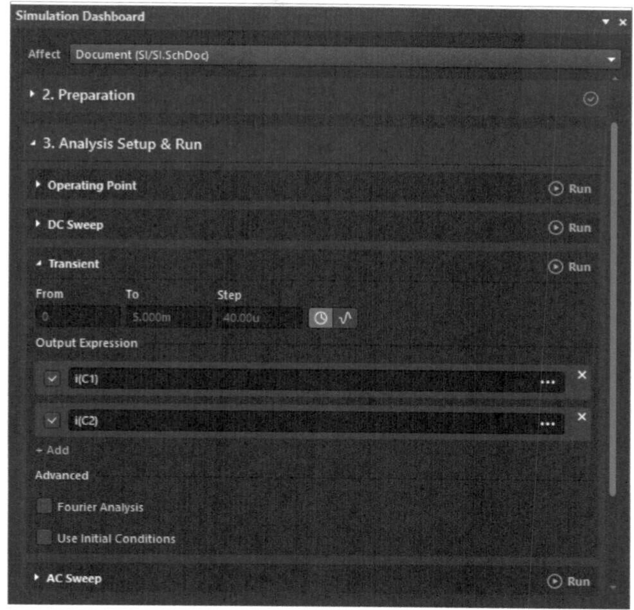

图6-17

- 时间间隔模式：选择时间间隔模式，定义【From】【To】【Step】等参数。
- 时间周期模式：选择时间周期模式，定义【From】【N Periods】【Points】【Period】（初始值、要显示的周期数、每个周期的点数）等参数。

单击【+Add】链接，在【Output Expression】字段中手动添加输出表达式。也可以单击按钮，从【Add Output Expression】对话框的【Waveforms】下拉列表框中选择需要添加的波形，还可以从中选择所需的信号。此外，可以使用【Functions】下拉列表框定义一个数学表达式。设置完成之后，单击【Run】按钮，进行瞬态分析。

（4）傅里叶分析。

傅里叶分析又称为谱分析，是一种分析周期波形的方法。在进行瞬态分析时，可以将它作为一个附加的分析来进行。要进行傅里叶分析，先要勾选【Fourier Analysis】复选框，然后设置【Fundamental Frequency】（基频）和【Number of Harmonics】（谐波数目）选项，如图6-18所示。

图6-18

勾选【Use Initial Conditions】(使用初始条件)复选框，使用瞬态计算的初始条件来进行傅里叶分析。设置完成之后，单击【Run】按钮进行傅里叶分析。

在Transient Analysis SDF文件中显示傅里叶分析结果，如图6-19所示。

图6-19

(5)交流扫描。

交流扫描计算用于确定系统的频响特性，即输出信号振幅与输入信号频率的关系。

在进行交流扫描计算之前，应指定好【Start Frequency】【End Frequency】(起始频率、结束频率)的值，以及【Points/Dec】(点数)，在【Type】下拉列表中选择分布类型的点数，如图6-20所示。选择输出表达式的方法与傅里叶分析中选择输出表达式的方法相似。

进行交流扫描计算时，可以从【Add Output Expression】对话框中选取【Complex Functions】(复函数)，如图6-21所示。

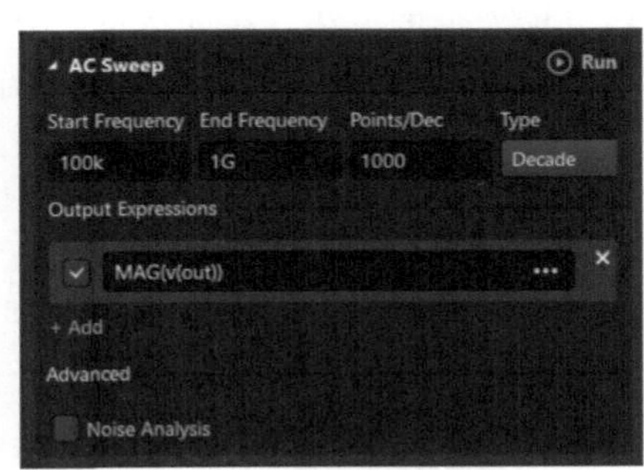

图6-20

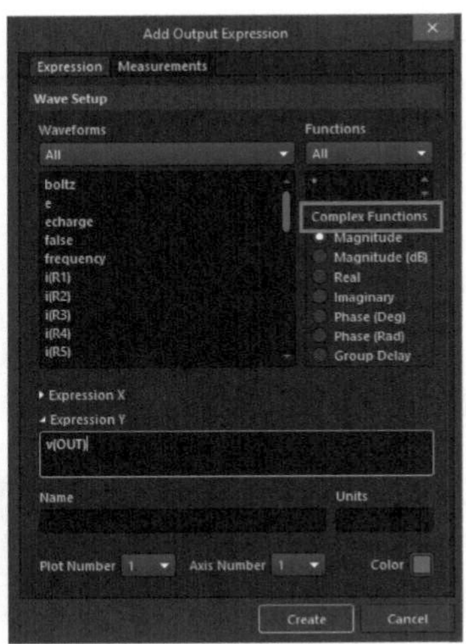

图6-21

（6）噪声分析。

交流扫描分析中有一个【Noise Analysis】（噪声分析）复选框。默认情况下，Altium Designer 22将隐藏噪声计算参数，只有在勾选【Noise Analysis】复选框之后，这些参数才可见，如图6-22所示。

- Noise Source（噪声源）：向电路中注入噪声的噪声源。
- Output Node（输出节点）：计算该输出节点上的噪声。
- Ref Node（参考节点）：相对于该节点的噪声。
- Points Per Summary（总和点数）：各设备生成噪声的频率。

图6-22

噪声分析的结果是生成一个单独的交流扫描选项卡，在其中显示输出信号振幅与输入信号频率的关系，如图6-23所示。

图6-23

（7）高级分析。

在【Simulation Dashboard】面板的底部有用于更改计算类型参数的选项。附加计算的原理是遍历选定范围内的所有参数值，对每个参数的每个值执行一次计算，可以通过勾选相应的复选框来启用附加的计算，如图6-24所示。

图6-24

在【Advanced Analysis Settings】(高级分析设置)对话框中可设置附加计算，单击【Settings】按钮可打开该对话框，如图6-25所示。

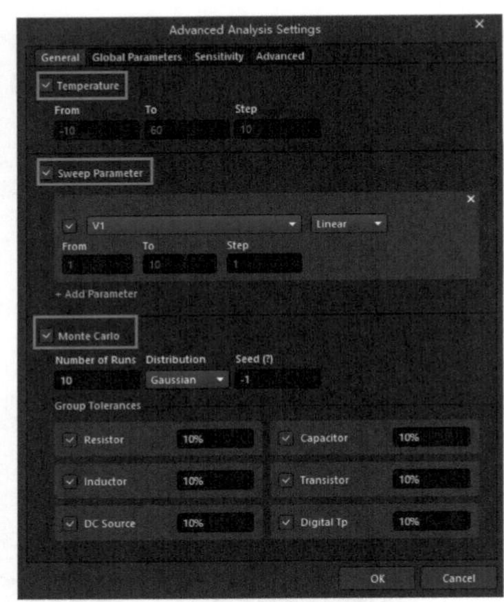

图6-25

(8)温度扫描。

温度扫描(Temperature Sweep)模式下的参数为温度，温度扫描的目的是模拟电路在不同温度下的行为，勾选【Temperature】(温度)复选框，定义温度的单位为摄氏度，同时设置好【From】(初始温度)、【To】(目标温度)以及【Step】(温度步长)选项，如图6-26所示。

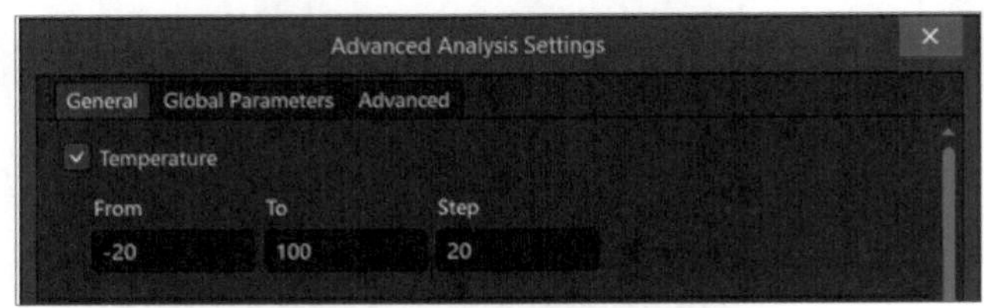

图6-26

举一个例子，使用温度扫描来计算电阻R1引脚上的直流工作点和直流扫描电压值，如图6-27所示。

（9）扫描参数。

在扫描参数（Sweep Parameter）模式下列举出的参数为该元器件的基本参数，例如，电阻器的电阻值、电容器的电容值等。

勾选【Sweep Parameter】复选框后，从下拉列表中选择需要更改参数的元器件，并指定初始值、最终值和步长，如图6-28所示。

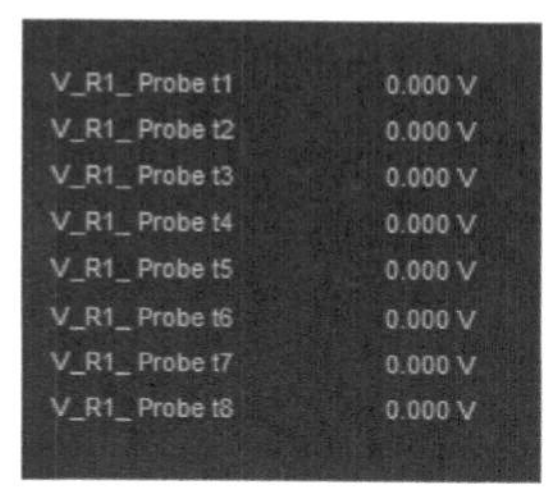

图6-27

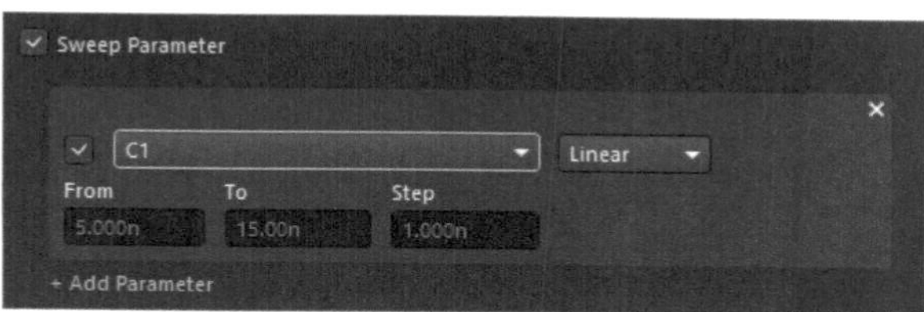

图6-28

图6-29所示为瞬态分析过程中电容的扫描参数值的图像。

图6-29

（10）蒙特卡罗。

蒙特卡罗（Monte Carlo）模式根据所选的分布类型来分析所选参数的随机变化影响。蒙特卡罗分析需要设置以下参数，如图6-30所示。

- Number of Runs：运行仿真的次数。
- Distribution：分布类型。
- Tolerances：公差，与设定参数值的最大偏差。

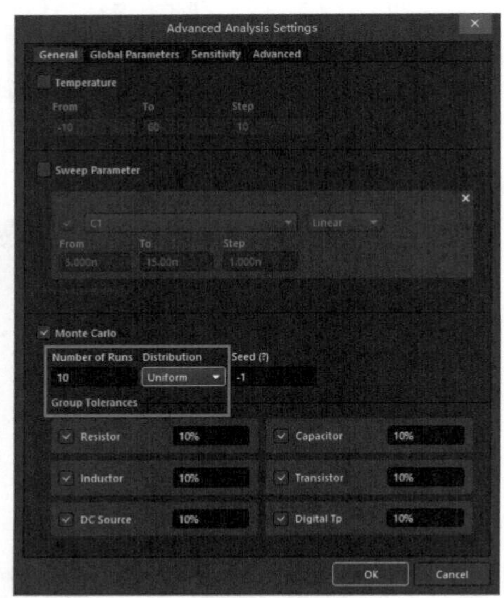

图6-30

在计算幅频特性时，可以采用均匀分布的蒙特卡罗方法，如图6-31所示。

图6-31

（11）高级SPICE选项。

高级SPICE选项在【Advanced Analysis Settings】对话框的【Advanced】选项卡中进行设置。单击【Simulation Dashboard】面板中的【Settings】按钮，打开【Advanced Analysis Settings】对话框，切换至【Advanced】选项卡，如图6-32所示。

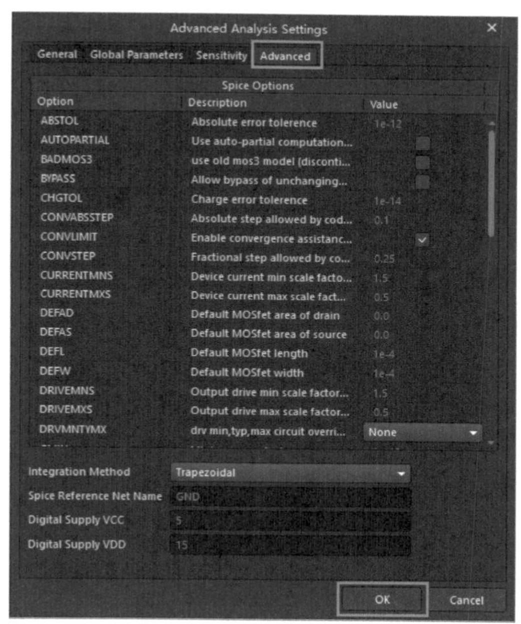

图6-32

6.3.2 运行所有分析

运行已经设置好参数的全部分析，并将分析结果显示在同一SDF文件中。选择原理图编辑器的【Simulate】菜单中的【Run Simulation】命令，如图6-33所示，或按F9键，每种分析类型的分析结果都将在SDF文件的独立选项卡中显示。

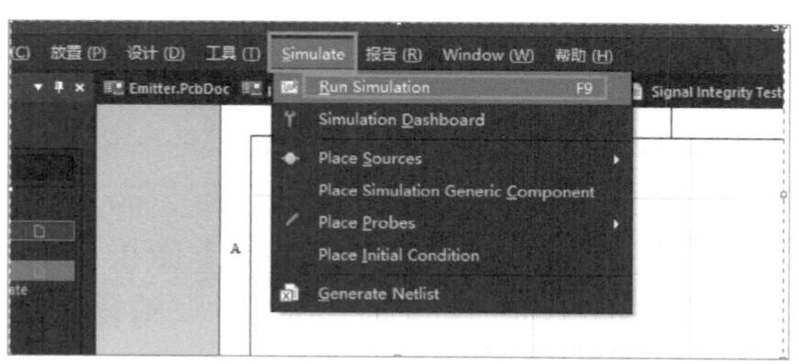

图6-33

6.3.3 仿真结果测量

分析仿真输出结果是仿真过程的一个重要组成部分，通常会测量仿真结果，测量值揭示了电路的复杂特性，并为电路的行为提供依据。

测量值是电路行为和质量的表征，通过评估电路中波形的特性，根据指定的规则计算电路特性测量值，可以测量的参数值包括带宽、增益、上升时间、下降时间、脉冲宽度、频率和周期等。

在【Add Output Expression】对话框的【Measurements】(测量值)选项卡中设置测量值，如图6-34所示，结果数据在【Sim Data】面板中显示。

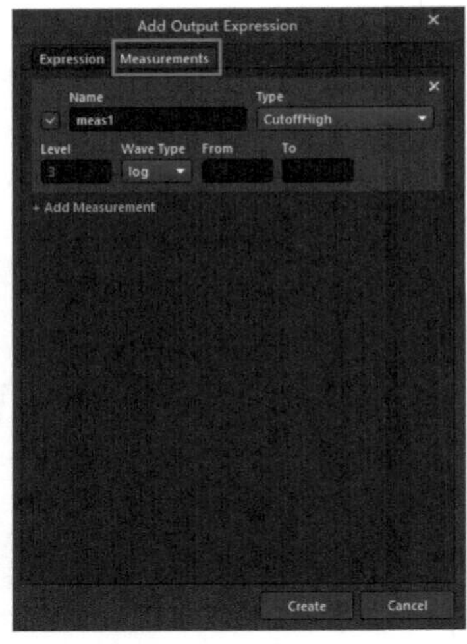

图6-34

一、处理测量结果

可以利用多种方法分析仿真测量结果，如图6-35所示，测量结果的处理包括但不限于如下内容。

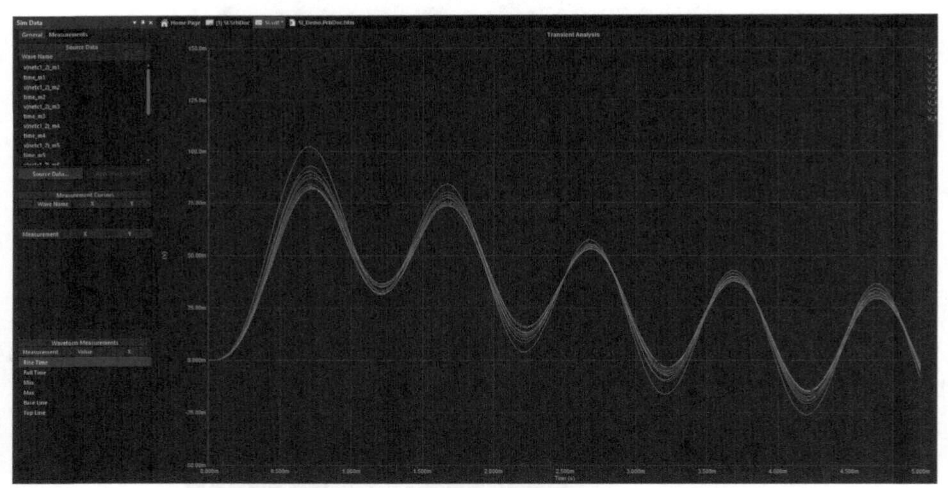

图6-35

- 测量类型：从【Types】下拉列表中选择所需的测量值。
- 测量统计：自动计算测量统计，并将它显示在【Sim Data】面板的下半部分。
- 在表格中显示测量结果：单击【Sim Data】面板中的【Expand the table】(展开表格)链接，在主SDF窗口中显示测量结果的完整表格。可将表格中的数据复制到其他应用程序的电子表格中。
- 结果的直方图：将测量结果生成一个直方图来可视化数据的分布，将鼠标指针悬停在图像上，将显示蒙特卡罗分析结果的直方图。

- 从测量中导出绘图：生成一个变量对应另一个变量的曲线图，如果对两个元器件执行了参数扫描，则可以绘制出二者之间的关系图。
- 图表显示：单击【Sim Data】面板的【Measurements】选项卡，在图表上显示测量游标，突出显示已完成测量的图表区域。
- 添加新的测量：单击【Sim Data】面板中的【Add】按钮，打开【Add Waves to Plot】对话框，添加新的测量。
- 编辑现有测量：单击【Edit】按钮，可编辑当前选定的测量，无须返回【Simulation Dashboard】面板中进行编辑。

二、灵敏度分析

利用灵敏度分析确定哪些电路元器件对电路的输出特性影响最大。依据灵敏度分析提供的信息，可以减小电路的负影响，或者通过提高正特性来提高电路的性能。灵敏度分析计算与电路元器件、模型参数有关的测量值对温度/全局参数的灵敏度，分析的结果为包含各种测量类型的灵敏度值的数据表。

在进行灵敏度分析之前，应设置好灵敏度测量值的范围。将交流扫描分析的输出表达式设置为【dB（v（OUT））】，并为该输出设置两个测量值——【BW】（带宽）和【MAX】（最大振幅），从而计算出这两个测量值的灵敏度。

在【Simulation Dashboard】面板中勾选【Sensitivity】（灵敏度）复选框，单击【Settings】按钮，打开【Advanced Analysis Settings】对话框，在该对话框的【Sensitivity】选项卡中勾选【Custom Deviations】复选框，如图6-36所示。

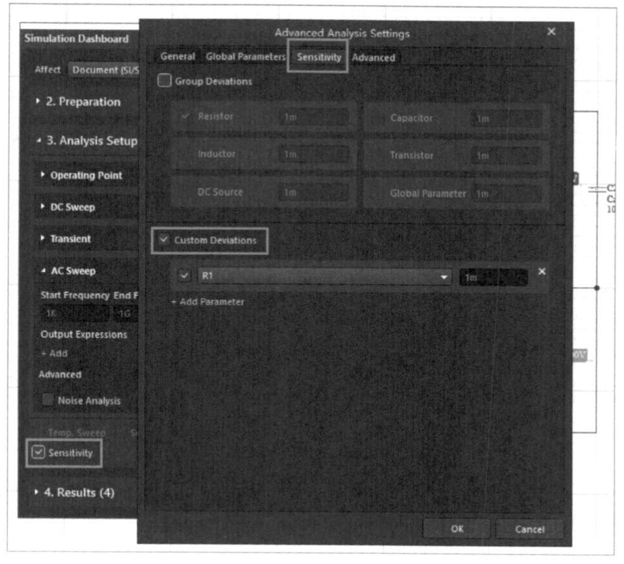

图6-36

设置好灵敏度之后，关闭【Advanced Analysis Settings】对话框，单击【Run】按钮进行分析。出现波形之后，会打开【Sim Data】面板，切换到【Measurements】选项卡，在其中选择所需的测量结果集，勾选【Sensitivity】复选框，切换到SDF窗口的【Sensitivity】选项卡。灵敏度结果将显示在表中，从表中可以快速识别出电路中灵敏度变化值最大的元器件。

6.4 仿真原理图设计

电路的仿真必须要进行几个强制性的步骤。在运行仿真之前，应对电路进行电气设计规则检查。只有在满足所有设计规则和要求的情况下，才能成功对电路实现仿真，若所有设计都满足，【Simulation Dashboard】面板将显示绿色的标记图标，表示验证已经成功。激活原理图表之后，再到原理图编辑器主菜单中选择【Simulate】/【Simulation Dashboard】命令来打开【Simulation Dashboard】(仿真仪表板）面板，如图6-37所示。

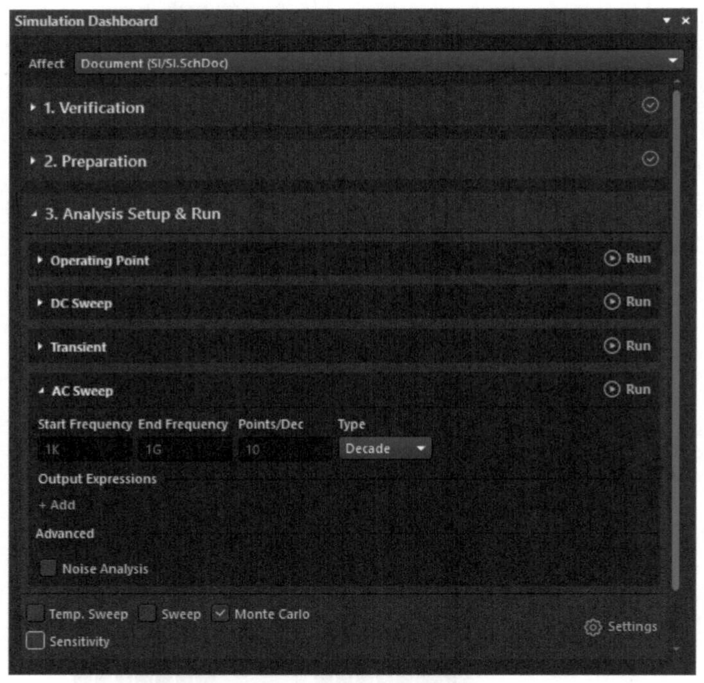

图6-37

6.4.1 仿真仪表板

在【Simulation Dashboard】面板设置和驱动混合信号电路仿真器。

【Simulation Dashboard】面板提供以下信息。

- 验证信息：确认已经通过电气设计规则检查，并且所有元器件都有仿真模型，标记缺失模型的元器件或仿真源问题，并提供链接来解决这些问题。
- 预仿真准备信息：列出仿真源和探测器，添加其他源或探针。
- 分析设置和运行：快速设置所需的分析类型和需要绘制的输出表达式，运行仿真。
- 结果：检查之前的分析运行情况，双击以重新打开波形，或使用菜单访问其他内容。

可以通过【Simulation Dashboard】面板设置电路、生成网表，然后通过【Run】菜单运行仿真，如图6-38所示。

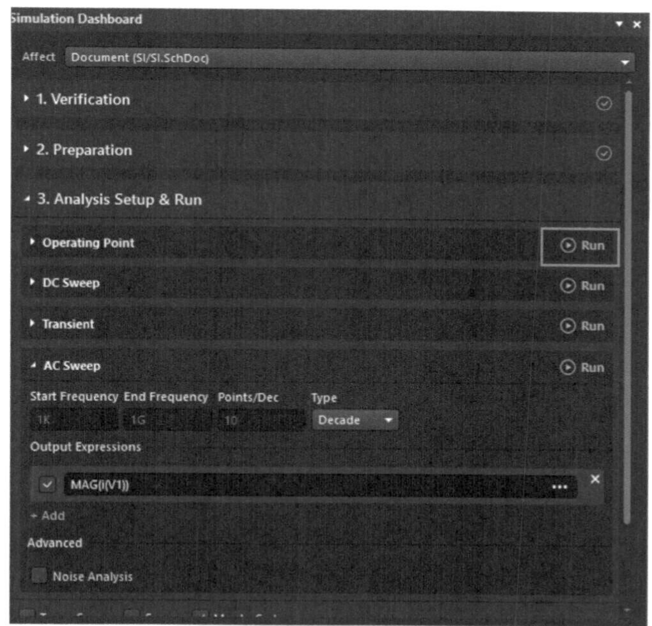

图6-38

6.4.2 成功实现电路仿真的必要条件

成功实现电路仿真有以下几个必要条件。

- 仿真中使用的原理图必须是项目*.PrjPcb的一部分，如果创建的原理图图纸没有链接到项目中，则【Simulate】菜单中的【Run Simulation】命令将处于非活跃状态，无法使用【Simulation Dashboard】面板。
- 至少有一个电压源、电流源或信号源。如果没有激励源，仍然可以进行仿真，但准备阶段的【Simulation Dashboard】面板中将出现要求添加激励源的通知消息。

- 原理图必须包含一个GND网络，也就是说，必须包含一个零电势的节点，仿真引擎可以将它作为参考节点。如果没有此参考节点，则无法实现仿真。当缺少零电势参考节点时，【Simulation Dashboard】面板的验证部分将显示一个警告。在活跃工具栏中设有放置GND节点的工具，相关工具还可以用来放置其他不同值、样式和形式的电源端口。
- 原理图中的每个元器件都必须有一个有效的模型，原理图编辑器可以从仿真库中调用待放置元器件的模型，也可以直接在原理图上从自定义库中调用待放置元器件的模型。如果元器件缺少模型，【Simulation Dashboard】面板的验证部分将出现一个警告，当模型中出现错误时，也会出现类似的警告。

6.4.3 原理图中元器件的获取

元器件和模型可以以离散文件的形式存储，也可以存储到Altium Designer 22工作区中，如Altium 365。可使用基于文件的元器件和模型来实现为元器件添加仿真模型。

一、基于文件的元器件库和模型

为了使用基于文件的库和模型，应先安装这些文件。为此，单击【Components】面板顶部的按钮，选择【File-based Libraries Preferences】命令，如图6-39所示，打开【可用的基于文件的库】对话框，将本地库和模型添加到【Components】面板中。

在【已安装】选项卡的【已安装的库】列中选择所需的本地文件。与其他库安装类似，勾选库和模型的顺序决定了软件使用它们的顺序，可使用【上移】和【下移】按钮来更改安装顺序，如图6-40所示。

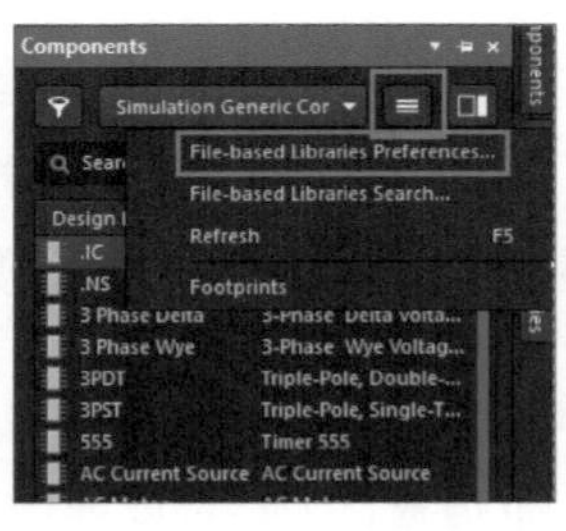

图6-39

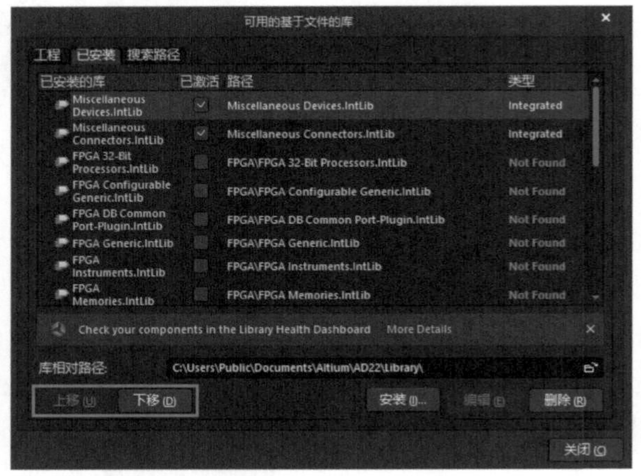

图6-40

（1）放置准备仿真的元器件。

可以利用以下3种方法之一将本地或云库中的元器件放置到原理图上。

- 右击元器件，从快捷菜单中选择【Place】命令，如图6-41所示。
- 双击面板中的元器件。
- 将元器件从面板中拖到一个打开的原理图文档中。

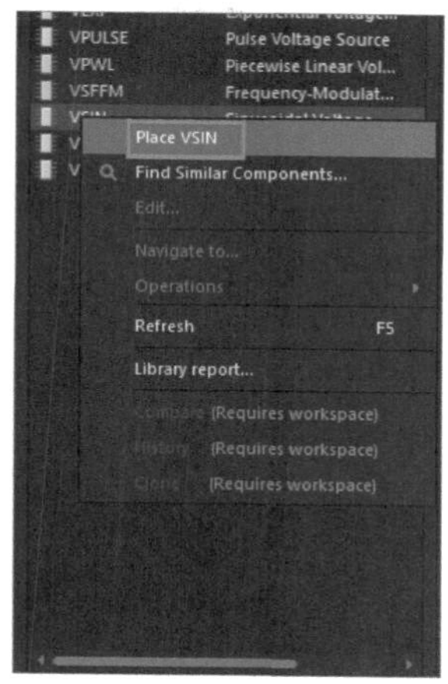

图6-41

如果使用的库中某些元器件带有仿真模型、某些元器件没有带仿真模型，启用【Components】面板中的Simulation列，从中找到适合仿真的元器件。右击【Components】面板中的列标题，从快捷菜单中选择【Select Columns】（选择列）命令，在【Select columns】对话框中选择【Simulation 】和【Sim Note】选项，如图6-42所示。

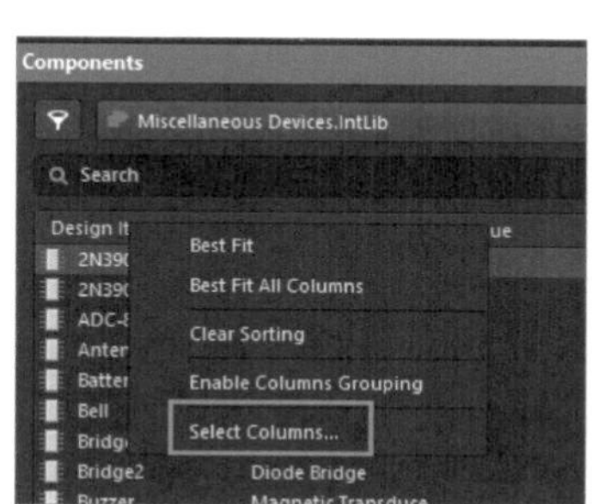

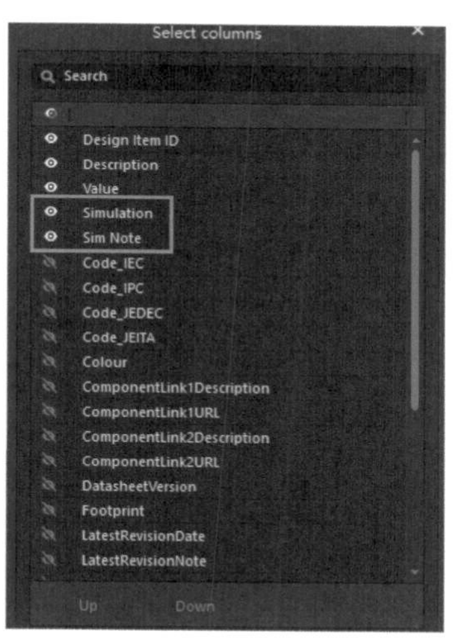

图6-42

如果库中的元器件已经添加了仿真模型，则可以在【Sim Model】对话框中查看仿真模型的详细信息，如图6-43所示。

（2）在原理图上放置只有模型的元器件。

如果只有仿真模型，没有模型对应的元器件，也可以将仿真模型放置到原理图上，此时，Altium Designer 22会分析仿真模型，并在仿真通用元器件库中找到合适的符号，离散的元器件对应一个适合该类型元器件的符号，由子电路建模的元器件对应一个简单的矩形符号。表6-1列出了Altium Designer 22支持的模型类型和对应仿真通用元器件库符号。

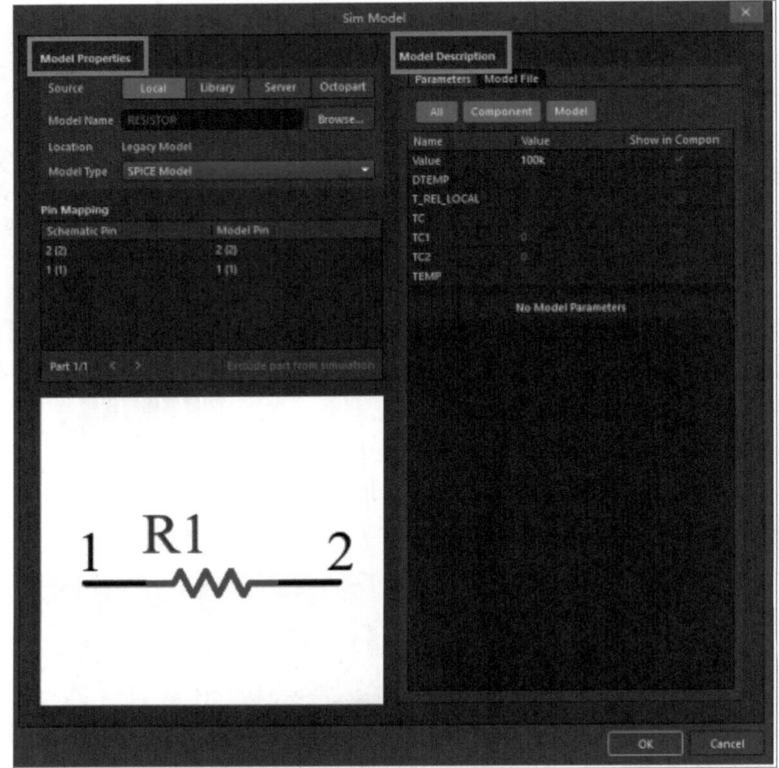

图6-43

表6-1　Altium Designer 22支持的模型类型和对应仿真通用元器件库符号

元器件名称	模型类型	元器件库符号
电阻	.MODEL<model name >RES	Resistor
电容	.MODEL<model name >CAP	Capacitor
电感	.MODEL<model name >IND	Inductor
二极管	.MODEL<model name >D	Diode
NPN 双极性三极管	.MODEL<model name >NPN	BJT NPN 4 MGP
PNP 双极性三极管	.MODEL<model name >PNP	BJT PNP 4 MGP
NJF 场效应管	.MODEL<model name >NJF	JFET N-ch Level 2
PJF 场效应管	.MODEL<model name >PJF	JFET P-ch Level 2
NMOS　MOS 管	.MODEL<model name >NMOS	MOSFET N-ch Level 1
PMOS　MOS 管	.MODEL<model name >PMOS	MOSFET P-ch Level 1

二、通过【Manufacturer Part Search】面板放置仿真就绪元器件

在【Manufacturer Part Search】(制造商元器件搜索)面板，设计师可以访问来自数千个元器件制造商的数百万个元器件。该面板包含电源参数筛选器，还包含一个仿真模型筛选器，只显示出包含仿真模型的元器件，如图6-44所示。

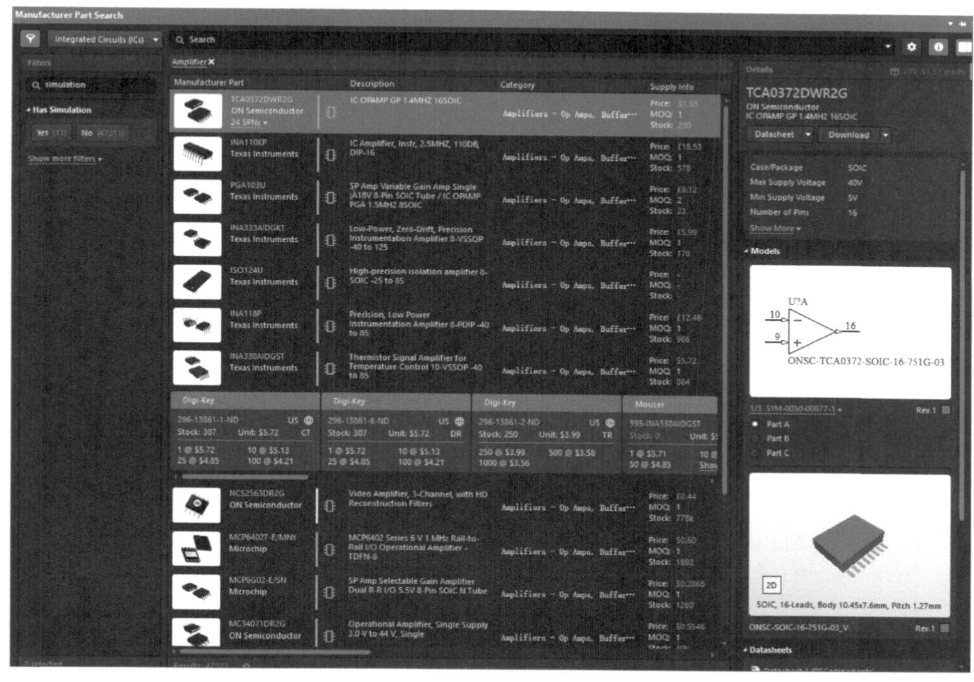

图6-44

此时，仿真模型尚未将模型引脚定义映射到物理元器件的引脚，因此Altium Designer 22将应用默认的引脚映射，即模型引脚1映射到物理引脚1。如果此映射不正确，仿真将会失败或无法正常工作。

为解决这一问题，Altium Designer 22提供了一个功能，当启用该功能时，会自动用通用元器件符号替换现有的元器件符号。此通用元器件符号是在放置期间创建的一个简单矩形，其引脚将自动映射到相应的模型引脚之上。如需使用此功能，可在【优选项】对话框的【Simulation】/【General】选项中勾选【Always Generate Model Symbol for Manufacturer Part Search Panel Using Simulation Model Description】(为制造商元器件搜索面板搜索到的元器件生成模型符号)复选框，如图6-45所示。

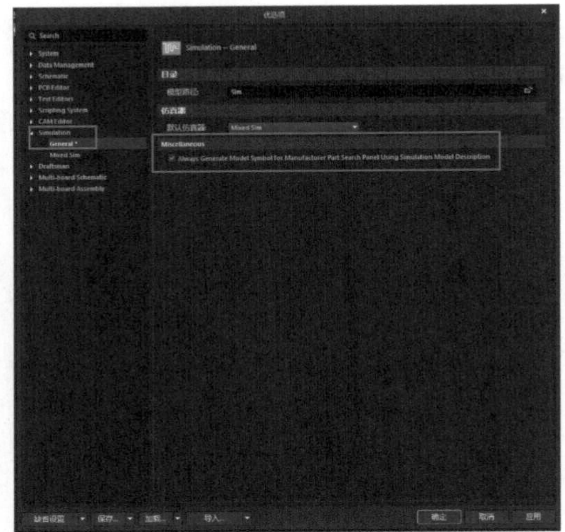

图6-45

6.4.4 为原理图中的元器件添加仿真模型

使用【Properties】面板查看放置在原理图上的元器件附带的仿真模型。单击【Models】按钮，在面板的【Parameters】部分指定当前模型。

如果需要将仿真模型添加到元器件中，单击【Parameters】部分底部的【Add...】按钮，选择【Simulation】选项；打开【Sim Model】对话框，在此对话框中选择模型，进行原理图符号引脚到模型引脚的映射，如图6-46和图6-47所示。

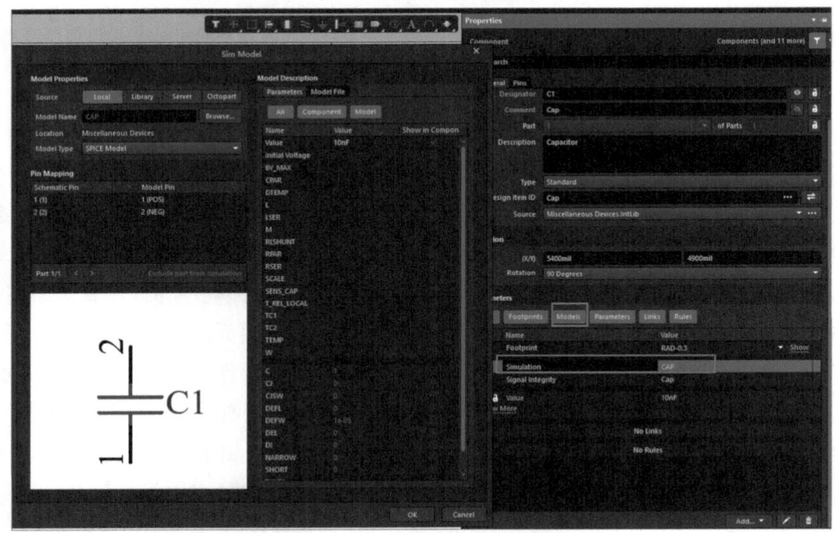

图6-46

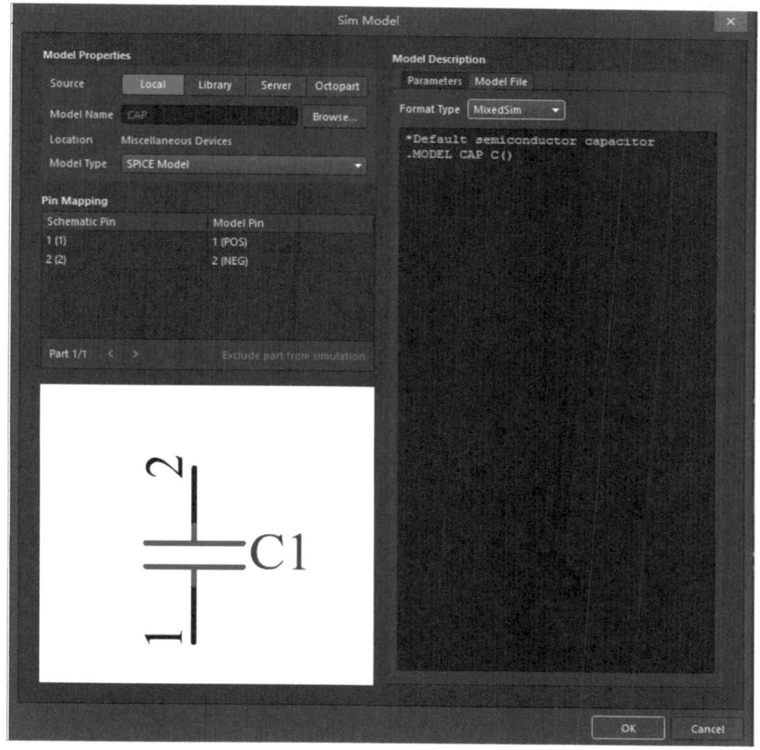

图6-47

一、选择模型的来源

在单击【Browse...】（浏览）按钮选择模型之前，应设置【Source】选项，【Source】选项决定了Altium Designer 22具体执行什么操作。

- Local（本地）：选择此选项可以浏览存储在本地硬盘驱动器或网络服务器上的模型文件。
- Library（库）：选择此选项可以浏览【可用的基于文件的库】对话框提供的模型。
- Server（服务器）：选择此选项可以浏览位于已连接的Altium工作区中的模型。
- Octopart（搜索引擎）：选择此选项可以浏览【Manufacturer Part Search】对话框；启用对话框的【Filter】（筛选器）部分，搜索并启用【Has Simulation】（带有仿真模型）过滤器，返回包含仿真模型的元器件；再使用搜索字段进行搜索，并查看所需的元器件模型是否可用。

二、浏览并选择模型

选择好源后，单击【Browse...】按钮选择模型文件，不同数据源对应不同的对话框，4种源模式下打开的对话框不同，在打开的对话框中选择SPICE模型文件。

选择好模型文件之后，会显示模型文件包含的文本、参数等信息，显示模型的兼容性和可操作性。这些信息在【Sim Model】对话框的【Model Description】（模型描述）部分显示。切换到【Model File】（模型文件）选项卡，检查模型的内容。

与此同时，应确认模型【Format Type】（格式类型）选项是否设置正确。Altium Designer 22会自动检测和分配它，并确认它的正确性。

三、将模型引脚映射到元器件符号引脚

为了能正确地操作模型，应检查元器件引脚和模型引脚是否已经相互关联，实现二者引脚之间的一对一映射。大多数模型文件在文本中包含了对模型引脚号的描述，如图6-48所示，利用它可将每个模型引脚映射到正确的元器件符号引脚。

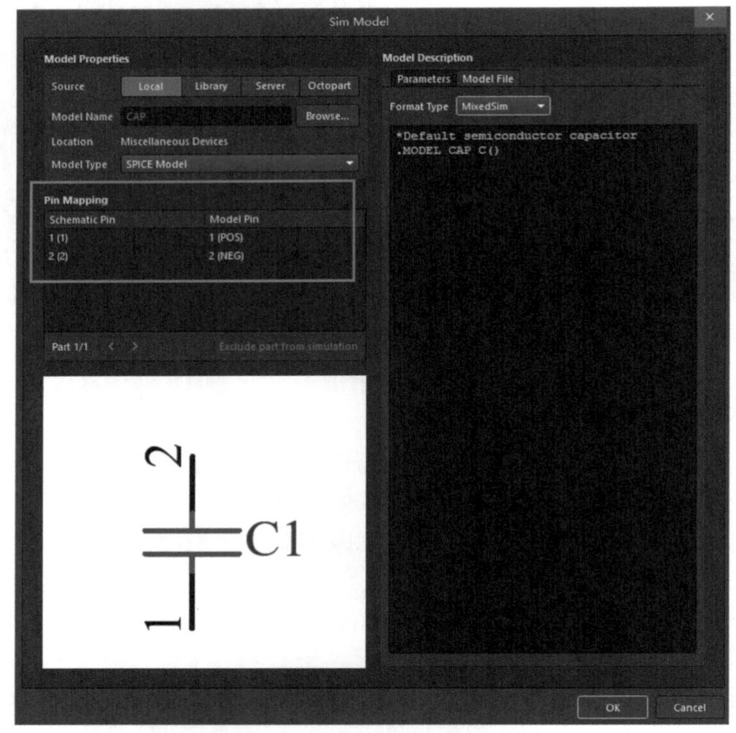

图6-48

四、创建新的模型文件

对于某些型号的元器件，制造商和供应商会提供可下载的文本文件，有些时候，模型细节会以文本的形式显示在网页上。在这种情况下，可以在Altium Designer 22中创建一个新的模型文件，将网页中的内容复制粘贴到新的模型文件

中。选择【文件】/【新的】/【混合信号仿真】子菜单中的命令，创建一个新的模型文件，如图6-49所示，然后将模型文件信息复制粘贴到模型编辑器中。

图6-49

五、在原理图编辑器中添加模型

除了可以将模型添加给已放置在原理图上的元器件之外，还可以将模型添加到原理图编辑器中的元器件上。可以在原理图编辑器中实现这一操作，元器件模型列表位于原理图编辑器的下方，右击元器件，在快捷菜单中选择【Add】/【Simulation】命令以添加仿真模型，如图6-50所示。

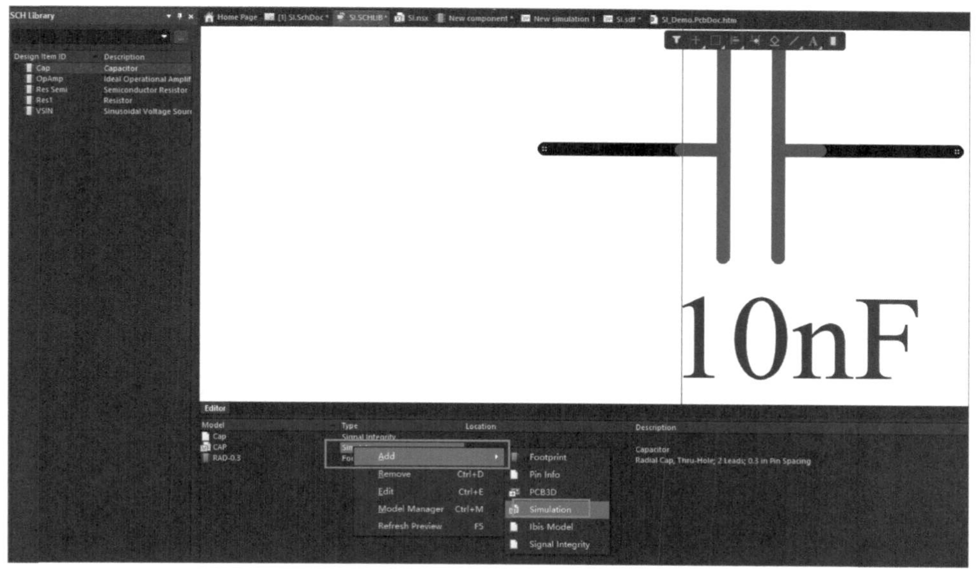

图6-50

打开【Sim Model】对话框，将【Source】设置为【Library】，单击【Browse...】按钮，选择元器件模型文件的源位置，如图6-51所示。

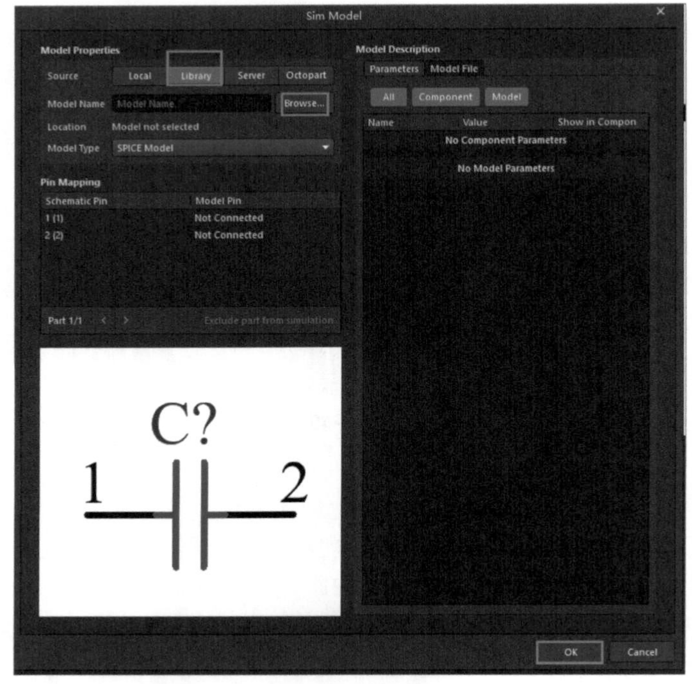

图6-51

注意，必须已经在【Components】面板中安装好了模型文件，并且它作为活跃项目的一部分，否则它不会显示在可用模型列表中。

浏览并定位所需的模型，设置好【Model Name】和【Location】字段，模型详细信息将显示在对话框右侧的【Model File】选项卡中，设置好相关选项后，单击【OK】按钮，将模型添加到元器件上。

将仿真模型添加给元器件之后，它会显示在原理图编辑器下方的元器件模型列表中，将所做的更改存盘，如图6-52所示。

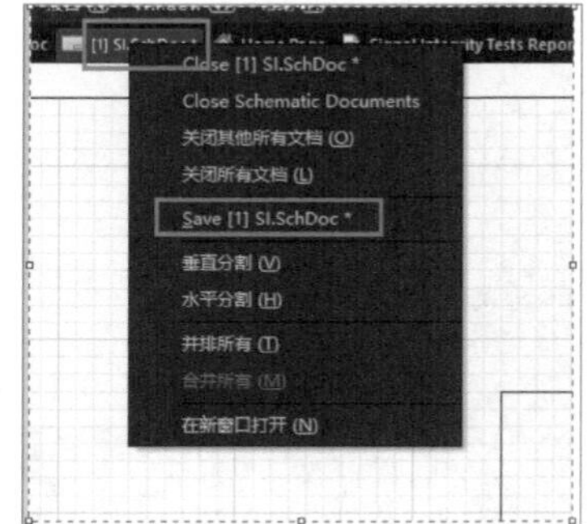

图6-52

6.5 运行仿真

运行已经设置好参数的全部分析，并将分析结果显示在同一SDF文件中。选择原理图编辑器中【Simulate】菜单的【Run Simulation】命令，如图6-53所示，或按F9键，每种分析类型都将在SDF文件中的独立选项卡中显示。

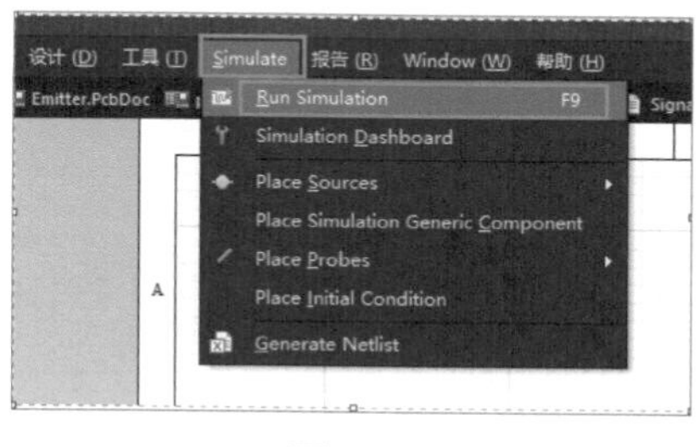

图6-53

6.6 结果显示和分析

每种计算类型的仿真分析结果都显示在以SDF窗口命名的选项卡中，每次执行仿真时，都会打开该选项卡。当所有的计算同时运行时（按F9键，或选择【Simulate】/【Run Simulation】命令），单击打开的SDF文件底部的选项卡可以实现绘图之间的切换，如图6-54所示。

每种分析类型都显示在同一SDF文件中。如果希望以后再查看和编辑它们，则可以右击工作区顶部的文档选项卡，选择【Save】命令，如图6-55所示。如果希望运行不同类型的分析并保存为单个SDF文件，选择【文件】/【另存为】命令，为不同的SDF文件设置唯一的名称。

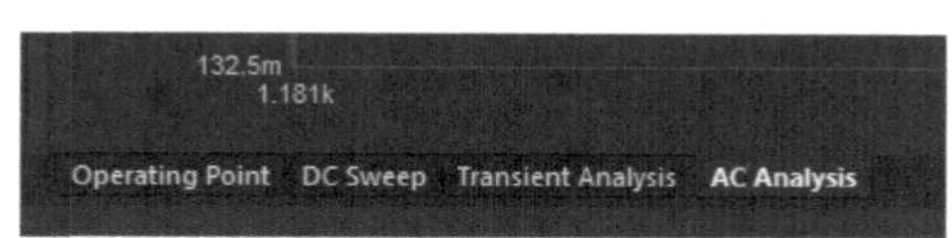

图6-54

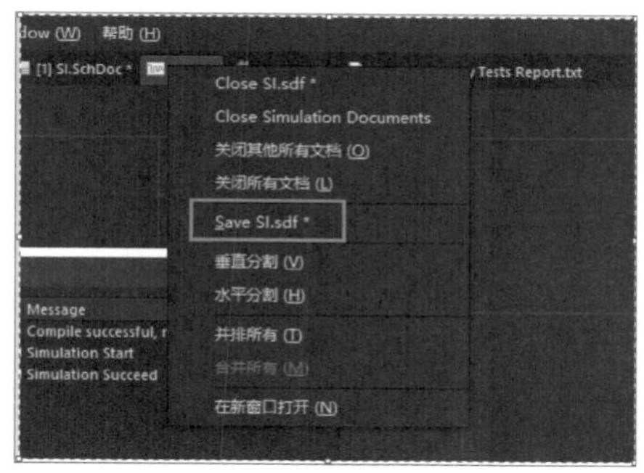

图6-55

保存的所有仿真结果都显示在【Simulation Dashboard】面板的【Results】部分。如果需要重新打开特定的绘图，单击•••按钮并从菜单中选择【Show Results】命令，如图6-56所示，或双击分析名称。该菜单还可用于编辑图表标题和描述，在【Analysis Setup & Run】部分恢复绘图设置，删除设置结果。

还可以锁定特定仿真结果。仿真结果被锁定之后，再次运行相同类型的仿真之后，将保存为一个新的结果，并在名称中附加一个数字后缀，如图6-57所示。

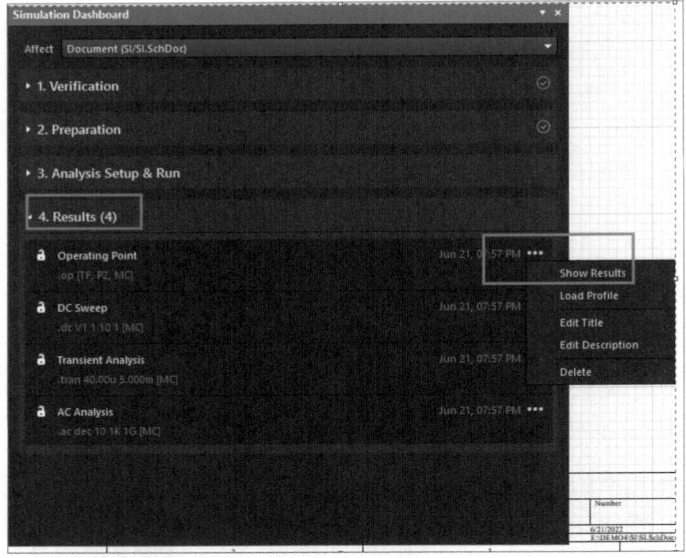

图6-56

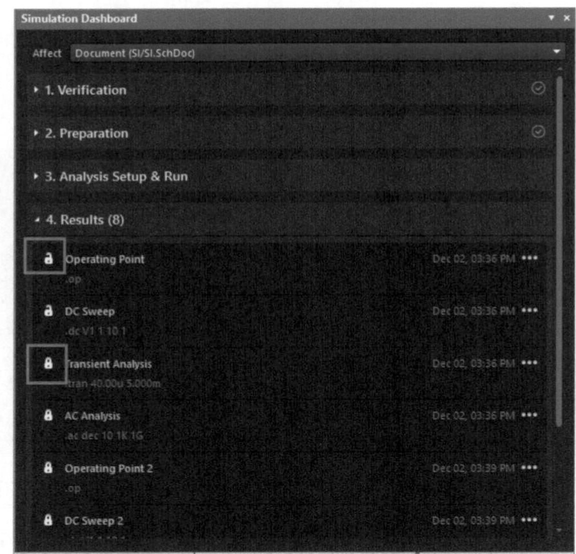

图6-57

6.7 使用绘图

图6-58显示了分析结果波形中的各种元素。

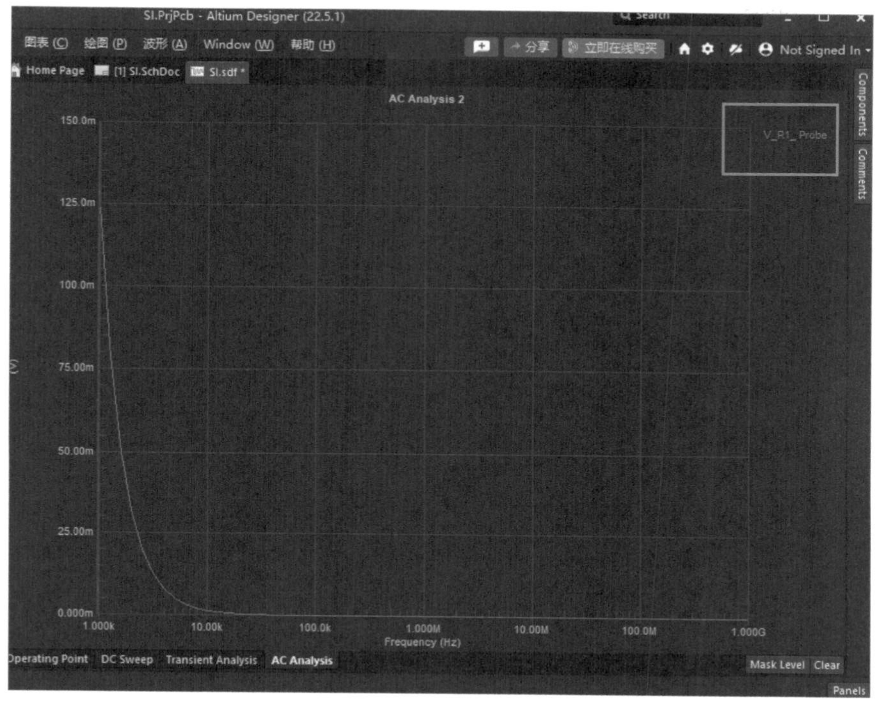

图6-58

【Waveform Analysis】窗口中的操作要点。

- 按住鼠标左键将波形从一个绘图拖到另一个绘图中。
- 要在新的独立坐标图上显示现有波形，可双击波形名称，然后在【Edit Waveform】对话框的【Plot Number】(绘图编号)下拉列表中选择【New Plot】(新建绘图)选项。之后，可根据需要修改可见的绘图数量。
- 双击绘图中的任意位置以打开【Plot Options】(绘图选项)对话框，从中可以设置绘图的标题、栅格线和线样式。
- 双击坐标图的某个轴，标记并设置该轴。
- 双击图表标题以打开【Chart Options】(图表选项)对话框，在该对话框中命名图表，设置启用当前光标对应图表的信号名称。
- 要放大查看绘图的细节，可以按住鼠标左键拖出选择框以定义新查看区域。如需恢复视图，右击，选择【Fit Document】(适配文档)命令。
- 从主菜单中选择【工具】/【文档选项】命令，打开【文档选项】对话框，在其中可以设置颜色、各种波形、图表和绘图元素(包括数据点)的可见性，以及定义FFT长度。

使用瞬态过程的早期特征来演示如何处理绘图，如图6-59所示。

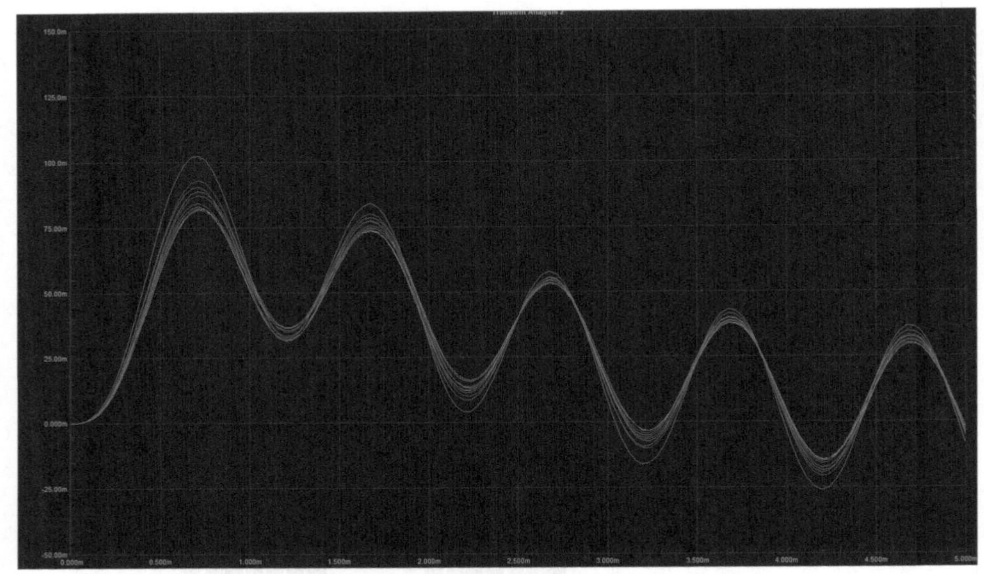

图6-59

单击图中的一个信号将其选中，再次单击信号可以取消选中。右击信号名称，弹出的快捷菜单中包含一组用于编辑所选信号的命令，如图6-60所示。

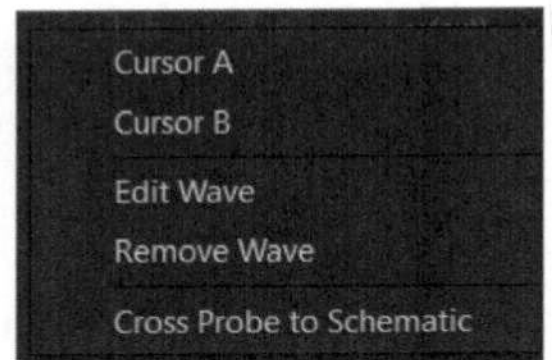

图6-60

6.7.1 测量游标

可以同时设置两个游标，并沿着x轴移动它们。可以在窗口的下方显示游标和绘图的交集坐标，也可以在图的下方显示测量细节。右击，选择【Chart Options】命令来设置游标，如图6-61所示。

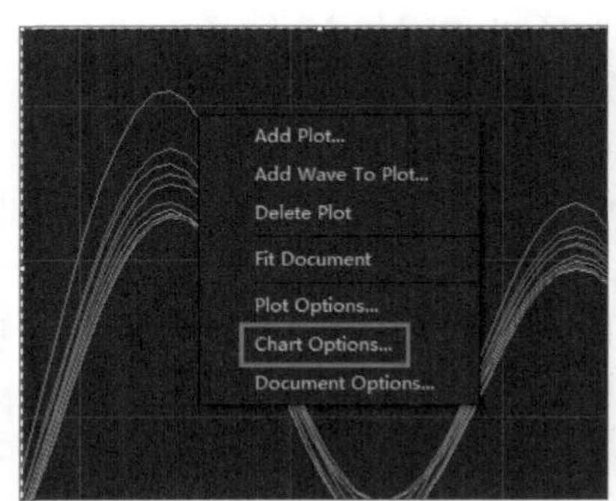

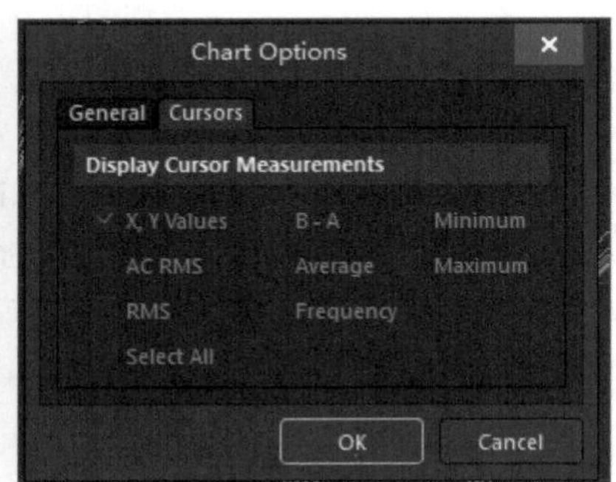

图6-61

游标还可用于测量波形的各种参数，打开【Sim Data】面板，其中显示从两个游标的当前位置计算出来的测量值。可以利用游标对波形进行测量，测量结果也显示在【Sim Data】面板中。

右击，从菜单中选择【Edit Wave】命令，如图6-62所示，打开【Edit Wave】对话框，在其中编辑已显示的信号。

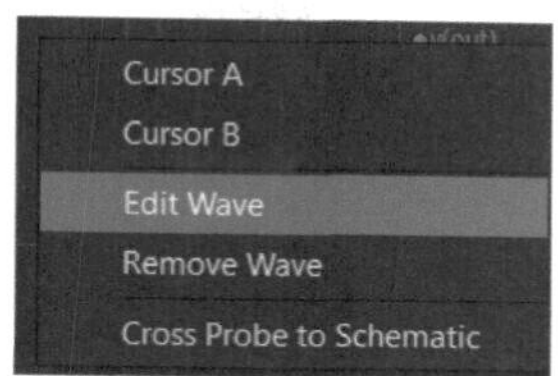

图6-62

6.7.2 定义数学表达式

利用【Add Waves To Plot】对话框定义数学表达式。选中波形之后，选择不同的【Functions】，为选中的波形构建表达式。利用【Name】字段赋予表达式有意义的名称。此外，还可以更改所显示波形的【Units】和【Color】选项，如图6-63所示。

在坐标图的任何位置右击，弹出快捷菜单，使用其中的命令可以将波形添加到现有坐标图（Add Wave to Plot）、添加新坐标图（Add Plot）、删除坐标图（Delete Plot）、设置各种选项，以及恢复坐标图的视图（Fit Document）等，如图6-64所示。

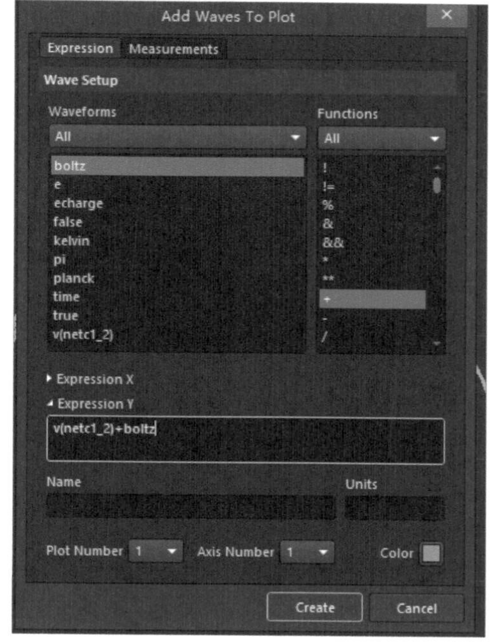

图6-63

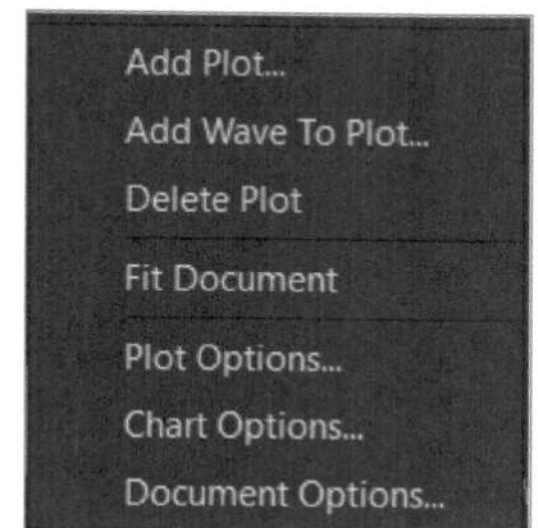

图6-64

6.7.3 添加新坐标图

按照以下步骤添加新坐标图。

在坐标图的任何位置右击，选择【Add Plot】命令，打开【Plot Wizard】对话框，为坐标图命名，如图6-65所示，并设置好栅格。单击【Add】按钮，从可用的波形中选择一个波形。新坐标图被添加到图表中后如图6-66所示。

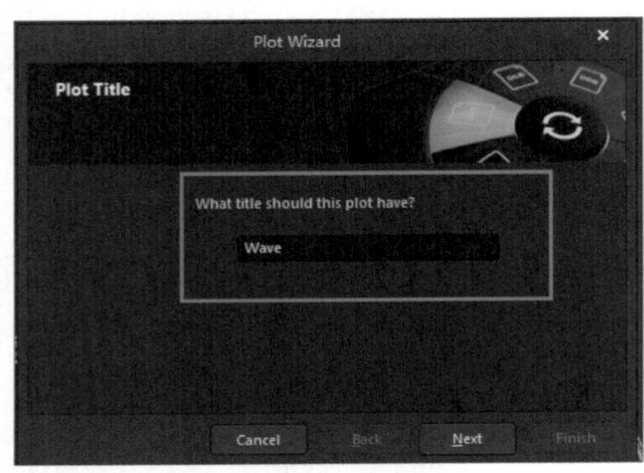

图6-65

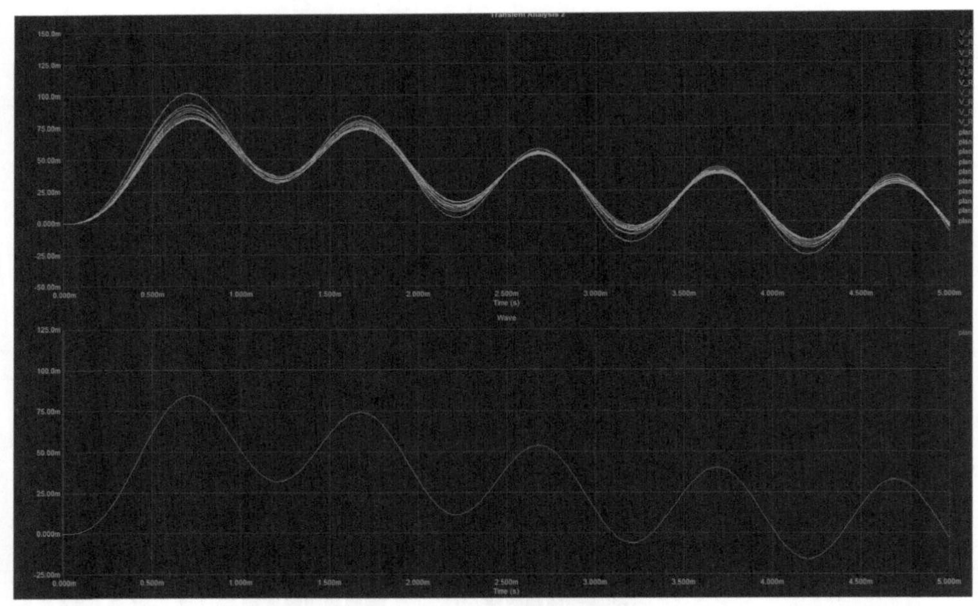

图6-66

6.8 SPICE网表

SPICE网表是电路的文本表示，它包含电路中所有必要的参数元器件、元器件模型、连接和分析类型。Altium Designer 22仿真引擎可以直接处理SPICE网表。因为SPICE网表是在设计原理图时自动创建的，原理图的图形表示可以简化仿真时网络列表的创建过程，所以完成了原理图设计，就不再需要手动创建SPICE网表，从而简化了仿真过程并减小了潜在错误的发生概率。

元器件和接插件的规范要求用一种特殊的语法来描述电路，尽管很复杂，但也有它的优点，那便是可以直接从SPICE网表或原理图中进行电路仿真。

从当前原理图生成仿真网表。从主菜单中选择【Simulate】/【Generate Netlist】命令，或者从主菜单中选择【文件】/【新的】/【混合信号仿真】/【AdvancedSim网络表】命令，如图6-67所示，创建一个新的空网表。

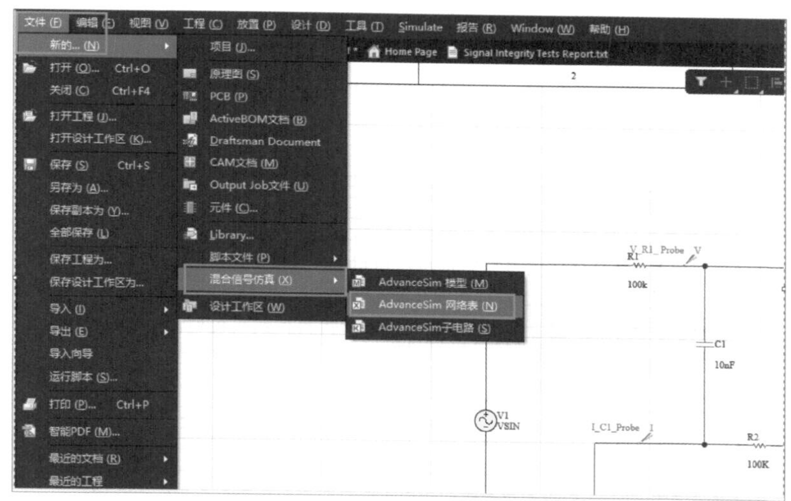

图6-67

参考图6-68中的网表示例，理解网表文件的真实含义，该网表对应图6-69所示的原理图。

- 开头带“*”的行是注释，为辅助文本。
- CC1 NetC1_1 NetC1__2 10nF为元器件描述。

CC1：元器件名称。

NetC1_1 NetC1__2：元器件引脚连接到的网络，在本示例中，电容器的第一个引脚连接到电源，第二个引脚连接到运放的输出。

10nF：元器件大小值。

- VV1 NetR1_1 0 DC 0 SIN(0 1 1K 0 0 0)AC 5 0：信号源描述。

VV1：元器件名称。

NetR1_1：元器件连接引脚。

SIN(0 1 1K 0 0 0)：输出信号参数，包括初始值、脉冲值、时间延迟、上升时间、下降时间、脉冲宽度、周期。

AC 5 0：信号源参数，包括DC、AC、phase。

- . PLOT AC {MAG(i(V1))} =PLOT(1)=AXIS(1)：以绘图的形式显示信号。
- *Selected Circuit Analyses：选定的电路分析。
- .TRAN 40.00u 5.000m 0 40.00u ：选择的计算类型（瞬态计算）和计算参数（开始时间、结束时间、步长）。
- *Models and Subcircuits：型号和子电路。
- .SUBCKT IdealOpamp_3nodes In+ In- Out PARAMS: GAIN=1Meg：三节点的理想运算放大器，输入In+和In-；输出Out。
- E1 Out 0 In+ In- {Gain}：理想运算放大器，一个输出，两个输入，参数为增益。
- R1 In+ In- 1e12：链接到所使用的运放模型。
- .END：文档结束。

```
SI
*SPICE Netlist generated by Advanced Sim server on 2022/6/21 20:41:30
.options MixedSimGenerated

*Schematic Netlist:
CC1 NetC1_1 NetC1_2 10nF
CC2 NetC2_1 NetC1_2 10nF
RR1 NetR1_1 NetC1_2 100k
RR2 NetC1_1 NetC2_1 100K
XU1 0 NetC1_1 NetC2_1 IDEALOPAMP_3NODES PARAMS: GAIN=1Meg
VV1 NetR1_1 0 DC 0 SIN(0 1 1K 0 0 0) AC 5 0

.PLOT AC {MAG(i(V1))} =PLOT(1) =AXIS(1)
.PROBE {V(NetC1_2)} =PLOT(1) =AXIS(1) =NAME(V_R1_ Probe) =UNITS(V)

*Selected Circuit Analyses:
.DC V1 1 10 1
.AC DEC 10 1K 1G
.TRAN 40.00u 5.000m 0 40.00u
.TF V(NetC1_1)
.TF V(NetC1_2)
.TF V(NetC2_1)
.TF V(NetR1_1)
.PZ  0  0 VOL PZ
.OP
.CONTROL
TOLGROUP Resistor DEV=10% Uniform
TOLGROUP Capacitor DEV=10% Uniform
TOLGROUP Inductor DEV=10% Uniform
TOLGROUP Transistor DEV=10% Uniform
TOLGROUP DcSource DEV=10% Uniform
TOLGROUP DigitalTp DEV=10% Uniform
MC 10 SEED=-1
.ENDC

*Models and Subcircuits:
* OPAMPS
*------------------------------------------------------------------------------
.SUBCKT IdealOpamp_3nodes  In+ In- Out PARAMS: GAIN=1Meg
E1 Out 0 In+ In- {Gain}
R1 In+ In- 1e12
.ENDS

.END
```

图6-68

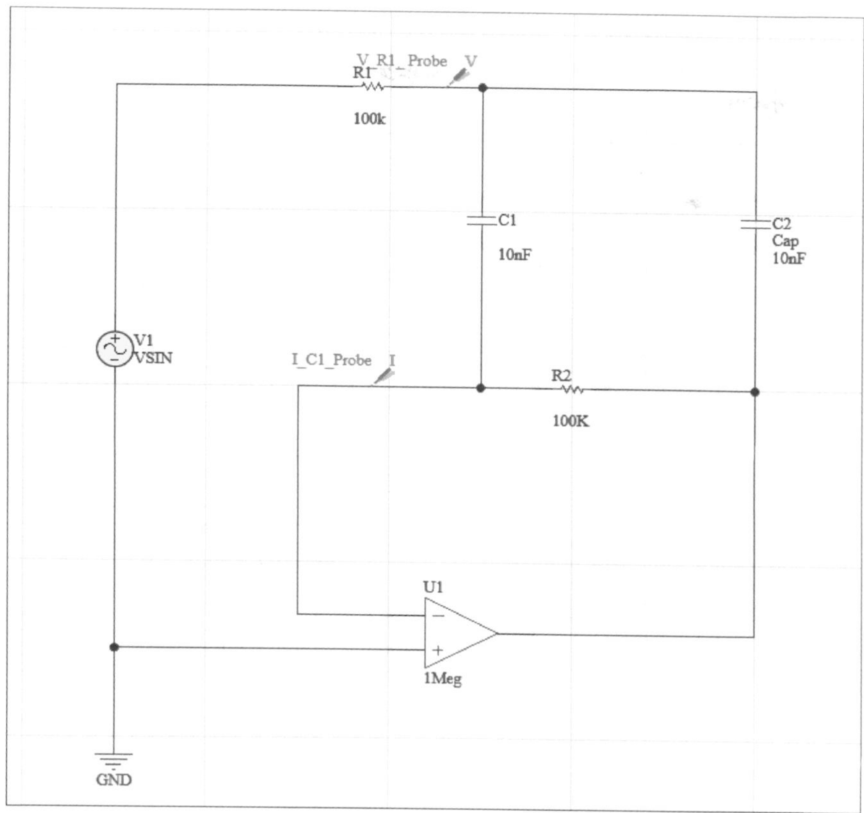

图6-69

选择【仿真】/【Run】命令，或按 F9 键，直接从打开的SPICE网表中运行仿真，如图6-70所示。

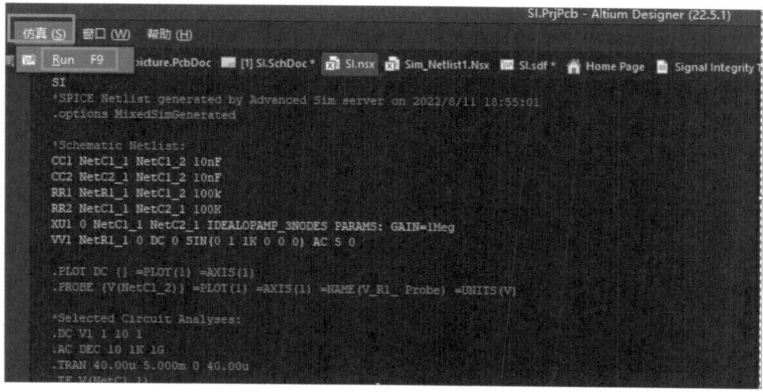

图6-70

直接从打开的SPICE网表中运行仿真得到的结果与使用原理图和【Simulation Dashboard】面板运行仿真得到的结果相同，如图6-71所示。

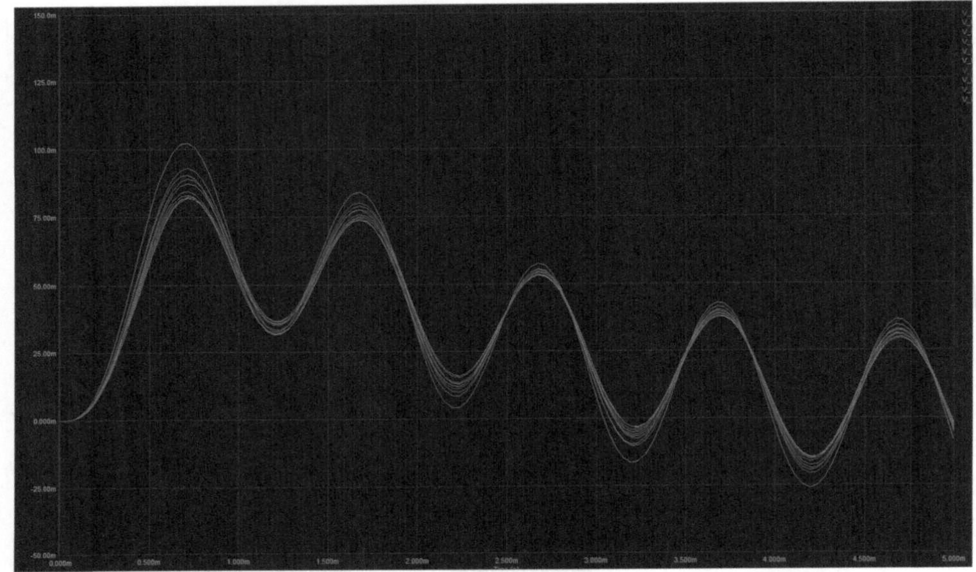

图6-71

第7章 高速PCB设计

绝大多数PCB遇到的SI问题，通常与高速数字设计有关。高速PCB的设计和布局往往会受到SI、电源完整性（Power Integrity，PI）、电磁干扰（Electromagnetic Interference，EMI）和电磁兼容性（Electromagnetic Compatibility，EMC）等的影响。高速PCB的设计虽然没有统一的标准，但如果能遵循高速板设计的一些常用规则，则可以大大降低问题的发生概率，从而提高最终产品的性能。

创建好原理图并通过原理图验证之后，便可以着手PCB布局。高速PCB设计对元器件布局和布线有特殊的要求，需要在层堆叠过程中考虑电源平面和地平面、走线的阻抗和PCB材料等诸多因素。高速PCB设计围绕着PCB堆叠设计和走线展开，以确保信号和电源的完整性。

7.1 高速PCB设计简介

什么是高速PCB设计？高速PCB设计特指设计在元器件之间传递高速数字信号的电路。高速PCB设计和简单PCB设计之间没有明确的分界线，用来将一个特定的系统表示为“高速”的一般度量标准是系统中数字信号的跳变沿速率（或上升时间）。通常，当数字电路的速率达到或者超过50MHz，而且这部分速率的信号占到了整个系统的三分之一以上时，便称该数字电路为高速PCB。在高速PCB设计中，布局尤为重要，其合理性直接关系到后续的布线、信号传输的质量、EMI、EMC、静电释放（Electro-Static Discharge，ESD）等，关系到产品设计的成败。

大多数数字设计是高速（快跳变沿速率）和低速（慢跳变沿速率）的混合数字系统。在这个嵌入式计算和物联网的时代，大多数高速PCB都有一个无线通信网络的射频前端。设计高速PCB时，需要对PCB层叠和阻抗做精密的计算，在此基础上选择一定厚度的PCB材料。在布局阶段，需对元器件的布局做综合考量，在布线时应考虑SI和PI。和普通电路设计相比，高速PCB设计应综合考虑SI和EMC等诸多因素，对EDA工具也相应提出了更高的要求。

Altium Designer 22将高速PCB设计会用到的多种功能集成到了一起，利用层叠管理器和设计规则的定义等前端设计，很好地解决了SI、PI、EMI等。与此同时，Altium Designer 22结合了仿真功能，实现了工业级别的SI分析，在生产制造PCB之前，确保了设计的高速PCB符合SI、PI、EMI的设计要求。当需要设计一款高速PCB时，工作重点主要集中在互连设计、PCB堆叠设计和布线上。

7.2 高速PCB堆叠设计和阻抗计算

高速PCB堆叠设计决定了阻抗和走线的难易程度。高速PCB堆叠设计包括一组专门用于高速信号的信号层、电源层和地平面层，在层堆叠分配过程中，应考虑以下几点。

- PCB大小和网络数量：PCB的面积有多大，需要在PCB上布多少网络；如果PCB的物理空间比较大，能布下全部的网络，便无须添加额外的信号层。
- 走线密度：在网络数量多且板尺寸有限的情况下，需要添加额外的内部信号层；PCB尺寸越小，走线密度便越高。
- 接口数量：应确保每层上只布一到两个接口，将信号布在同一层的高速数字接口中，以确保信号的阻抗和延迟的一致性。
- 低速信号和射频信号：数字设计中是否有低速数字或射频信号，如果这些信号会占用高速总线或元器件的表层空间，则需要添加额外的内部层。
- 电源完整性：应确保大型集成电路中全部电压使用同一个电源和地平面，电源和地平面应该放置在相邻层上，以支持去耦电容器的电源稳定。

在高速数字电路设计中，电源与地平面层应尽量靠在一起，中间不安排布线。所有布线层都尽量靠近同一平面层，优选地平面为走线隔离层。为了减少层间信号的EDI，相邻布线层的信号线走向应取垂直方向。可以根据需要设计一到两个阻抗控制层，如果需要更多的阻抗控制层，则需要与PCB厂家协商，要按要求标注清楚阻抗控制层，将单板上有阻抗控制要求的网络布在阻抗控制层上。

7.2.1 PCB材料选择、层数目和板材厚度

在设计PCB堆叠之前，需要考虑PCB的层数。层堆叠设计方法依赖于数学和过往高速PCB的设计经验。除了上述几点之外，在某种程度上，也要考虑到IC芯片的大小会对PCB的大小起着决定性的作用这一点。对于BGA/LGA封装的大规模IC来说，在设计BGA扇出时，通常可以为每个信号层设置两行引脚输出，与此同时，在构建层堆叠的过程中，应确保高速PCB包含电源层和地平面层。

高速数字设计通常采用FR4级材料，同时走线不能太长。如果走线太长，高

速信道将损耗过多，元器件的信道接收端可能无法恢复信号。在选择材料时，需要考虑的主要材料特性是PCB层压板的损耗切线，通道的几何形状也和线路损耗有关，通常具有较低的损耗切线的FR4层压板是高速PCB设计的首选板材。

如果高速PCB上有很长的走线，则需要选择更专业的板材。聚四氟乙烯（Poly Tetra Fluoroethy-lene，PTFE）层压板、扩散玻璃层压板或其他专业材料是大型高速PCB设计的良好选择，板上的走线越长，就越要求更低的插入损耗。对于面积较大的高速PCB，米格龙（Megtron）和杜罗德（Duroid）层压板是不错的选择。在设计完成之前，应与制造商核实所选的板材和层堆叠是否可以制造。

7.2.2 电气系统中的传输线损耗

有经验的设计工程师在处理传输线时，首先想到的是电路的传播行为和损耗问题。是什么导致了输电线路的损耗？如何将电路损耗最小化？如何计算电路损耗？这些问题是设计高速PCB时面临的首要问题，一旦这些问题得到解决，高速PCB设计便会轻而易举了。

高速PCB设计师首先应充分理解传输线，传输线设计是电子设计的一个专业领域，需要掌握如何处理输电线损耗等知识。下面通过一些重要的公式和一些简短的分析来做简要的介绍。

对于新手来说，知道一些通用理论便足够。用于描述配电系统中传输线的理论也适用于IC、PCB和长电缆元器件。在这里，不需要利用波动方程来计算传输线中的损耗。传输线是一个系统，很难在电路布局中面面俱到，但是PCB的物理布局确实和传输线的损耗有关，尤其是在高速PCB的设计过程中，应着重考虑传输线的损耗问题。本小节将从RLCG模型中的阻抗计算开始，分析传输线的结构及其材料参数如何决定传输线的损耗。

（1）确定阻抗函数的损耗。

描述传输线损耗的最简单的方法是计算基本的RLCG模型中的阻抗，阻抗定义如图7-1所示。

$$Z=\sqrt{\frac{R+i\omega L}{G+i\omega C}}$$

其中，$R(\omega)$：直流阻抗和趋肤效应阻抗

$L(\omega)$：环路和趋肤效应的电导

$C(\omega)$：线路和参考平面之间的电容

$G(\omega)$：损耗

图7-1

这是在电磁场教科书中找到的公式，但在设计电路时不需要进行公式计算。可以看出，阻抗公式中对阻抗会产生直接影响的参数只有3个：R、L和G。G是

由于损耗切线而产生的损耗，它和R、L结合起来，基于趋肤效应生成传输线损耗。此外，还有一个鲜为人知但仍然重要的损耗机制——辐射损耗，它和环路面积（L）有关。

值得注意的是，线电容（C）对阻抗也有影响，因为G与C成正比。线路的几何形状与传输线损耗有关，因为它决定了线路周围的场。接下来考虑传播常数以及它如何决定传输线损耗。

（2）传播常数带来的损耗。

传输线上信号的传播常数与传输线损耗也有关。通过一些复杂的代数计算公式可以看出传播常数与传输线损耗之间的关系。传输线的传播常数定义为：

$$\gamma = \sqrt{(G + i\omega C)(R + i\omega L)} = \sqrt{RG - \omega^2 LC + i\omega(RC + GL)}$$

在这个公式中，取一个复数的算术平方根作为常数，这便是在传输线上传输的信号所产生的损耗。如果不会取一个复数的算术平方根也不用担心，有一个简单的公式会给出答案。在下面的公式中，只取了传播常数的实数部分，它揭示了传输线损耗的“奥秘”：

$$\mathrm{Re}[\gamma] = ((RG - \omega^2 LC)^2 + \omega^2 (RC + GL)^2)^{\frac{1}{4}} \left[\cos\left(\frac{1}{2} \tan^{-1} \left(\frac{\omega(RC + GL)}{RG - \omega^2 LC} \right) \right) \right]$$

上面的公式给出了传输线损耗的精确值，传输线损耗可以近似为：

$$\mathrm{Re}[\gamma] \approx \frac{R}{2Z}$$

这个近似公式更加直观，简化成Z和R的表达式，但同时也不排除其他因素对传输线损耗的影响。值得注意的是，C会出现在分子中，电容越大，引发的线路损耗越多，而HDI线路可以降低整体损耗的原因是它们的电容更小。

（3）传输线损耗和电路参数的关系。

综上所述，有4个损耗因素，它们与传输线中的4个参数相关，表7-1对相关内容做了总结。

表7-1　传输线损耗和电路参数的关系

参数	损耗机制	对信号产生的影响
R_S、L	趋肤效应	改变信号的幅度和相位
R_{DC}	直流损耗	降低信号的幅度，对相位没有影响
L	辐射损耗	在高频时，传输过程中产生功率损耗
G、C	介电损耗	降低信号的幅度和产生相移

表7-1准确地给出了不同损耗机制与传输线中的不同参数的关系。如果发现电路中某种类型的损耗过高，通过上表可以知道是哪些参数产生的影响，从而通过修改层堆叠、线宽度、PCB层压板材料等手段来做出修正。

（4）降低互连线路的损耗。

不同的损耗机制与电路参数的关联关系固然重要，但在利用Altium Designer 22进行电路设计时，最终线路的几何形状对传输线损耗有实际的影响。在设计过程中，通过调整几何形状（地平面高度、宽度、覆铜厚度）等参数，可以调整电路的传输线损耗。

利用场求解器（Field Solver）计算出PCB层压板材料和堆叠的阻抗，利用上述公式确定传播常数（实数部分）。通过遍历不同的几何参数，可以精确地得出低寄生率和低损耗的阻抗值。

可以在Altium Designer 22的层堆叠管理器中使用集成的场求解器计算阻抗和其他影响传输线损耗的参数，对于涉及*s*参数提取等更高级别的计算，用户可以使用EDB导出器扩展（EDB Exporter Extension）将设计导入Ansys场求解器（Ansys Field Solver）中，利用Ansys场求解器应用程序对设计进行验证。

7.2.3 不同射频PCB材料的比较

当电路设计师选用板材时，FR4层压板是首选板材。但是在实际应用中，FR4板材也有不同的种类，每一种都具有相对相似的结构和材料特性。基于FR4板材的设计与低频电路板设计有很大的不同，高速PCB设计到底有什么不同？为什么射频PCB需要用到特殊的板材呢？本小节将一一解答。

什么时候需要用到射频PCB材料？这个问题与系统分析中的一些重要任务有关。当需要使用替代PCB衬底的材料时，设计师选择射频PCB基板材料应该考虑以下这些特殊的因素。

- 损耗切线：这是PCB设计师进行材料选择时应首先考虑的因素。
- 介电常数：每位设计师都倾向于只使用低Dk层压板，但高Dk层压板往往也具有低损耗切线等优势。
- 热特性：有多种热特性，其中最为重要的是玻璃转化温度和热膨胀系数（Coefficient of Thermal Expansion，CTE）。
- 制造的可操作性：设计师往往把这一风险留给了制造商，在开始设计之前，最好联系制造商确认板材的可用性。
- 厚度：不能随意选取板材的厚度，这一点也需要和制造商沟通确认，确认高速PCB的层堆叠的制造工艺是否可行。
- 材料色散：对于mmWave应用设计来说，材料色散并不重要，mmWave器件的带宽足够小，虽然其色散可以忽略不计，但仍然应该在可能的情况下检查一下材料色散。

正如许多工程问题一样，现实世界没有完美的方案或完美的材料可以同时满足以上所有因素。然而，对于高可靠性的射频产品，有一些常见的射频PCB基板材料专为特定的频带设计，但往往会牺牲热特性。

射频和毫米波器件的标准材料是基于PTFE的材料。Rogers（罗杰斯）是著名的基于PTFE的射频PCB材料的制造商，该公司生产各种高频PCB层压板材料。其中一些专门用于Ka波段和W波段（汽车雷达和5G）。

另一个著名的供应商是Isola集团，其射频PCB材料选项的目标频率范围高达W波段。除了射频PCB材料，他们也提供标准的FR4级层压板。推荐使用370HR层压板，它在射频PCB布局和布线的Wi-Fi频率下性能良好，适用于大多数数字应用。

由于篇幅限制，无法一一展示射频PCB设计的全部基板选项，上述两家供应商提供的板材是目前射频PCB设计中用到的主流板材。与常规的FR4材料相比，它们提供的板材损耗切线值为常规的FR4材料的1/10。与此同时，这些材料具有较高的分解温度。在制板过程中，如果制造商建议使用另一种替代PCB材料，则其特性应与射频层压板的指标兼容。在选择替代材料时，应通读基板材料的数据手册。

设计的选材的决策过程是一个权衡折中过程，与FR4材料相比，基于PTFE的板材有以下缺点。

- 高CTE，热膨胀会对覆铜施加更大的压力。
- PTFE不容易与其他材料结合，为此应使用黏结剂。
- PTFE很容易弯曲。

此外，还有成本。PTFE层压板是一种特殊材料，尽管很受欢迎，但是射频设备通常不是在整个层堆叠中使用PTFE。在射频PCB层堆叠设计中通常使用混合层堆叠，其中将PTFE层压板放置在表面层上，并且只在PTFE层压板的表面层布高频信号。一个6层射频板的层堆叠如图7-2所示。

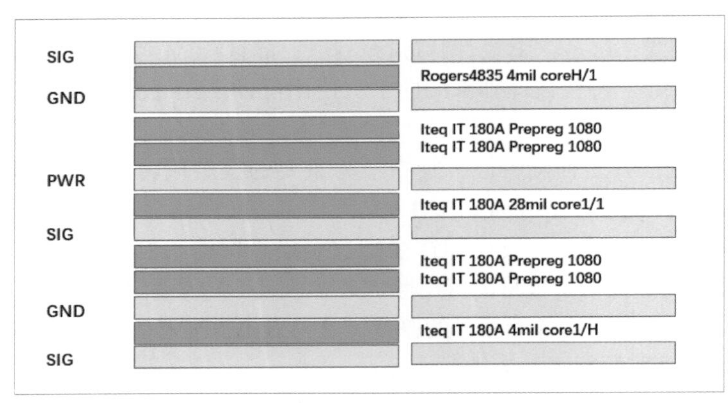

图7-2

这种混合层堆叠的典型应用为汽车雷达模块，其中，只有最顶层是PTFE层压板。当进行层堆叠设计时，制造商会提供一张与图7-2类似的层堆叠图。

板材供货商会持续研究低损耗、低色散度的解决方案。最新的材料基于纤维编织效应，并尝试用更平滑的材料来解决高频问题。Altium Designer 22的层堆叠管理器不会限定在某一种材料上，可以将来自不同制造商自定义的材料数据输入层堆叠管理器中。

在设计中选定好一种射频PCB材料来支持高频布局和布线之后，可以利用Altium Designer 22的层堆叠管理器创建一个高质量的层堆叠。所有用户都可以使用EDB导出扩展将设计导入Ansys场求解器中，实现信号完整性仿真。

7.2.4 高速PCB的阻抗控制

在创建好层堆叠并通过验证之后，阻抗便能确定下来。制造商可以对层堆叠提出修改意见，如PCB的替代材料或层厚度。层堆叠的安全间隙确定好之后，层厚度便确定下来了，于是可以开始计算阻抗。

阻抗的计算通常使用公式或Ansys场求解器，设计中需要的阻抗将决定传输线的尺寸，以及到附近的电源层或地平面层的距离。可以利用以下工具计算阻抗。

- IPC-2141和Waddell公式：这些公式为计算阻抗提供了依据，且在较低的频率下生成的结果更加准确。
- 2D/3D场求解器实用程序：用于求解高速PCB传输线几何结构定义的麦克斯韦方程组。

使用层堆叠管理器和Ansys场求解器将获得精准的结果，同时考虑铜粗糙度、蚀刻、不对称线排列和差分对等多种因素。一旦计算出线路的阻抗，便可以将其设置为设计规则，以确保线路具有所需的阻抗。

大多数高速信号协议，如PCIe或以太网，都使用差分对，为此需要通过计算线路宽度和间距来设计一个特定的差分阻抗。Ansys场求解器是用来计算几何图形（如微带、条纹或共面）中的微分阻抗的最佳实用工具。Ansys场求解器的另一个重要作用是传播延迟，利用它在高速布线时强制进行线路长度调整。

电子工程师需要计算线路阻抗时，往往会上网查找在线线路阻抗计算器，虽然这些在线线路阻抗计算器在很大程度上能解决大部分设计师的问题，但对于计算线路阻抗的正确公式仍然存在很多分歧，设计师应充分意识到这些线上工具的局限性。

如果使用网络搜索引擎来查找线路阻抗计算器，则会找到很多种。其中一些计算器是来自不同公司的免费软件应用程序，有些只是列出公式而没有引用消息来源，还有些计算器没有任何上下文，没有列出具体的假设，也没有详细说明公式所使用的相关近似。

在实际设计过程中，这些细节非常重要，例如，为天线线路设计阻抗匹配网络。一些计算器可以用来计算某些几何图形中的线路阻抗，例如宽侧耦合、嵌入的微带，对称或不对称的带状线或规则的微带。这些计算器就像一个黑盒子，使用者并不知道采用的是哪些公式，也没有办法再与其他计算器的计算结果进行比较以检查它的准确性。

IPC-2141标准是微带和带状线阻抗计算的经验方程。然而，在实际应用中微带线路IPC-2141方程生成的结果并不如惠勒提出的方程准确。极地仪器（Polar Instruments）对这个主题做了概述，并列出了IPC-2141方程：

$$Z_0 = \frac{87}{(\varepsilon_r + 1.41)^{0.5}} \ln\left(\frac{5.98h}{0.8w + t}\right)$$

在极地仪器的文章中比较了具有不同阻抗的微带线路方程的准确性。当将分析结果与给定几何形状下的数值计算结果进行比较时，惠勒方程的结果比微带线路IPC-2141方程的结果精度高10倍（误差小于0.7%）。尽管惠勒方程提供了更高的精度，但IPC-2141方程仍然在许多在线计算器中广为使用。

里克•哈特利（Rick Hartley）提出了一套表面和嵌入微带的阻抗方程，这些方程明确地包括有效介电常数和增量线路宽度调整。

里克提出的方程实际上是瓦德尔（Wadell）方程，在传输线设计手册中能找到它。它与上面引用的惠勒的特征阻抗方程相比，有一个明显的不同之处，即在对数函数中多了一个冗余的平方根。在计算嵌入和表面微带线路阻抗时，应该注意这一点，并根据原始参考文献检查方程。微带线路阻抗的惠勒方程如下：

$$Z_0 = \frac{60}{(2\varepsilon_r + 2)^{0.5}} \ln\left(1 + \frac{4h}{w'}\left[\left(\frac{14 + \frac{8}{\varepsilon_r}}{11}\right)\left(\frac{4h}{w'}\right) + \sqrt{\left(\frac{14 + \frac{8}{\varepsilon_r}}{11}\right)\left(\frac{4h}{w'}\right)^2 + \pi^2 \frac{1 + \frac{1}{\varepsilon_r}}{2}}\right]\right)$$

$$\text{其中} w' = w + \left(\frac{1 + \frac{1}{\varepsilon_r}}{2}\right)\left(\frac{t}{\pi}\right)\ln\left(\frac{4\mathrm{e}}{\left(\frac{t}{h}\right)^2 + \left(\frac{1/\pi}{w/t + 1.1}\right)^2}\right)$$

$$\varepsilon_{eff} = \begin{cases} \dfrac{\varepsilon_r + 1}{2} + \dfrac{\varepsilon_r - 1}{2}\left(\left(1 + \dfrac{12h}{w}\right)^{-0.5} + 0.04\left(1 - \dfrac{w}{h}\right)^2\right) & \text{如果} w < h \\ \dfrac{\varepsilon_r + 1}{2} + \dfrac{\varepsilon_r - 1}{2}\left(1 + \dfrac{12h}{w}\right)^{-0.5} & \text{如果} w > h \end{cases}$$

实践经验表明，惠勒的方法似乎是计算嵌入和表面微带线路阻抗的最准确的方法。然而，微带宽度与导电平面以上的高度仍然存在一个近似值，这使得惠勒方程不连续，当微带宽度与导电平面以上的高度相似时，其精度便存在偏差。

在使用线路阻抗计算器之前，需要知道计算使用的是哪个方程。并不是所有的计算器都会明确说明这一点。某些计算器选择了瓦德尔，但却说是基于惠勒，且不提供参考资料。而其他计算器可能只是简单地提出了IPC-2141方程，而没有说明该方程的出处。

更复杂的是，某些射频计算器会采用其他线路阻抗方程，而不引用方程的来源。这些方程综合了瓦德尔方程中的多种因素，而将其他因素忽略掉，或简单地通过近似进行了简化。

关于在线计算器的最后一个注意事项：这些计算器可能允许输入超出其近似的有效范围的值，这将导致得到不准确的阻抗值计算结果，而设计者对此却一无所知，此时没有列出近似值，计算器也不会检查输入数据的有效性。

7.3 高速PCB设计的注意事项

设计高速PCB时，需要对PCB层叠和阻抗做精密的计算，在此基础上要选择一定厚度的PCB材料，在布局阶段对元器件的布局做综合考量，在布线时考虑SI和PI。和普通PCB设计相比，高速PCB设计应综合考虑SI和EMC等诸多因素，对EDA工具也相应提出了更高的要求。

7.3.1 高速PCB的布局规划

高速PCB布局没有强制的规则或标准，一般来说，将最大的中央处理器IC放在板的中心附近，因为它通常需要以某种方式与板上的其他元器件互连。直接与中央处理器连接的较小IC可以放置在其周围，这样可以保证元器件之间的走线最短，其他外围接口电路可以放置在板的周围。

元器件布局完成之后，便开始设置布线规则。布线规则设置是高速数字电路设计的关键步骤，不正确设置会破坏SI。如果布线规则没有问题，SI就更容易实现。在PCB设计规则中设置走线宽度、安全距离，以确保走线的阻抗在控制范围内。

7.3.2 SI设计

SI始于阻抗控制，并在布局和布线过程中得以实现。在高速PCB的布局和布线过程中，应考虑的SI策略如下。

- 确保高速信号之间的线路最短。
- 尽量减少通孔数量，理想情况下使用内部层过孔。
- 通过反钻技术消除超高速线路（例如10G+以太网）上的残存。
- 使用终端电阻，以防止信号反射；查看数据手册文件，看看是否存在片上终端。
- 咨询制造商，查询哪些材料和工艺效果较好。
- 使用串扰分析或仿真来确定PCB布局中网络之间的安全距离。
- 列出长度匹配的总线和网络列表，应用调优结构以消除延迟。

在规则设计的过程中，综合应用以上策略，有助于保证高速PCB设计的性能最佳。

7.3.3 高速PCB布线

在高速设计项目中设置的设计规则确保了走线满足阻抗、安全距离和长度的目标要求。此外，还可以定义差分对的设计规则，规定长度不匹配最小值，以防止二者之间的延迟，强制线路之间保持安全距离，以确保满足差分阻抗的要求。Altium Designer 22的PCB的布线工具将依据设计规则进行布线，以确保PCB的性能。

在高速PCB布线中，最重要的点是需要在走线附近放置一个地平面。层叠结构中应具有与阻抗控制信号相邻的地平面，以确保阻抗的一致性，并在PCB布局中定义明确的回路。在地平面的间隙之间不应有走线，以避免电磁干扰引发的阻抗不连续。地平面的功能不局限于确保信号的完整性，它还能在PI方面发挥一定的作用。

7.3.4 PI

在PCB设计中，高速元器件的供电至关重要，PI问题经常会引发SI问题。由于瞬态产生强烈振荡，高速元器件的互连和总线会产生不必要的辐射。为了确保稳定的电源传输，电路在高带宽时具有低阻抗，应使用去耦电容组。在相邻层上使用电源平面和地平面，再加上额外的去耦电容，以确保PDN阻抗更低。

好的高速PCB设计软件会将以上功能集成到一起。高速PCB布局设计师必须在前端完成大量的工作，以确保信号的完整性、电源的完整性和电磁兼容性。正确的高速布局工具可以助力设计规则的定义，以确保设计按预期要求进行。

更高级的高速PCB设计软件将与仿真应用程序进行接口测试，按照行业标准执行电路的仿真分析。某些仿真程序专门用于评估SI和PI，在PCB布局中检查EMI。仿真在高速PCB设计中非常有用，它可以帮助用户在设计进入制造之前确定电路的SI、PI、EMI问题。

高速PCB设计需要利用专业的设计工具进行高速和高频控制阻抗设计，为在表面层或内部信号层上的特定线路设置定义合适的阻抗。Altium Designer 22包括一个层堆叠管理器和一个集成的Ansys场求解器，它为高速PCB构建一个阻抗设置文件，并将此设置文件定义为设计的一部分。这些特性直接与布局工具集成在统一的设计引擎上，为设计高质量的高速PCB保驾护航。

08

第8章 PWM信号电机驱动

单片机是嵌入式设计中最常用的微控制单元，在常规的嵌入式系统设计中，会无法避免地用到单片机。因为单片机能够实现对多种外设的交互式控制，所以基于单片机的嵌入式控制系统成了电路设计入门最为基础的内容，也是一个电路设计初学者首先需要掌握的知识。掌握单片机系统的开发，是电路设计的充分条件。在学习单片机系统设计的时候，首先需要了解单片机的主要功能，能够实现什么样的控制，然后再去学习Altium Designer 22的使用方法和技巧，最后使用Altium Designer 22来实现单片机的控制。

本章的实战演练案例选用微芯（Microchip）公司的PIC12F675作为主控单元，通过控制PIC12F675的通用接口，产生脉冲宽度调制（Pulse Width Modulation，PWM）信号。通过调制PWM信号的占空比控制电气负载的吸收功率，从而达到改变大功率电灯的亮度或电机的转速的目的。利用周期性PWM信号驱动负载，损耗几乎为零，从而可以大幅度提高电路的效率。

本系统采用5V电源供电，PIC12F675的GP0端口驱动一个LED发光二极管，用于监控PWM信号。GP1端口为一组预驱动电路，由IRL540功率MOSFET和UF3C065080T3S SICMOSFET相组合来实现。IRL540功率MOSFET的漏极端子对SIC MOSFET进行驱动，从而实现负载电流的开关切换。两个常开的开关按钮通过相应的下拉电阻连接到PIC12F675的GP4和GP5端口，用于确保在没有按下按钮时GP4和GP5端口为低电位。系统框图如图8-1所示。

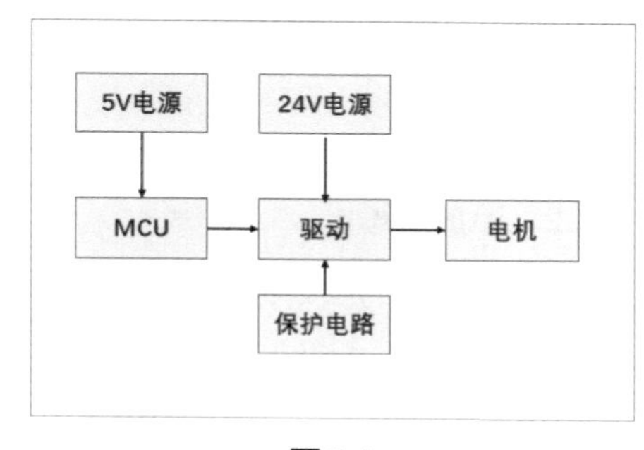

图8-1

8.1 绘制原理图

项目设计的第一步是绘制PWM信号电机驱动电路的原理图。

8.1.1 创建新项目

在原理图编辑器的主菜单中选择【文件】/【新的】/【项目】命令，创建一个新项目文件PWM_Modulator.prj，如图8-2所示。

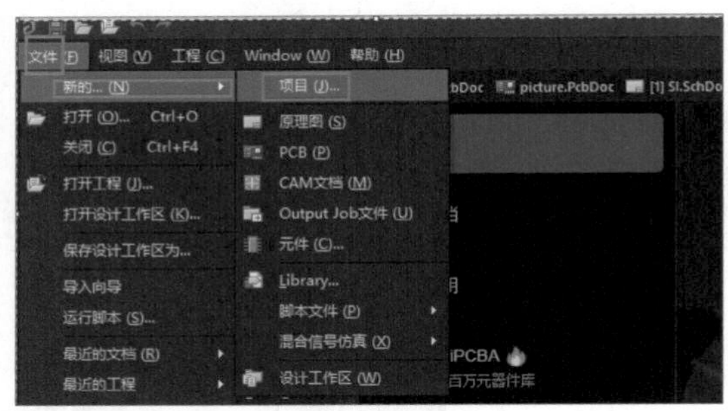

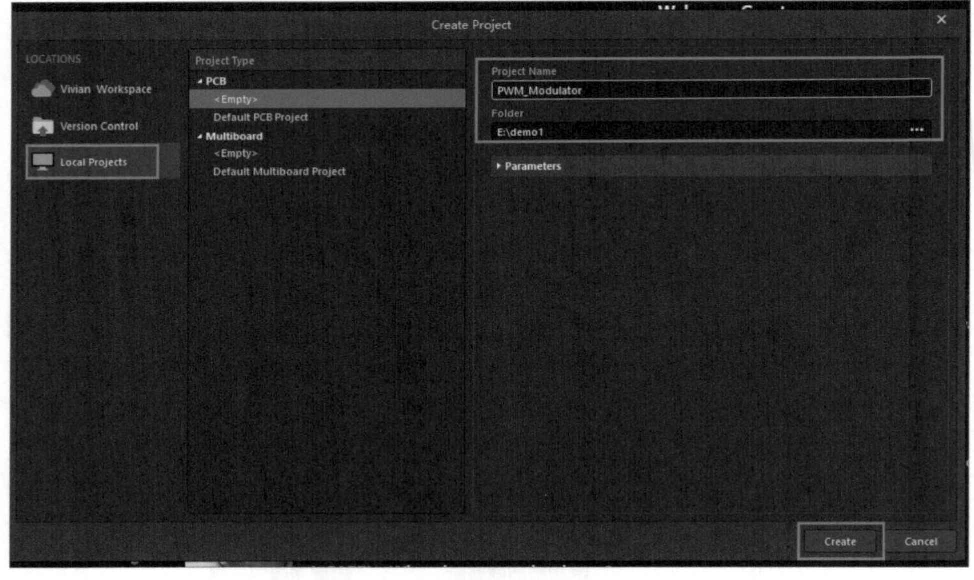

图8-2

8.1.2 添加原理图

给新创建的项目添加原理图，为创建的原理图命名并将其保存到项目中，如图8-3所示。

创建和保存好新建的原理图之后，在原理图编辑器中打开一张空白的原理图图纸。在空白原理图文档中绘制原理图之前，需要设置好原理图文档的属性。

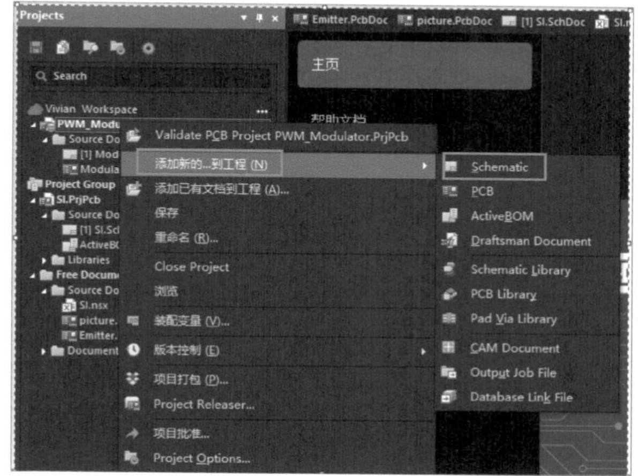

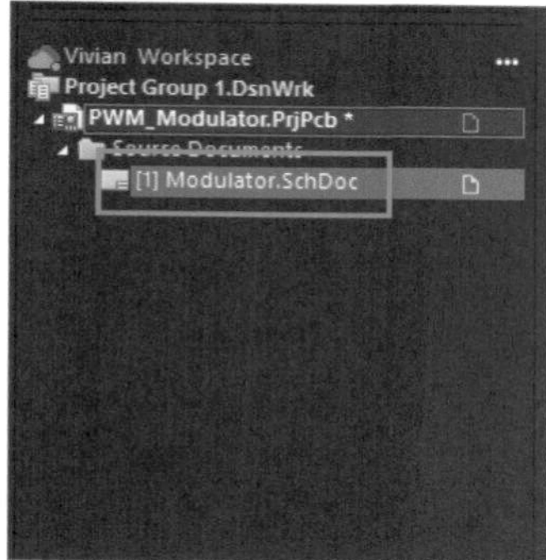

图8-3

8.1.3　设置文档属性

按照2.4节的内容，设置好原理图图纸的尺寸和栅格大小。在本示例中，设置原理图尺寸为A4、栅格大小为100mil。

8.1.4　查找并获取元器件

从工作区或基于文件的库中选取项目会用到的电子元器件，利用Altium Designer 22自带的【Manufacturer Part Search】面板搜索元器件，通过【Components】面板将其放置到原理图上。

在【Manufacturer Part Search】面板查找绘制原理图需要的元器件。单击应用程序窗口右下角的【Panels】按钮，从菜单中选择【Manufacturer Part Search】命令，打开【Manufacturer Part Search】面板，首次打开【Manufacturer Part Search】面板将显示元器件类别列表，如图8-4所示。

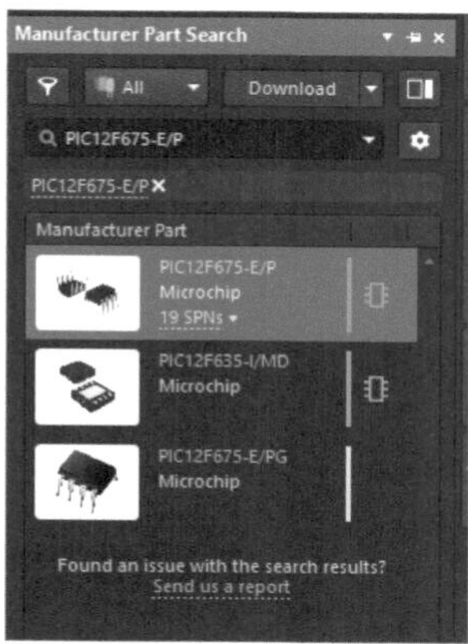

图8-4

本项目需要的元器件的列表如表8-1所示。

表8-1　PWM信号电机驱动电路的元器件列表

设计位号	描述	注释
Q1	UF3C065080T3S	MOSFET
Q2	IRL540	MOSFET
R1	330	电阻

续表

设计位号	描述	注释
R2、R3、R5	10K	电阻
R4	100	电阻
R6	47K	电阻
R7	220	电阻
F1	24V	保险
S1、S1	按钮开关	按钮开关
U1	PIC12F675	微控制器
P1、P2、P3	2PIN	连接器

按照2.5节介绍的方法获取项目需要的全部元器件。

8.1.5 放置元器件

单击【Component】面板【Details】窗格中的【Place】按钮，鼠标指针自动移动到原理图图纸区域内，鼠标指针上显示元器件，确定好位置之后，单击以放置元器件。继续查找并放置元器件，所有元器件均放置好后的原理图如图8-5所示。

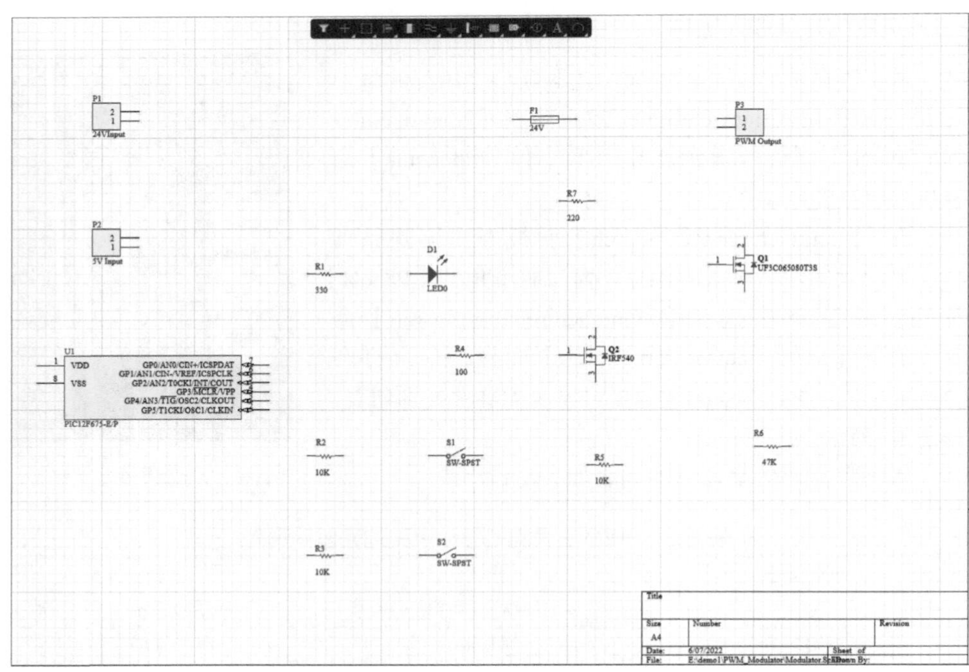

图8-5

8.1.6 原理图连线

在原理图上放置好全部元器件之后，便可以开始原理图连线。按 PgUp 键放大或按 PgDn 键缩小原理图，确保原理图有合适的视图。按照2.7节中介绍的方法完成原理图连线。完成连线后的原理图如图8-6所示。

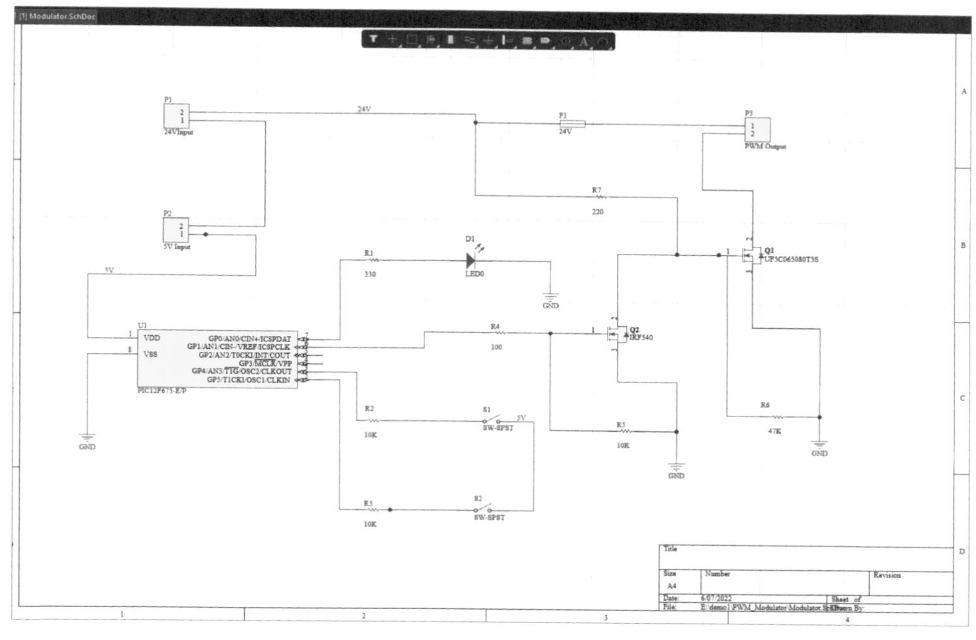

图8-6

8.1.7 动态编译

在主菜单中选择【工程】/【Project Options】命令，设置错误检查参数、连通矩阵、类生成设置、比较器设置、项目变更顺序生成、输出路径、连接性选项、多通道命名格式和项目级参数等。设置完成之后进行动态编译。

8.1.8 设置错误检查条件

使用连通矩阵来验证设计，在主菜单中选择【工程】/【Validate PCB Project】命令，编译项目时，软件会检查UDM和编译器设置之间的逻辑、电气和绘图错误，检测出所有违规设计。

（1）设置错误报告。

选择【工程】/【Project Options】命令，打开【Options for PCB Project】对话框。为每种错误检查设定好各自的报告格式，通过报告格式体现违规的严重程度，如图8-7所示。

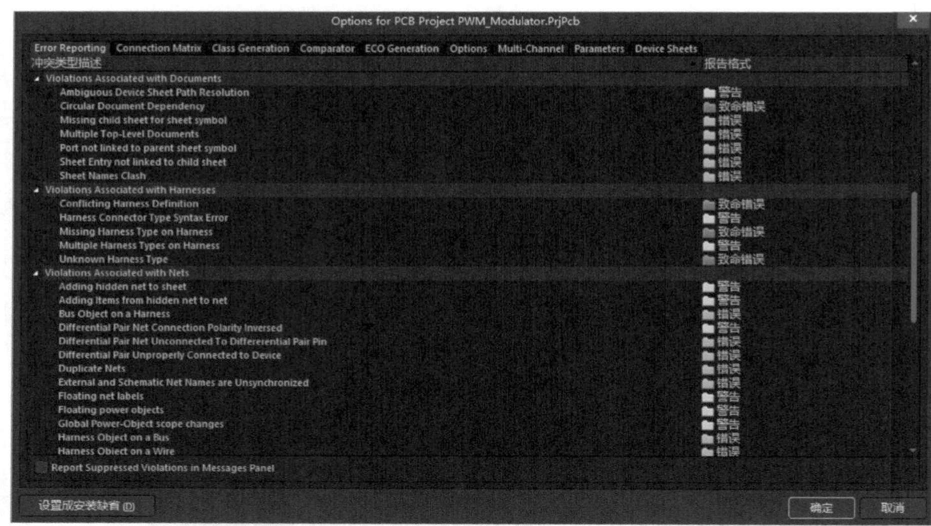

图8-7

（2）设置连通矩阵。

【Options for PCB Project】对话框中的【Connection Matrix】选项卡用于设置允许相互连接的引脚类型。可以将每种错误类型设置为一个单独的错误级别，即从【No Report】到【Fatal Error】4个不同级别的错误。单击彩色方块以更改设置，继续单击以移动到下一个检查级别。在图8-8中将连通矩阵设置为【Unconnected–Passive Pin】将报错（引脚未连通时将报错）。

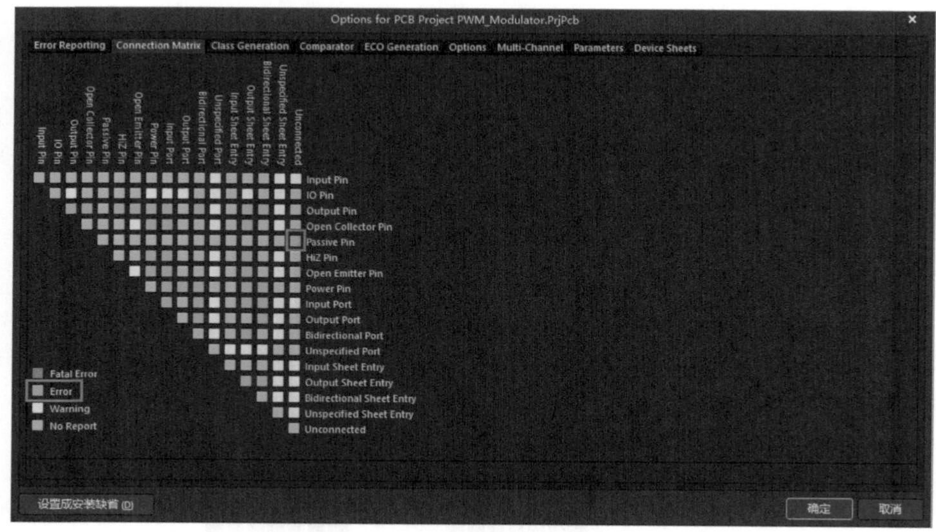

图8-8

（3）设置类生成选项。

【Options for PCB Project】对话框中的【Class Generation】选项卡用于设置设计中生成的类的种类，【Comparator】和【ECO Generation】选项卡用于控制是否将类迁移到PCB中。取消勾选【创建元件类】复选框，将禁止为本项目原理图创建Room。

本设计项目中没有总线，无须取消勾选【创建网络类】复选框，如图8-9所示。

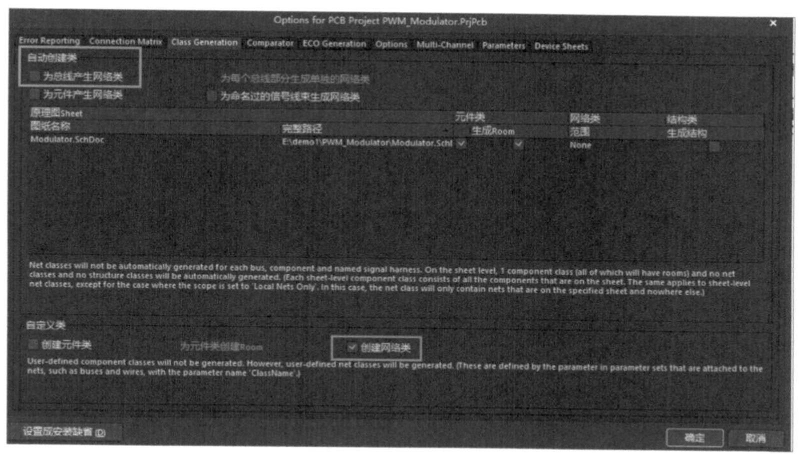

图8-9

（4）设置比较器。

【Options for PCB Project】对话框中的【Comparator】选项卡用于设置在编译项目时是否报告不同文件之间的差异。在本设计项目中，勾选【仅忽略PCB定义的规则】复选框，如图8-10所示。

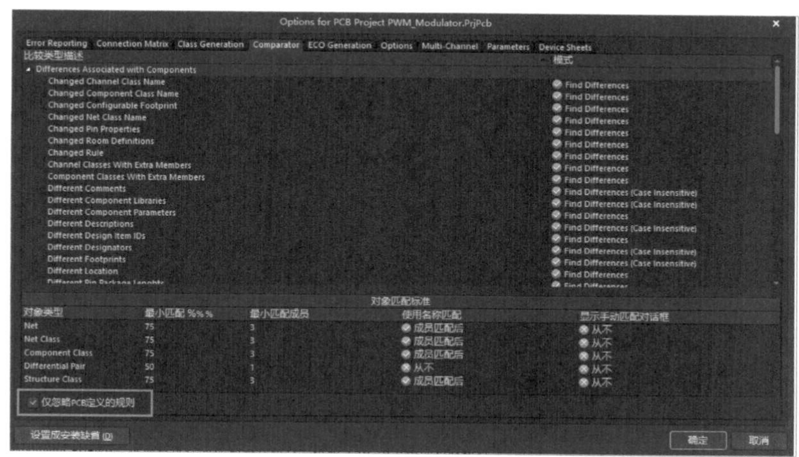

图8-10

8.1.9 进行项目验证与错误检查

从主菜单中选择【工程】/【Validate PCB Project PWM_Modulator.PrjPcb】命令，对项目进行验证与错误检查。按照2.10节中的步骤进行项目验证与错误检查。查看并修复原理图中的错误，确认原理图准确无误之后，重新编译项目，将原理图和项目文件保存到工作区，准备绘制PCB版图。

8.2 绘制PCB版图

8.2.1 创建PCB文件

创建一个空白PCB文件，为其命名之后，将其保存到项目文件夹中，如图8-11所示。

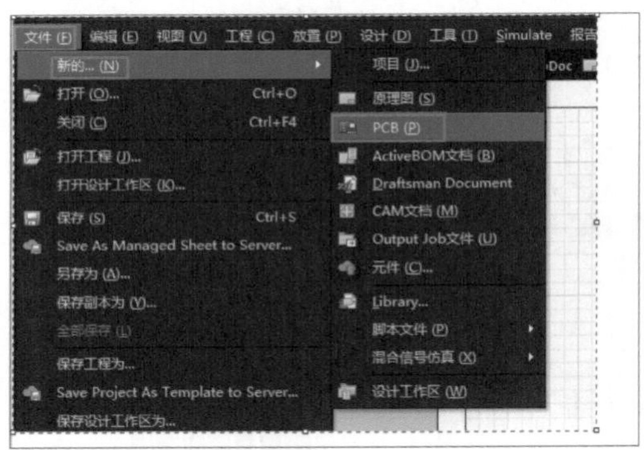

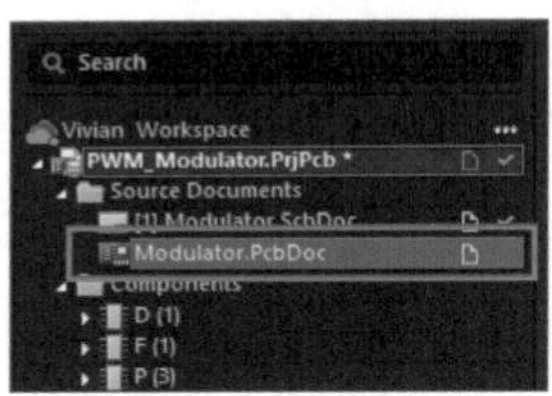

图8-11

8.2.2 设置PCB的形状和位置

设置空白PCB的属性，包括设置原点、设置单位、选择合适的捕捉栅格、设置PCB的尺寸以及设置PCB的层叠等。

（1）设置原点和栅格。

按照3.2节中的步骤设置PCB的原点和栅格。本示例将采用一个单位为公制的栅格。按快捷键Ctrl+Shift+G打开【Snap Grid】对话框，在该对话框中输入“5mm”，单击【OK】按钮关闭对话框。软件会切换到公制栅格线，通过状态栏可以看到设置好的栅格值，如图8-12所示。

（2）设置PCB的尺寸。

PCB的默认尺寸是6英寸×4英寸，本示例中的PCB尺寸为60mm×100mm。按照3.2节中的步骤设置PCB的尺寸。设置好PCB的尺寸的效果如图8-13所示。

Projects	Navigator	PCB	PCB Filter
X:-25mm Y:90mm	Grid: 5mm	(Hotspot Snap)	

图8-12

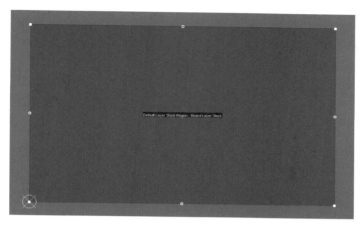

图8-13

8.2.3 设置PCB的默认属性

按照3.3节的内容设置好PCB的默认属性。

8.2.4 迁移设计

在主菜单中选择【设计】/【Update PCB Document Modulator.PcbDoc】命令，或者在PCB编辑器中选择【设计】/【Import Changes from Modulator.PrjPcb】命令。按照3.4节中描述的步骤实现原理图文件到PCB文件的迁移，迁移后的PCB版图如图8-14所示。

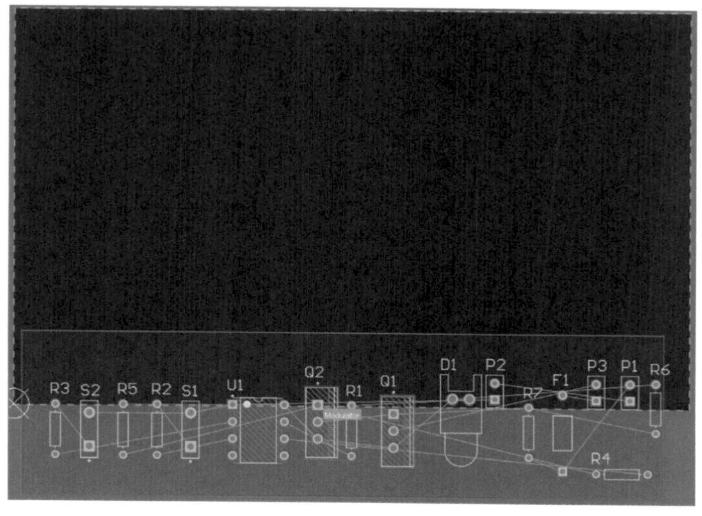

图8-14

8.2.5　设置图层显示方式

在层叠管理器中添加和删除覆铜，在【View Configuration】面板中启用并设置所有其他层。

在层叠管理器中对层堆叠进行设置，选择【设计】/【层叠管理器】命令，打开【层叠管理器】对话框。本示例的PCB是一个带通孔的单面板。按照3.5节的内容设置好层堆叠，如图8-15所示。

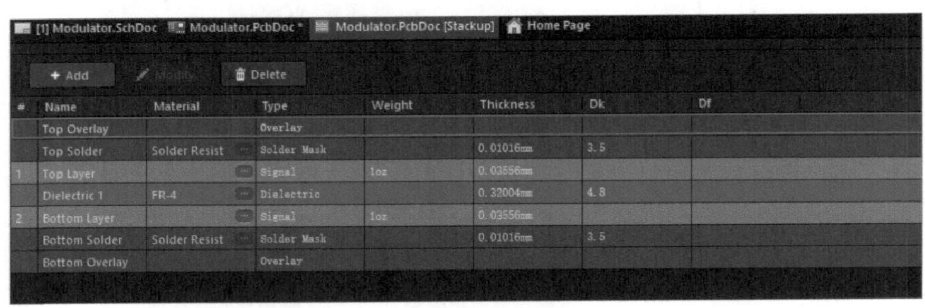

[1] Modulator.SchDoc
Modulator.PcbDoc *
Modulator.PcbDoc [Stackup]
Home Page
+ Add
Delete
Name Material Type Weight Thickness Dk Df
Top Overlay Overlay
Top Solder Solder Resist Solder Mask 0.01016mm 3.5
1 Top Layer Signal 1oz 0.03556mm
Dielectric 1 FR-4 Dielectric 0.32004mm 4.8
2 Bottom Layer Signal 1oz 0.03556mm
Bottom Solder Solder Resist Solder Mask 0.01016mm 3.5
Bottom Overlay Overlay

图8-15

完成层堆叠设置之后，选择【文件】/【Save to PCB】命令保存层堆叠设置。右击【Layer Stack Manager】选项卡，在弹出的菜单中选择【Close Altium Layer Stackups】命令，关闭【层叠管理器】对话框。

8.2.6　栅格设置

选择适合放置和布局元器件的栅格，在本示例的PCB文件中，将实际的栅格大小和设计规则按表8-2中的内容进行设置。

表8-2　栅格设置表

设置	数值	描述
线宽	0.5mm	设计规则：首选线宽
安全距离	0.254mm	设计规则：安全距离
PCB栅格大小	5mm	笛卡儿坐标编辑器
元器件布置栅格	1mm	笛卡儿坐标编辑器
走线栅格	0.25mm	笛卡儿坐标编辑器
过孔外径	1mm	设计规则：过孔类型
过孔内径	0.6mm	设计规则：过孔类型

按照3.6节中描述的步骤设置好栅格。

8.2.7　设置设计规则

在【PCB规则及约束编辑器】对话框中设置设计规则。

（1）定义走线宽度设计规则。

本示例中包括多个信号网络和两个电源网络。可以将默认的走线宽度设计规则设置为0.5mm的信号网，将此规则的适用范围设置为【All】，即适用于本设计中的所有网络，如图8-16所示。

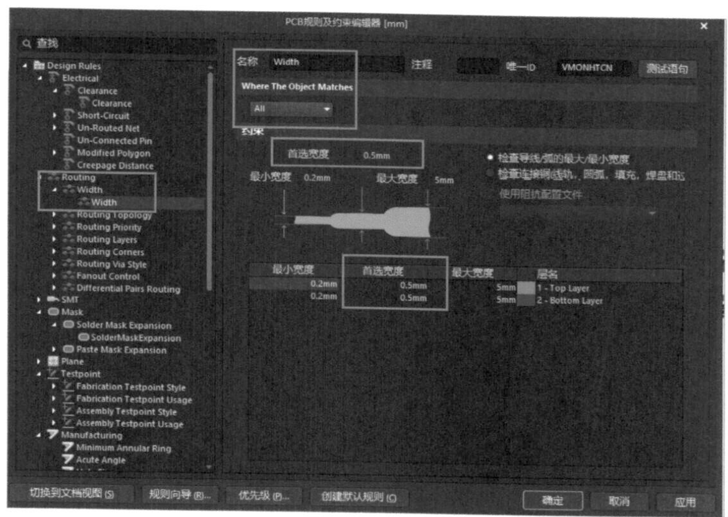

图8-16

（2）定义电气安全距离约束条件。

在本示例文件中，将PCB上所有物体之间的最小电气安全距离设置为0.254mm。按照3.7节的内容定义不同网络的不同对象（焊盘、过孔、走线）之间的最小电气安全距离。

（3）定义走线过孔样式。

在本示例中，通过【Routing Via Style】设计规则设置过孔的属性。按照3.7节的内容定义走线过孔样式。

（4）检查设计规则。

按照3.7节的内容禁用多余的设计规则并检查设计规则。

8.2.8 元器件定位和放置

元器件的布局遵循“先大后小，先难后易”的原则，即重要的单元电路、核心元器件应当优先布局。布局时应参考原理图，根据单板的主信号流向规律安排主要元器件。布局应尽量满足以下要求：总的连线尽可能短，关键信号线最短；高电压、大电流的信号与小电流、低电压的弱信号完全分开；模拟信号与数字信号分开；高频信号与低频信号分开；高频元器件间的间隔要足够；相同结构电路部分尽可能采用对称式标准布局；按照均匀分布、重心平衡、版面美观的标准优化布局。

如有特殊布局要求，应根据设计需求说明书的要求确定。

（1）设置元器件定位和放置选项。

利用【智能元件捕捉】复选框可将元器件对齐到最近的元器件焊盘，该复选框用于将特定焊盘定位到特定位置。按照3.8节的步骤勾选【捕捉到中心点】和【智能元件捕捉】复选框。

（2）在PCB上定位元器件。

按照3.8节介绍的步骤将元器件放置到PCB上的合适位置，完成元器件布局的PCB如图8-17所示。

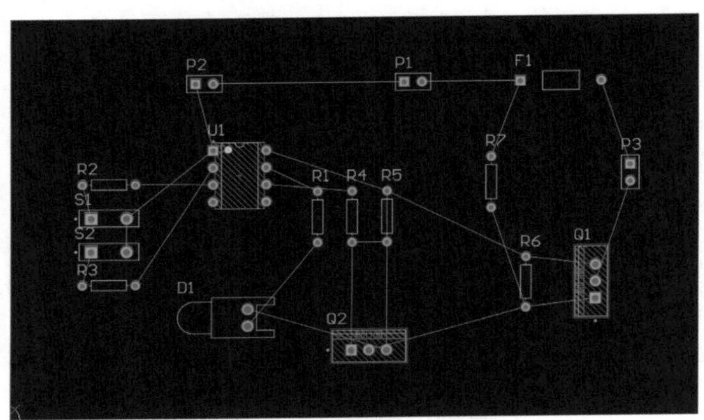

图8-17

8.2.9 交互式布线

利用ActiveRoute完成PCB的布线，具体步骤见3.9节的相关内容。将PCB上的所有连接布通，完成布线后将设计文件保存到本地。布线结果如图8-18所示。

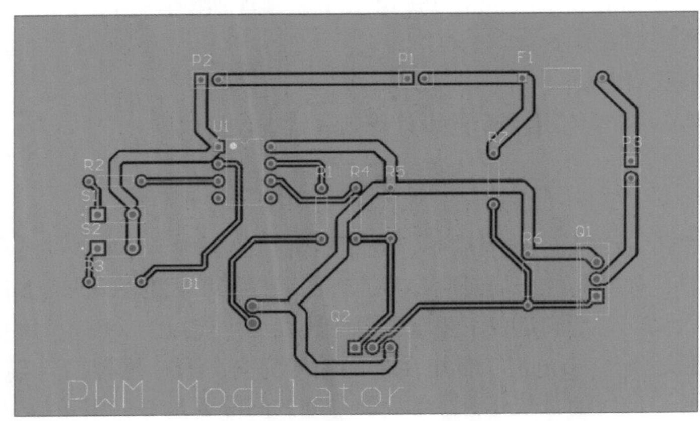

图8-18

8.3 PCB设计验证

启用DRC功能，检查设计是否符合预先定义好的设计规则，一旦检测到违规的设计，立即将违规之处突出显示出来，并生成详细的违规报告。

8.3.1 设置违规显示方式

按照3.10.1小节的内容设置好违规显示方式。

8.3.2 设置设计规则检查器

在PCB编辑器的主菜单中选择【工具】/【设计规则检查】命令，打开【设计规则检查器】对话框，进行在线和批量DRC设置。

（1）DRC报告选项设置。

打开【设计规则检查器】对话框，在对话框左侧选择【Report Options】选项，对话框的右侧显示常规报告选项，保持这些选项的默认设置。

（2）待检查的DRC规则。

在对话框的【Rules to Check】选项中设置特定规则的测试。在本示例中，选择【批量DRC-对已用的规则启用】命令。

8.3.3 运行DRC

单击对话框底部的【运行DRC】按钮，进行设计规则检查，此时会打开【Messages】面板，其中列出了所有检测到的错误。

8.3.4 定位错误

在本示例的PCB上运行批量DRC之后，查看DRC报告的错误。根据违规详情定位错误，按照3.10.4小节的方法逐条解决DRC报告的错误。解决全部错误之后再次运行DRC，直到DRC错误报告中没有报任何错误。将PCB和项目保存到工作区，关闭PCB文件。

8.4 项目输出

完成PCB的设计和检查之后，可以开始制作PCB审查、制造和装配所需的输出文档。

8.4.1 创建输出作业文件

按照3.11.2小节中的步骤设置输出作业文件。

8.4.2 设置Gerber文件

在PCB编辑器的主菜单中选择【文件】/【制造输出】/【Gerber Files】命令，设置Gerber文件。按照3.11.3小节中的步骤处理Gerber文件和NC Drill输出文件，并将它们映射到OutJob右侧的输出容器。

8.4.3 设置物料清单

按照3.11.5小节的步骤设置BOM中的元器件信息，给出每个元器件详细的供应链信息。

8.4.4 输出物料清单

利用报告管理器输出BOM文件。报告管理器通过【Bill of Materials For Project】对话框输出BOM。按照3.11.6小节中的步骤输出本项目的BOM。

8.5 项目发布

使用Altium Designer 22的【Project Releaser】命令，发布项目。按照3.12节中的步骤发布已完成设计的项目。至此，本章的实战演练项目设计完成。

第9章 STM32单片机控制系统

第9章举了一个最小单片机控制系统的例子，在嵌入式系统设计中，可以选用不同厂家的单片机构成复杂的单片机控制系统。在品牌林立的多种单片机中，意法半导体（ST）的单片机产品尤为著名，基于ARM Cortex-M（M0/M0+/M3/M4/M7）内核的STM32系列32位MCU及STM8系列8位MCU以可靠的品质和方便的开发环境，在嵌入式应用开发中占有一席之地。意法半导体的MCU应用非常广泛，无论是要求成本尽可能低的应用，还是需要强大实时性能与高级语言支持的应用，意法半导体的MCU均能胜任。意法半导体STM32系列32位MCU包含功能强大的带有标准通信接口的8位通用闪存微控制器，如USB、CAN、LIN、UART、I2C及SPI；专用8位微控制器，可实现电机控制、低噪音模块转换器（LNB）、闪存驱动器和可编程系统存储器（PSM）等应用。

本章的实战演练案例选用意法半导体公司的STM32F030作为主控单元，控制带有人机接口（Human Machine Interface，HMI）的触摸屏、排热风扇和电磁阀等外部接口；与此同时，输出一个PWM信号，实现对外部电动机的控制。

本系统采用12V外部电压供电，通过降压芯片MP2359将12V电压降到5V，为人机接口的触摸屏供电；通过LM1117芯片将5V电压降到3.3V，为STM32F030供电。STM32F030通过I^2C接口外挂一个EEPROM来存储外部数据，STM32F030的UART串口用于实现与触摸屏的通信控制，STM32F030的PA4控制排热风扇的启停，STM32F030的PA6控制电磁阀的开断。系统框图如图9-1所示。

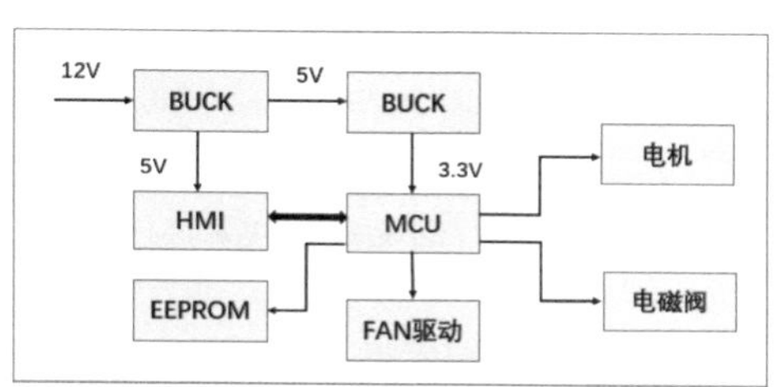

图9-1

9.1 绘制原理图

项目设计的第一步是绘制STM32单片机控制系统电路的原理图。

9.1.1 创建新项目

在原理图编辑器的主菜单中选择【文件】/【新的】/【项目】命令，创建一个新的项目文件Controller.PrjPcb，如图9-2所示。

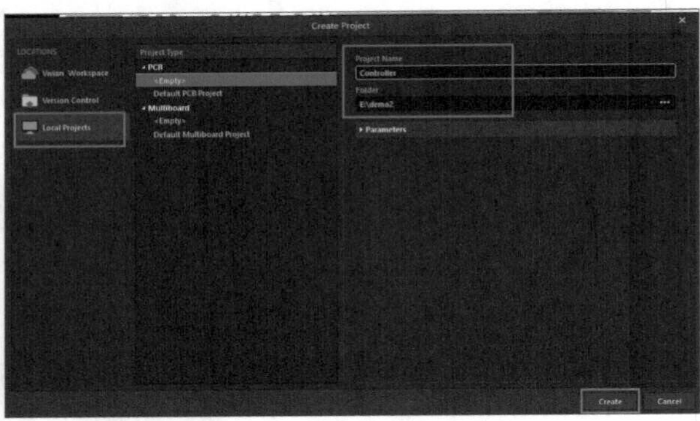

图9-2

9.1.2 添加原理图

给新创建的项目中添加原理图，将原理图命名为Controller.SchDoc，并将其保存到项目中，如图9-3所示。

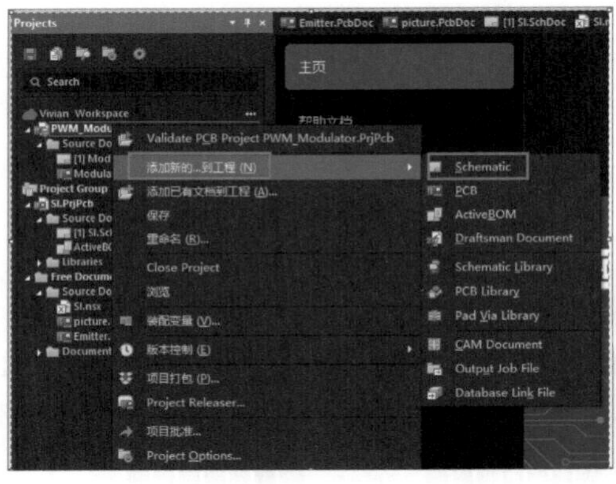

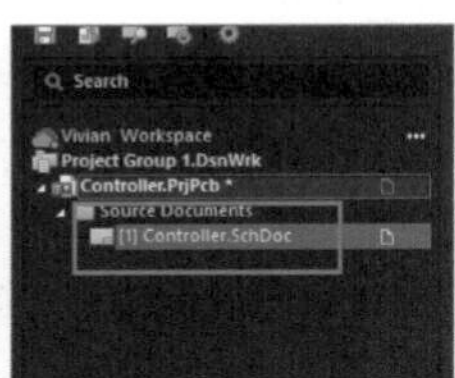

图9-3

创建和保存好新建的原理图之后，在原理图编辑器中打开一张空白的原理图图纸。在空白原理图文档中绘制原理图之前，需要设置好原理图文档的属性。

9.1.3 设置文档属性

按照2.4节的内容设置好原理图图纸尺寸和栅格大小。在本示例中，设置原理图尺寸为A3、栅格大小为90mil。

9.1.4 查找并获取元器件

从工作区或基于文件的库中选取项目会用到的电子元器件，利用Altium Designer 22自带的【Manufacturer Part Search】面板搜索元器件，通过【Components】面板将其放置到原理图上。

在【Manufacturer Part Search】面板查找绘制原理图需要的元器件，单击应用程序窗口右下角的【Panels】按钮，从菜单中选择【Manufacturer Part Search】命令，打开【Manufacturer Part Search】面板，首次打开【Manufacturer Part Search】面板将显示元器件类别列表，如图9-4所示。

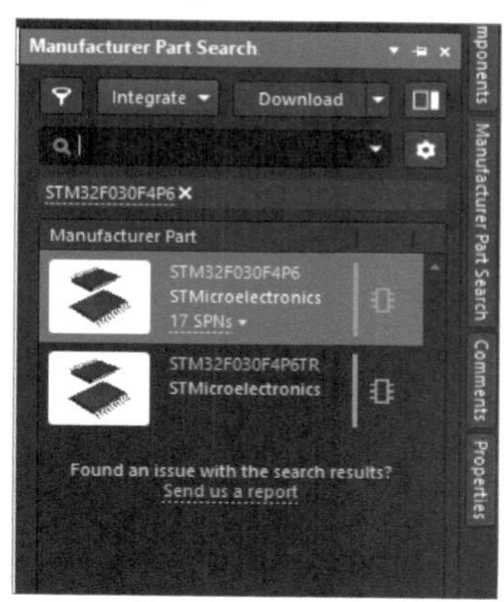

图9-4

本项目需要的元器件的列表如表9-1所示。

表9-1 STM32单片机控制电路的元器件列表

设计位号	描述	注释
BRIDGE	KBJ359	电桥
D1、D2、D3、D4、D5、D9	SS14、1N4007	二极管
C1、C2、C3、C4、C5、C6、C7、C8、C9、C9、C11、C12、C13、C14、C17、C18、C31、C32	90uf	电容
MP2359	U1	集成电路
J1、J2、J3、J4、J6、J7	CON-4P	连接器
Q1、Q2、Q3	IRFP419	三极管
R2、R3、R6、R7、R8、R9、R9、R11、R12、R13、R14、R16、R17、R18、R23	90	电阻
U2	TC4420	集成电路
U3	EL357N	集成电路
U4	STM32F030F4P6	集成电路
U5	LM1117-SOT223	集成电路
U6	24LC01	集成电路
U9	INA282	集成电路

按照2.5节介绍的方法获取项目需要的全部元器件。

9.1.5 放置元器件

单击【Component】面板【Details】窗格中的【Place】按钮，鼠标指针自动移动到原理图图纸区域内，鼠标指针上显示元器件，确定好位置之后，单击以放置元器件。继续查找并放置元器件，所有元器件均放置好后的原理图如图9-5所示。

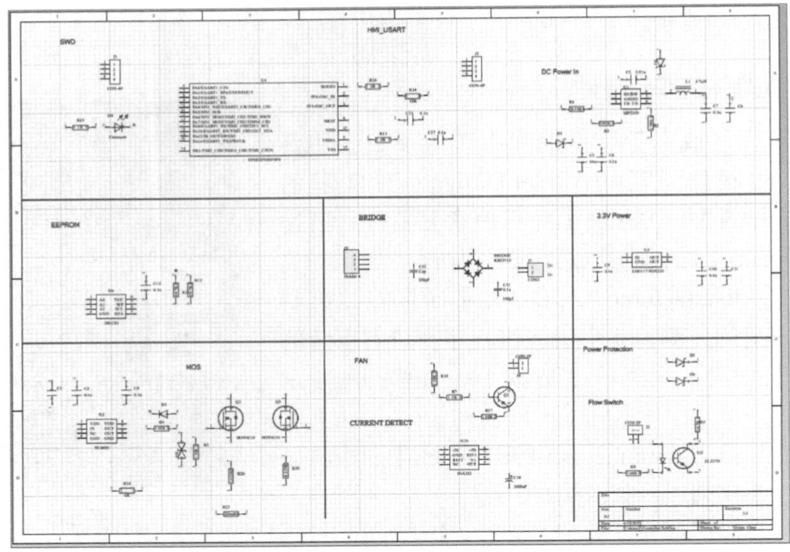

图9-5

9.1.6 原理图连线

在原理图上放置好全部元器件之后，便可以开始原理图连线。按 PgUp 键放大或按 PgDn 键缩小原理图，确保原理图有合适的视图。按照2.7节介绍的方法完成原理图连线。完成连线后的原理图如图9-6所示。

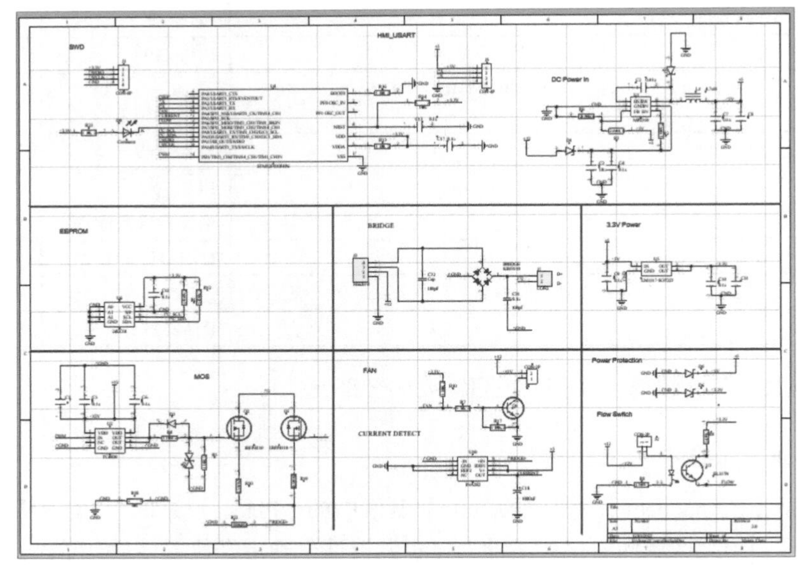

图9-6

9.1.7 动态编译

在主菜单中选择【工程】/【Project Options】命令，设置错误检查参数、连通矩阵、类生成设置、比较器设置、项目变更顺序生成、输出路径、连接性选项、多通道命名格式和项目级参数等。设置完成之后进行动态编译。

9.1.8 设置错误检查条件

使用连通矩阵来验证设计，在主菜单中选择【工程】/【Validate PCB Project】命令，编译项目时，软件会检查UDM和编译器设置之间的逻辑、电气和绘图错误，检测出所有违规设计。

（1）设置错误报告。

选择【工程】/【Project Options】命令，打开【Options for PCB Project】对话框。为每种错误检查设定好各自的报告格式，通过报告格式体现违规的严重程度，如图9-7所示。

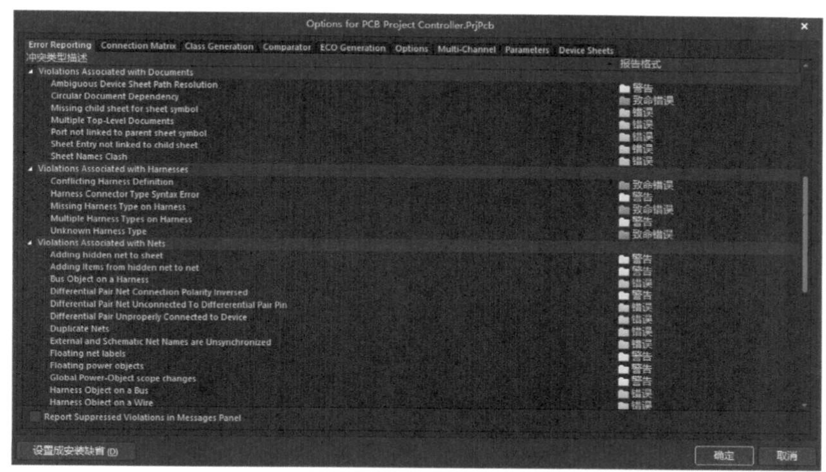

图9-7

（2）设置连通矩阵。

【Options for PCB Project】对话框中的【Connection Matrix】选项卡用于设置允许相互连接的引脚类型。可以将每种错误类型设置为一个单独的错误级别，即从【No Report】到【Fatal Error】4个不同级别的错误。单击彩色方块以更改设置，继续单击以移动到下一个检查级别。在图9-8中将连通矩阵设置为【Unconnected–Passive Pin】将报错。

（3）设置类生成选项。

【Options for PCB Project】对话框中的【Class Generation】选项卡用于设置设计中生成的类的种类，【Comparator】和【ECO Generation】选项卡用于控制是否将类迁

移到PCB中。取消勾选【创建元件类】复选框，将禁止为本项目原理图创建Room。

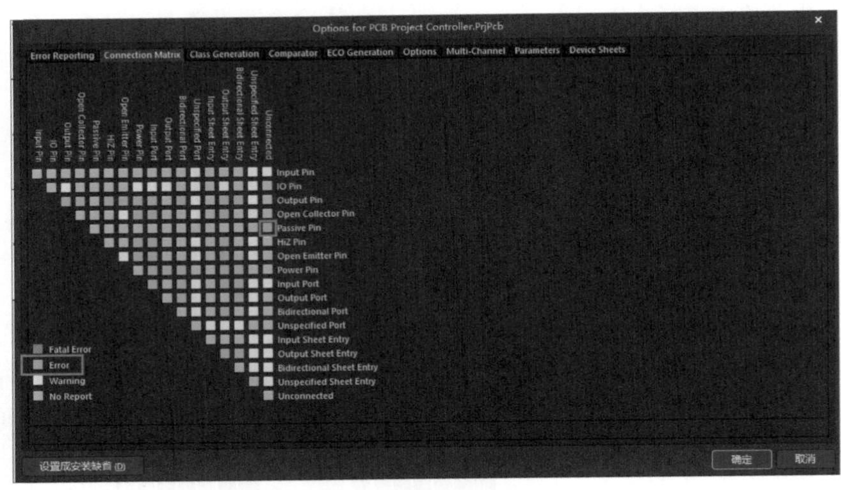

图9-8

本设计项目中没有总线，无须勾选【为总线产生网络类】复选框，只需勾选【创建网络类】复选框，如图9-9所示。

图9-9

（4）设置比较器。

【Options for PCB Project】对话框中的【Comparator】选项卡用于设置在编译项目时是否报告不同文件之间的差异。在本设计项目中，勾选【仅忽略PCB定义的规则】复选框，如图9-10所示。

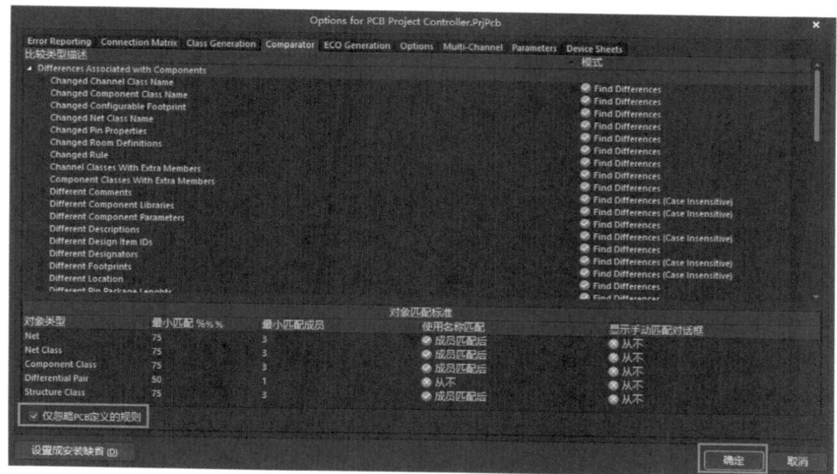

图9-10

9.1.9 进行项目验证与错误检查

从主菜单中选择【工程】/【Validate PCB Project Regulator.PrjPcb】命令，对项目进行验证与错误检查。按照2.10节中的步骤进行项目验证与错误检查。查看并修复原理图中的错误，确认原理图准确无误之后，重新编译项目，将原理图和项目文件保存到工作区，准备绘制PCB版图。

9.2 绘制PCB版图

9.2.1 创建PCB文件

创建一个空白PCB文件，将其命名为Controller.PcbDoc后保存到项目文件夹中，如图9-11所示。

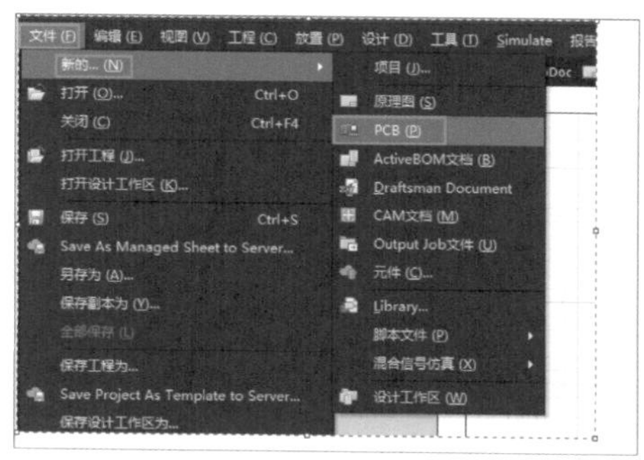

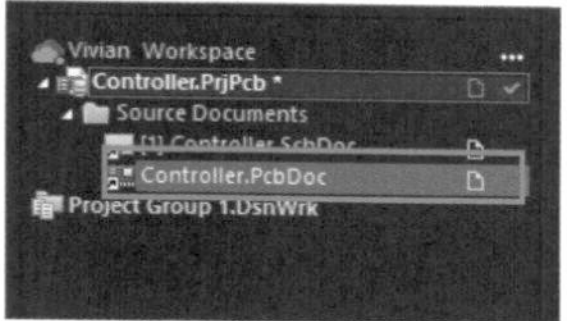

图9-11

9.2.2 设置PCB的形状和位置

设置空白PCB的属性，包括设置原点、设置单位、选择合适的捕捉栅格、设置PCB的尺寸以及设置PCB的层叠等。

（1）设置原点和栅格。

按照3.2节中的步骤设置PCB的原点和栅格。本示例将采用一个单位为公制的栅格。按快捷键 Ctrl + Shift + G 打开【Snap Grid】对话框，在该对话框中输入“5mm”，单击【OK】按钮关闭对话框。软件会切换到公制栅格线，通过状态栏可以看到设置好的栅格值，如图9-12所示。

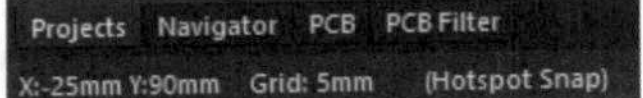

图9-12

（2）设置PCB的尺寸。

PCB的默认尺寸是6英寸 × 4英寸，本示例中的PCB的尺寸为60毫米 × 95毫米。按照3.2节中的步骤设置PCB的尺寸。设置好PCB的尺寸的效果如图9-13所示。

图9-13

9.2.3 设置PCB的默认属性

按照3.3节的内容设置好PCB的默认属性。

9.2.4 迁移设计

在主菜单中选择【设计】/【Update PCB Document Controller.PcbDoc】命令，或者在PCB编辑器中选择【设计】/【Import Changes from Controller.PrjPcb】命令。按照3.4节中描述的步骤实现原理图文件到PCB文件的迁移，迁移后的PCB版图如图9-14所示。

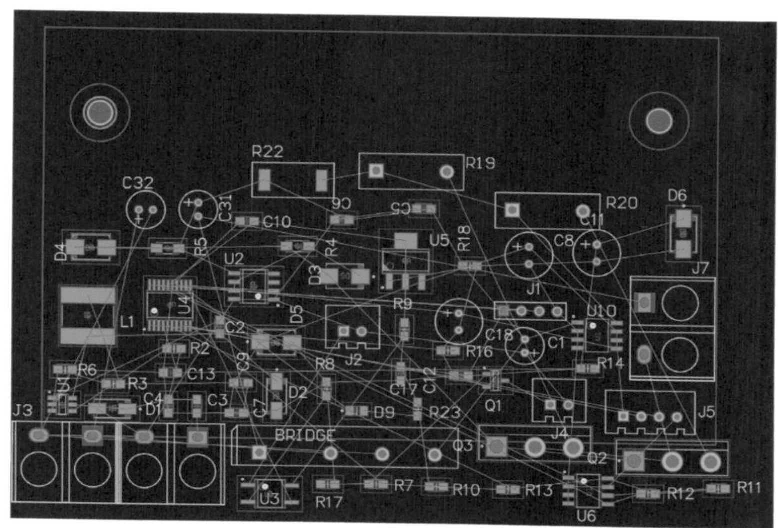

图9-14

9.2.5 设置图层显示方式

在层叠管理器中添加和删除覆铜，在【View Configuration】面板中启用并设置所有其他层。

在层叠管理器中对层堆叠进行设置，选择【设计】/【层叠管理器】命令，打开【层叠管理器】对话框。本教程中的示例PCB是一个带通孔的双面板。按照3.5节的内容设置好层堆叠，如图9-15所示。

+ Add　Modify　Delete

#	Name	Material	Type	Weight	Thickness	Dk	Df
	Top Overlay		Overlay				
	Top Solder	Solder Resist	Solder Mask		0.01016mm	3.5	
1	Top Layer		Signal	1oz	0.03556mm		
	Dielectric1	FR-4	Dielectric		0.32004mm	4.8	
2	Bottom Layer		Signal	1oz	0.03556mm		
	Bottom Solder	Solder Resist	Solder Mask		0.01016mm	3.5	
	Bottom Overlay		Overlay				

图9-15

完成层堆叠设置之后，选择【文件】/【Save to PCB】命令保存层堆叠设置。右击【Layer Stack Manager】选项卡，在弹出的菜单中选择【Close Altium Layer Stackups】命令，关闭【层叠管理器】对话框。

9.2.6 栅格设置

选择适合放置和布局元器件的栅格，在本示例的PCB文件中，将实际的栅格大小和设计规则按表9-2中的内容进行设置。

表9-2　栅格设置表

设置	数值	描述
线宽	0.254mm	设计规则：首选线宽
安全距离	0.254mm	设计规则：安全距离
PCB栅格大小	5mm	笛卡儿坐标编辑器
元器件布置栅格	1mm	笛卡儿坐标编辑器
走线栅格	0.254mm	笛卡儿坐标编辑器
过孔外径	1mm	设计规则：过孔类型
过孔内径	0.6mm	设计规则：过孔类型

按照3.6节中描述的步骤设置好栅格。

9.2.7　设置设计规则

在【PCB规则及约束编辑器】对话框中设置设计规则。

（1）定义走线宽度设计规则。

本示例中包括多个信号网络和多个电源网络。可以将默认的走线宽度设计规则设置为0.254mm的信号网，将此规则的适用范围设置为【All】，即适用于本设计中的所有网络。尽管【All】的范围也包含了电源网络，但也可以添加第二个高优先级规则，其范围为InNet（GND）或InNet（3.3V）。按照3.7节的内容设置好走线宽度设计规则。图9-16显示了这6个规则的设置信息，低优先级规则针对所有网络，高优先级规则针对3.3V网络或GND网络。

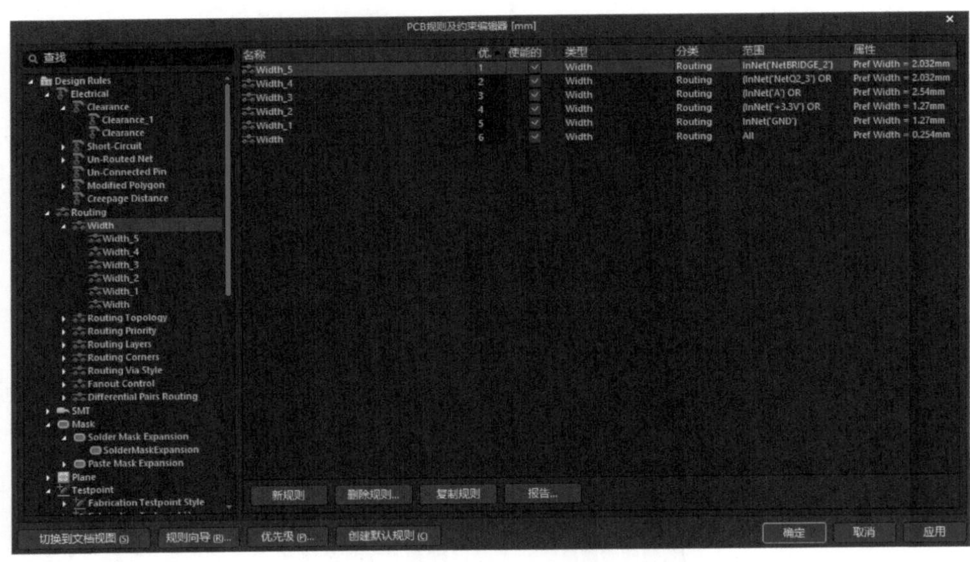

图9-16

（2）定义电气安全距离约束条件。

在本示例文件中，将PCB上所有物体之间的最小电气安全距离设置为0.254mm。按照3.7节的步骤定义不同网络的不同对象（焊盘、过孔、走线）之间的最小电气安全距离。

（3）定义走线过孔样式。

在本示例中，通过【Routing Via Style】设计规则设置过孔的属性。按照3.7节步骤定义走线过孔样式。

（4）检查设计规则。

按照3.7节的步骤禁用多余的设计规则并检查设计规则。

9.2.8　元器件定位和放置

布局时应参考原理图，根据单板的主信号流向规律安排主要元器件。布局应尽量满足以下要求：总的连线尽可能短，关键信号线最短；高电压、大电流的信号与小电流、低电压的弱信号完全分开；模拟信号与数字信号分开；高频信号与低频信号分开；高频元器件间的间隔要足够；相同结构电路部分尽可能采用对称式标准布局；按照均匀分布、重心平衡、版面美观的标准优化布局。如有特殊布局要求，应根据设计需求说明书的要求确定。

（1）设置元器件定位和放置选项。

利用【智能元件捕捉】复选框可将元器件对齐到最近的元器件焊盘，该复选框用于将特定焊盘定位到特定位置。按照3.8节的步骤勾选【捕捉到中心点】和【智能元件捕捉】复选框。

（2）在PCB上定位元器件。

按照3.8节的步骤将元器件放置到PCB上的合适位置，完成元器件布局的PCB如图9-17所示。

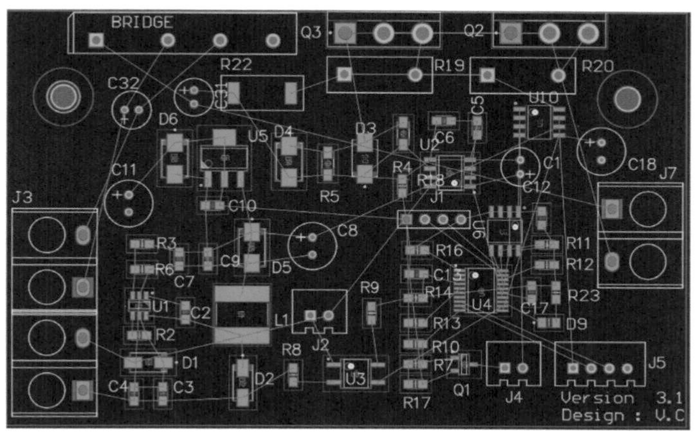

图9-17

9.2.9 交互式布线

利用ActiveRoute完成PCB的布线，具体步骤见3.9节的相关内容。将PCB上的所有连接布通，完成布线后将设计文件保存到本地。布线结果如图9-18所示。

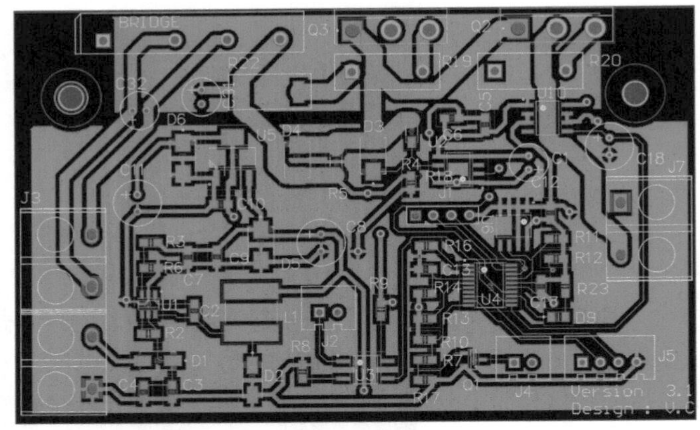

顶层

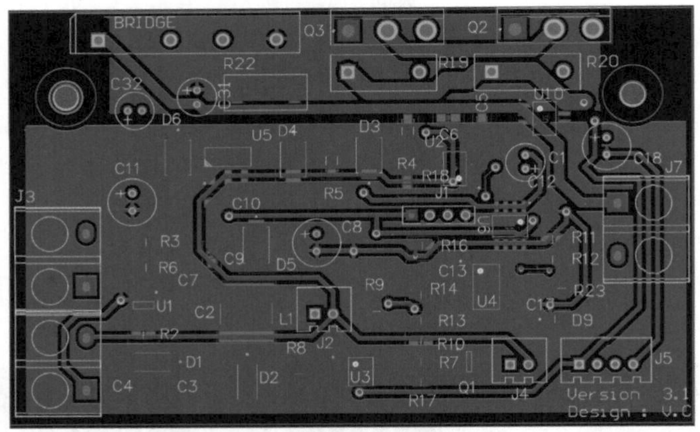

底层

图9-18

9.3 PCB设计验证

启用DRC功能，检查设计是否符合预先定义好的设计规则，一旦检测到违规的设计，立即将违规之处突出显示出来，并生成详细的违规报告。

9.3.1 设置违规显示方式

按照3.10.1小节的内容设置好违规显示方式。

9.3.2 设置设计规则检查器

在PCB编辑器的主菜单中选择【Tools】/【设计规则检查】命令，打开【设计规则检查器】对话框，进行在线和批量DRC设置。

（1）DRC报告选项设置。

打开【设计规则检查器】对话框，在对话框左侧选择【Report Options】选项，对话框的右侧显示常规报告选项，保持这些选项的默认设置。

（2）待检查的DRC规则。

在对话框的【Rules to Check】选项中设置特定规则的测试。在本示例中，选择【批量DRC-对已用的规则启用】命令。

9.3.3 运行DRC

单击对话框底部的【运行DRC】按钮，进行设计规则检查，此时会打开【Messages】面板，其中列出了所有检测到的错误。

9.3.4 定位错误

在本示例的PCB上运行批量DRC之后，查看DRC报告的错误。根据违规详情定位错误，按照3.10.4小节的方法逐条解决DRC报告的错误。解决全部错误之后再次运行DRC，直到DRC错误报告中没有报任何错误。将PCB和项目保存到工作区，关闭PCB文件。

9.4 项目输出

完成PCB的设计和检查之后，可以开始制作PCB审查、制造和装配所需的输出文档。

9.4.1 创建输出作业文件

按照3.11.2小节中的步骤设置输出作业文件。

9.4.2 设置Gerber文件

在PCB编辑器的主菜单中选择【文件】/【制造输出】/【Gerber Files】命令，设置Gerber文件。按照3.11.3小节中的步骤处理Gerber文件和NC Drill输出文件，并将它们映射到OutJob右侧的输出容器。

9.4.3 设置物料清单

按照3.11.5小节的步骤设置BOM中的元器件信息，给出每个元器件详细的供应链信息。

9.4.4 输出物料清单

利用报告管理器输出BOM文件。报告管理器通过【Bill of Materials For Project】对话框输出BOM。按照3.11.6小节中的步骤输出本项目的BOM，如表9-3所示。

表9-3 STM32单片机控制系统的BOM

描述	位号	封装	参考库	元器件数量
Full Wave Diode Bridge	BRIDGE	BRPACK2	Bridge1	1
ALUMINUM ELECTROLYTIC CAP.	C1	CAP-E-5.0X11.0	CAP-E	1
SURFACE MOUNT CAPACITOR 0.048 X 0.079 INCHES	C2、C3、C4、C5、C6、C7、C9、C9、C12、C13、C17	CAPC2012X90M	CAP-SMT	11
ALUMINUM ELECTROLYTIC CAP.	C8、C11	CAP-E-6.3X11.0	CAP-E	2
Polarized Capacitor（Radial）	C18	CAP-E-6.3X11.0	Cap Pol1	1
Capacitor	C31	CAP-E-5.0X11.0	Cap	1
Capacitor	C32	CAP-E-5.0X11.0	Cap	1
GENERIC DIODE W ALTERNATE	D1、D2	DIOM5027X244M	SS14	2
GENERIC DIODE W ALTERNATE	D3	D3PACK	1N4007	1
GENERIC DIODE W ALTERNATE	D4	DIOM5336X262M	P6SMBXXCA	1
GENERIC DIODE W ALTERNATE	D5、D6	DIOM5336X262M	P6SMBXXA	2
LIGHT EMITTING DIODE	D9	REDLED	LED-SMT	1
	J1	SIP-4P	CON-4P	1
	J2、J4	CON-2P-90	CON-2P	2
Header，4-Pin	J3	JCON4	Header 4	1
	J5	CON-4P-90	CON-4P	1
Header，2-Pin	J7	CON-2P-300	Header 2	1
0.47uH，0.0044 ohm，17.5A，Size:7.3*6.8*3.5 mm	L1	INDC7373X400N	INDUCTOR	1
NPN SILICON TRANSISTOR	Q1	SOT95P251X112-3M	8050	1
HEXFET Power MOSFET	Q2、Q3	TO546P508X1588X2483-3P	IRFP419	2

续表

描述	位号	封装	参考库	元器件数量
RES BODY:060 CENTERS:400	R2、R3、R6、R7、R8、R9、R9、R11、R12、R13、R14、R16、R17、R18、R23	RESC2012X50M	RES-SMT	15
RES BODY:060 CENTERS:400	R4、R5	RESC3216X60M	RES-SMT	2
RES BODY:060 CENTERS:400	R19、R20	RES.5R	RES-SMT	2
RES BODY:060 CENTERS:400	R22	2512RES	RES-SMT	1
	U1	SOT95P280X19-6M	MP2359	1
	U2	SOIC127P600X175-8M	TC4420	1
OPTICAL SWITCH, TRANSISTOR OUTPUT	U3	SOIC254P680X239-4M	EL357N	1
	U4	SOP65P640X120-20M	STM32F030F4P6	1
	U5	SOT230P700X180-4M	LM1117-SOT223	1
	U6	SOIC127P600X175-8M	24LC01	1
	U9	SOIC127P600X175-8M	24LC01	1

9.5 项目发布

使用Altium Designer 22的【Project Releaser】命令发布项目。按照3.12节中的步骤发布已完成设计的项目。至此，本章的实战演练项目设计完成。

第10章 SAM V71仿真开发板

在嵌入式系统设计中，基于ARM 架构的MCU为业界主流。微芯（Microchip）公司在嵌入式微处理器市场主推两大系列的产品，一是PIC系列的8位MCU，其应用示例在第9章已经做了介绍；二是基于Arm Cortex-M为核的SAM系列32位MCU。SAM系列单片机以Arm Cortex-M7内核为基础，具有高性能、低功耗的特点。为了提高系统的可靠性，SAM架构添加了纠错码（Error Correcting Code，ECC）记忆、完整性检查监测器（Integrity Check Monitor，ICM）、存储器保护单元（Memory Protection Unit，MPU）等故障管理和数据完整性功能。此外，SAM架构还拥有CAN FD和以太网AVB/TSN功能，可满足不断变化的系统连接功能的需求。

本章的实战演练案例选用微芯公司的SAM V71作为主控单元，利用其丰富多样的外设和接口构建SAM V71的仿真开发系统。系统带有以太网接口、高速USB接口、MediaLB接口等，可以作为SAM V71的评估开发板使用。SAM V71仿真开发板的系统框图如图10-1所示。

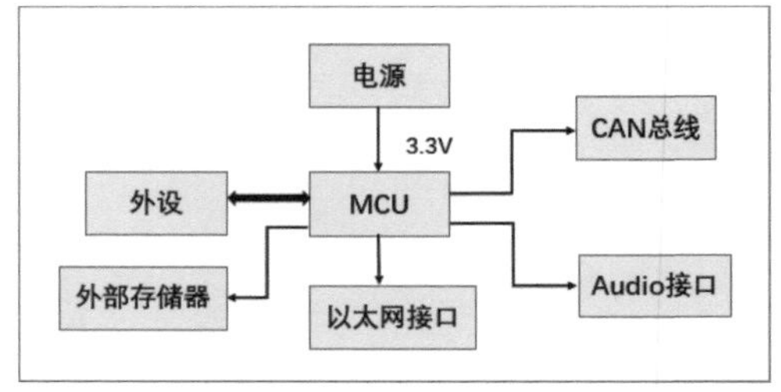

图10-1

该PCB的原理图设计采用自顶向下的分层结构，PCB设计采用8层层叠结构，相较于第9章和第10章的设计内容，复杂程度有所增加，选用此案例的目的是使读者入门之后有一个进阶的训练。虽然本案例项目中的元器件数目、走线长度和布线层数目有所增加，但是设计流程依然没有变化，只是复杂程度有所增加，在巩固了前几章的设计技能的基础上也不难实现。

10.1 绘制原理图

项目设计的第一步是绘制SAM V71仿真开发板的原理图。

10.1.1　创建新项目

在原理图编辑器的主菜单中选择【文件】/【新的】/【项目】命令，创建一个新项目文件Xplaned.PrjPcb，如图10-2所示。

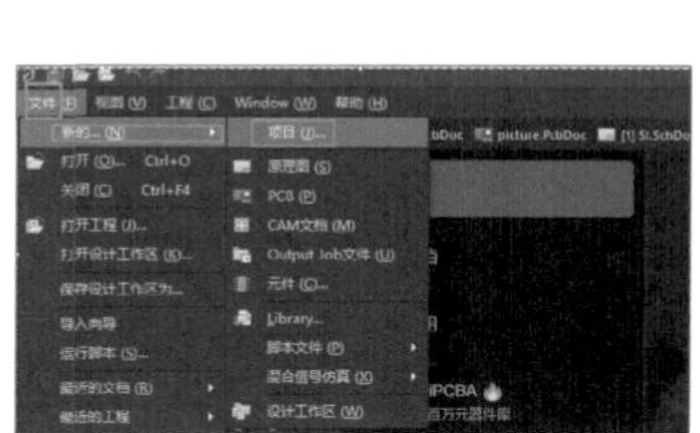
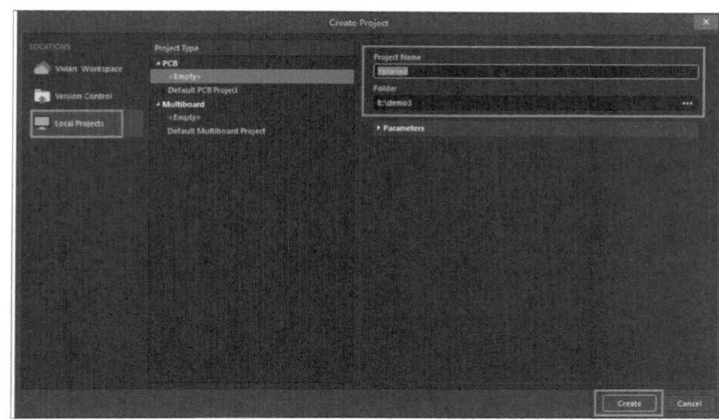

图10-2

10.1.2　添加原理图

给新创建的项目添加原理图，将原理图命名为Xplained.SchDoc并保存到项目中，如图10-3所示。

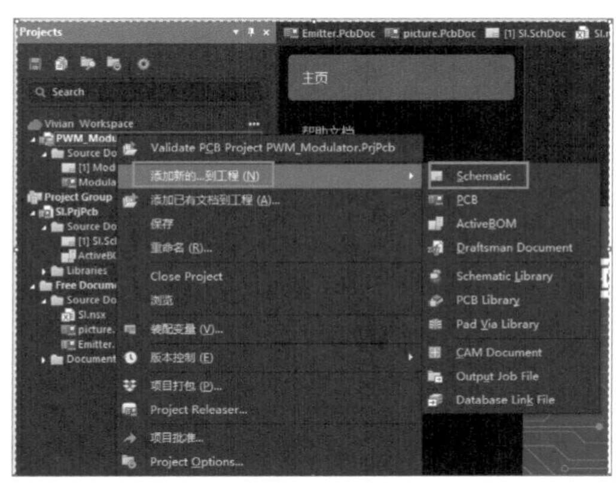

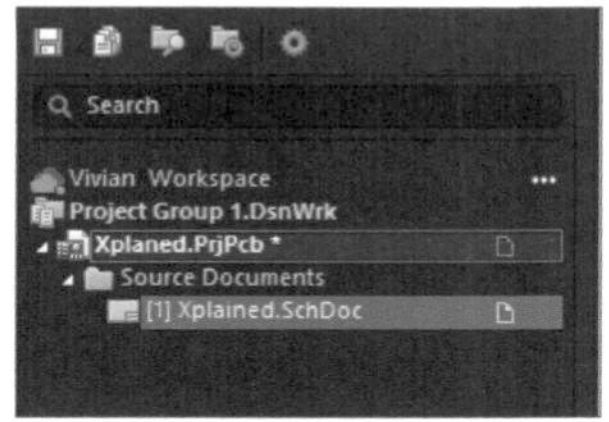

图10-3

创建和保存好新建的原理图之后，在原理图编辑器中打开一张空白的原理图图纸。在空白原理图文档中绘制原理图之前，需要设置好原理图文档的属性。

10.1.3　设置文档属性

按照2.4节介绍的方法设置好原理图图纸的尺寸和栅格大小。在本示例中，设置原理图尺寸为A3、栅格大小为100mil。

10.1.4 绘制顶层原理图

本项目涉及的元器件比较多，一张原理图中放不下项目的全部元器件，在这种情况下，可以对整个项目的各个功能子模块进行拆解，将功能子模块分别放入子原理图中，各个子原理图按照顶层原理图进行连接。顶层原理图由各个子原理图符号（Sheet Symbol）组成，不同子原理图之间放上图纸入口（Sheet Entry），利用信号线束（Signal Harness）或走线（Wire）将不同子图的信号连接起来。

（1）添加子图符号。

在原理图编辑器主菜单中选择【放置】/【页面符】命令，双击创建的新图纸符号，在原理图符号的【Properties】面板中输入图纸符号的位号和文件名，该文件名对应子原理图的名称，一般还会给它添加一个参数描述，如图10-4所示。

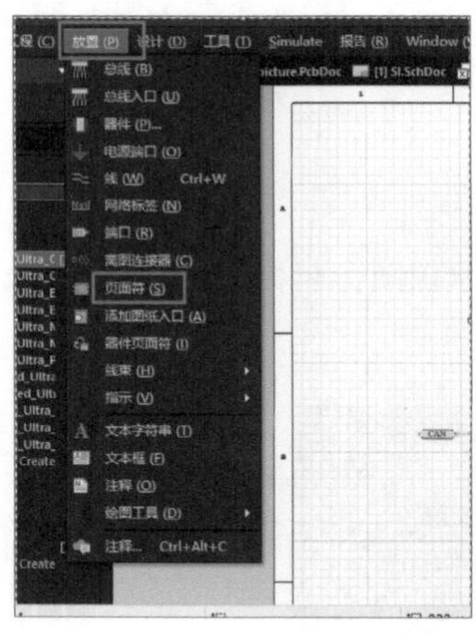

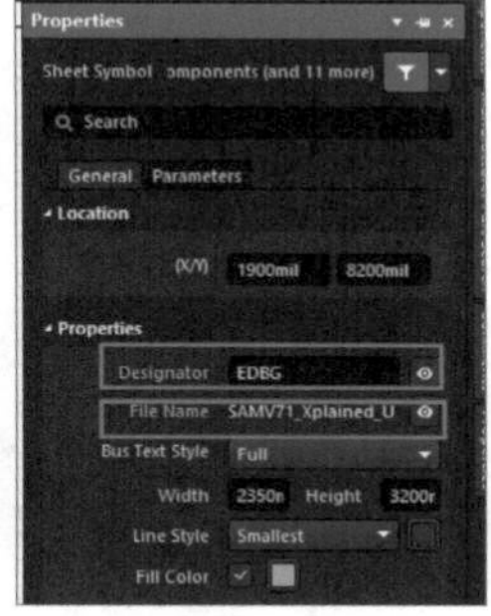

图10-4

（2）创建图纸入口。

顶层原理图中的每一个电路端口都与其子原理图上的一个电路输入/输出端口对应。在原理图编辑器主菜单中选择【放置】/【添加图纸入口】命令，创建子原理图的图纸入口。双击创建的新图纸符号，在图纸入口的【Properties】面板中设置【Name】【I/O Type】【Harness Type】选项，如图10-5所示。

（3）利用信号线束连线。

在工具栏中单击或按钮，按照2.7节介绍的方法完成原理图连线。在本项目中，顶层原理图包含10张子原理图，完成连线后的顶层原理图如图10-6所示。

（4）创建子原理图。

在原理图编辑器主菜单中选择【设计】/【从页面符创建图纸】命令，选中其中的一个图纸符号便可以生成一张与该符号对应的子原理图，如图10-7所示。

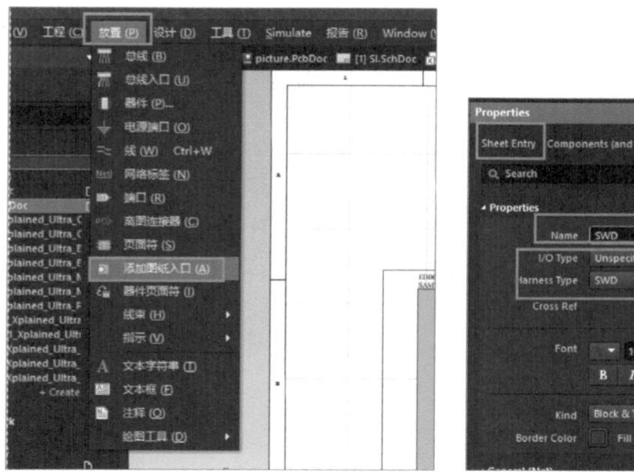
工程
放置 (P)
设计 (D)
工具 (T)
Simulate
报告 (R)
Window
总线 (B)
总线入口 (U)
器件 (P)...
电源端口 (O)
线 (W) Ctrl+W
网络标签 (N)
端口 (R)
离图连接器 (C)
页面符 (S)
添加图纸入口 (A)
器件页面符 (I)
线束 (H)
指示 (V)
文本字符串 (T)
文本框 (F)
注释 (O)
绘图工具 (D)
picture.PcbDoc
[1] SI.SchDoc
Properties
Sheet Entry
Components (and 11 more)
Search
Properties
Name
SWD
I/O Type
Unspecified
Harness Type
SWD
Cross Ref
Font
10
Kind
Block & Triangle
Border Color
Fill Color

图10-5

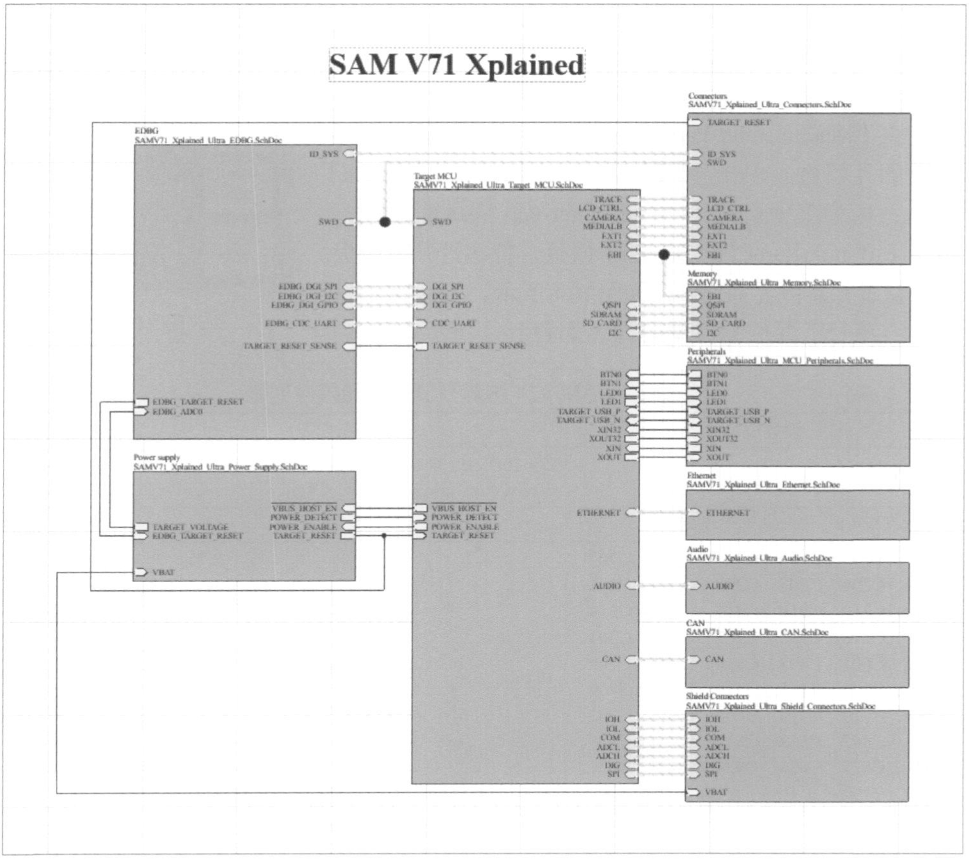

图10-6

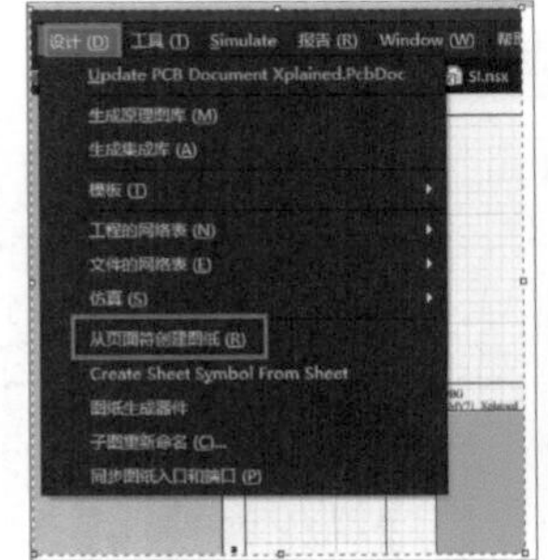

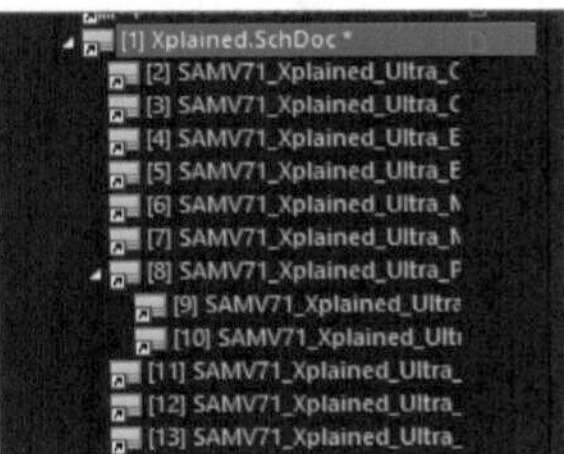

图10-7

10.1.5 查找并获取元器件

从工作区或基于文件的库中选取项目会用到的电子元器件，利用Altium Designer 22自带的【Manufacturer Part Search】面板搜索元器件，通过【Components】面板将其放置到原理图上。

在【Manufacturer Part Search】面板查找绘制原理图需要的元器件。单击应用程序窗口右下角的【Panels】按钮，从菜单中选择【Manufacturer Part Search】命令，打开【Manufacturer Part Search】面板，首次打开该面板后将显示元器件类别列表，如图10-8所示。

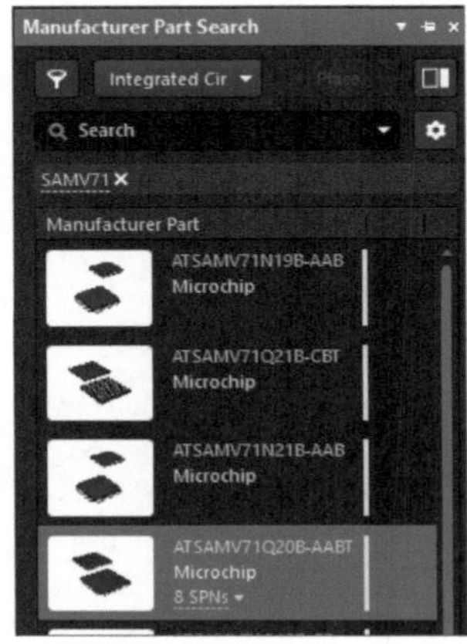

图10-8

本项目需要的元器件的列表如表10-1所示。

表10-1 SAM V71仿真开发板的元器件列表

设计位号	描述	注释
L10X、L20X、L80X、L90X	Z=470Ohm（@100MHz），MaxR（dc）=0.65Ohm，Maxcurrent=1A	电感
D10X、D30X、D90X	LED，Yellow	发光二极管
C102、C105、C106、C200、C201、C202、C203、C204、C205、C206、C207、C208、C209、C210、C210、C212、C213、C214、C217、C218、C300、C301、C302、C303、C600、C601、C602、C610、C613、C700、C702、C704、C705、C706、C707、C709、C710、C710、C713、C800、C801、C802、C806、C807、C812、C813、C816、C818、C821、C822、C823、C824、C826、C827、C829、C1001、C1002、C1003	101uf	电容
Q100、Q101、Q102、Q103、Q104、Q900	N-Channel MOSFET. 60V，0.300A	三极管
J10x、J20x、J30x、J40x、J50x、J7	CON-4P	连接器
SW100、SW101、SW300、SW301	A08-0091	开关

续表

设计位号	描述	注释
R100、R101、R102、R103、R104、R105、R108、R109、R101、R102、R103、R104、R105、R106、R107、R108、R109、R135、R200、R201、R202、R204、R205、R206、R207、R208、R209、R210、R212、R213、R214、R215、R216、R217、R218、R219	100K	电阻
U100	TC4420	集成电路
U101	EL357N	集成电路
U102	STM32F030F4P6	集成电路
U103	LM1017-SOT223	集成电路
U104	24LC01	集成电路
U105	INA282	集成电路
U200	5V to 17V in，5V 2A out，Step-Down Converter	集成电路
U600	Backup battery supervisors for RAM retention	集成电路
U601	Autoswitching 2:1 Power Mux	集成电路
U602	Single channel power switch，1A，reverse block，active low enabled.	集成电路
U603	Externally Programmable Dual High-Current Step-Down DC/DC and Dual Linear Regulators	集成电路
U604	Single，Low Voltage（1.6-5.5V），Low Power（0.35A），low cost	集成电路
U700	SAM 32-bit ARM Cortex-M* RISC MCU，SAM V71 Series，QFP144	集成电路
U800	2kbit I2C EEPROM，single EUI-48 MAC，1.7-5.5V，2x3mm UDFN（8MA2）	集成电路
U801	16Mbit SDRAM（512K Words x 16 Bits x 2 Banks），143 MHz 3，3V	集成电路
U900	Secure authentication and product validation device，EEPROM，I2C，2.0 - 5.5V，UDFN8	集成电路
U1000	Secure authentication and product validation device，EEPROM，I2C，2.0 - 5.5V，SOIC8	集成电路
XC300、XC301、XC800、XC700、XC900	32k768、12.0MHz、25.000 MHz	晶振

按照2.5节介绍的方法获取项目需要的全部元器件。

10.1.6 放置元器件

单击【Component】面板【Details】窗格中的【Place】按钮，鼠标指针自动移动到原理图图纸区域内，鼠标指针上将显示元器件，确定好位置之后，单击以放置元器件。继续查找并放置元器件，将所有元器件放置好。

10.1.7 原理图连线

在原理图上放置好全部元器件之后，便可以开始原理图连线。按PgUp键放大或按PgDn键缩小原理图，确保原理图有合适的视图。按照2.7节介绍的方法完成原理图连线，如图10-9所示。

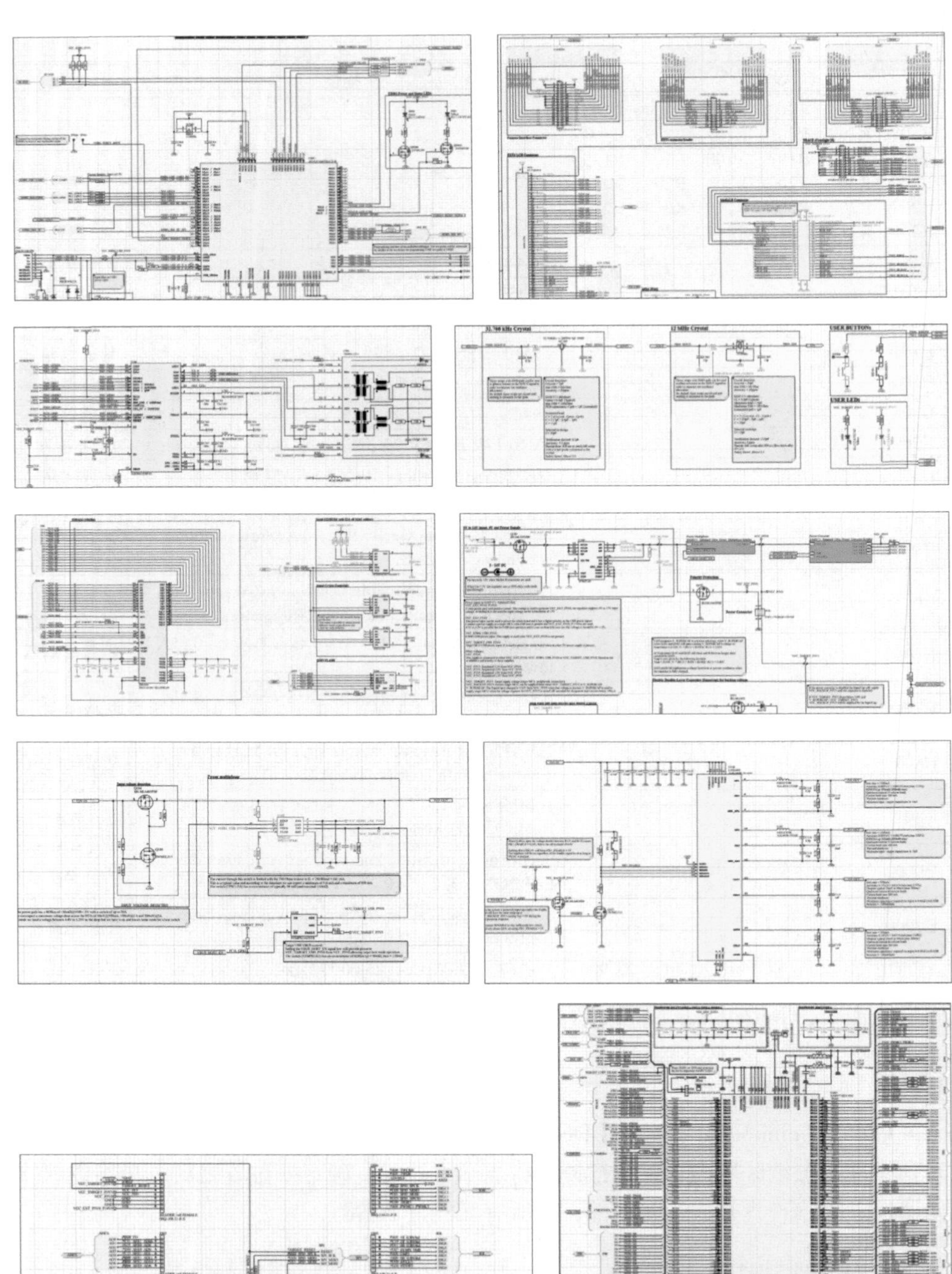

图10-9

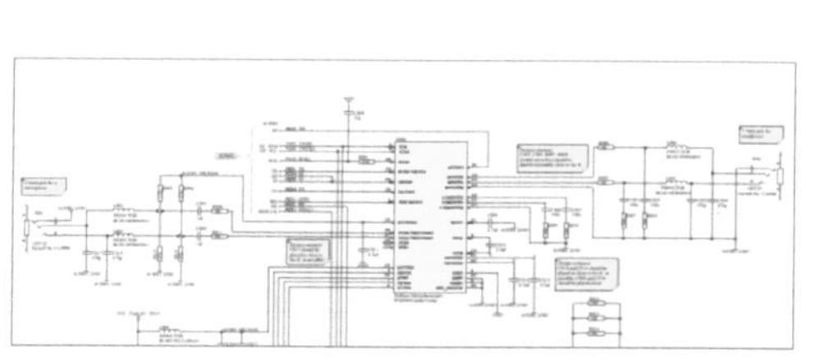

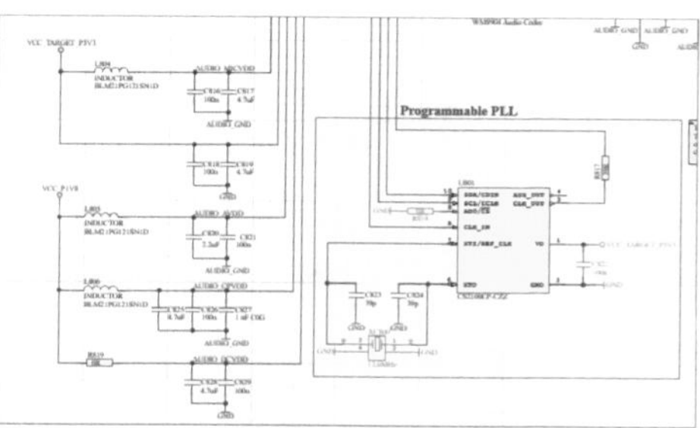

图10-9（续）

10.1.8　动态编译

在主菜单中选择【工程】/【Project Options】命令，设置错误检查参数、连通矩阵、类生成设置、比较器设置、项目变更顺序生成、输出路径、连接性选项、多通道命名格式和项目级参数等。设置完成之后进行动态编译。

10.1.9　设置错误检查条件

使用连通矩阵来验证设计，在主菜单中选择【工程】/【Validate PCB Project】命令，编译项目时，软件会检查UDM和编译器设置之间的逻辑、电气和绘图错误，检测出所有违规设计。

（1）设置错误报告。

选择【工程】/【Project Options】命令，打开【Options for PCB Project】对话框。为每种错误检查设定好各自的报告格式，通过报告格式体现违规的严重程度，如图10-10所示。

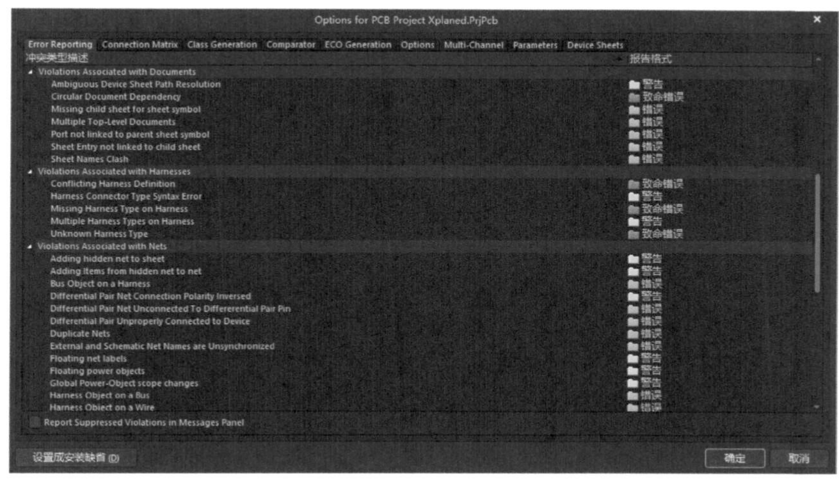

图10-10

（2）设置连通矩阵。

【Options for PCB Project】对话框中的【Connection Matrix】选项卡用于设置允许相互连接的引脚类型。可以将每种错误类型设置为一个单独的错误级别，即从【No Report】到【Fatal Error】4个不同级别的错误。单击彩色方块以更改设置，继续单击以移动到下一个检查级别。在图10-11中将连通矩阵设置为【Unconnected–Passive Pin】将报错。

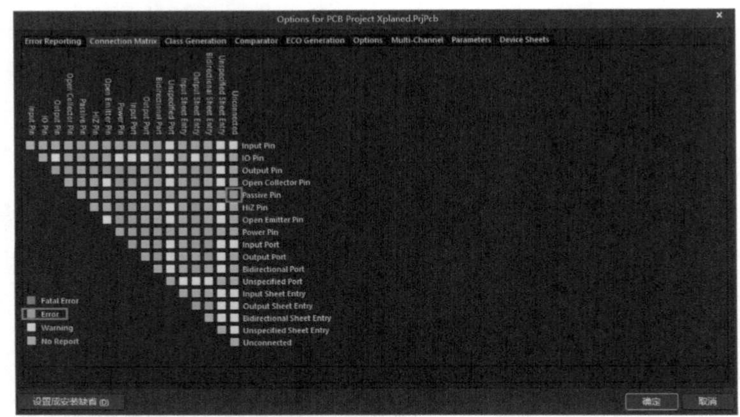

图10-11

（3）设置类生成选项。

【Options for PCB Project】对话框中的【Class Generation】选项卡用于设置设计中生成的类的种类，【Comparator】和【ECO Generation】选项卡用于控制是否将类迁移到PCB中。取消勾选【创建元件类】复选框，将禁止为本项目原理图创建Room。

本设计项目中没有总线，无须勾选【为总线产生网络类】复选框，只需勾选【创建网络类】复选框，如图10-12所示。

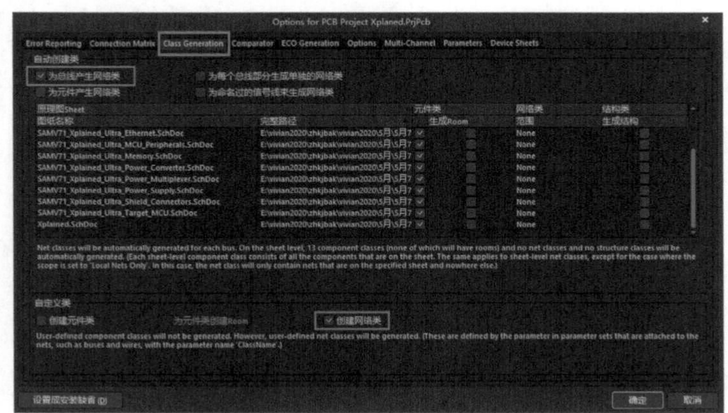

图10-12

（4）设置比较器。

【Options for PCB Project】对话框中的【Comparator】选项卡用于设置在编译项目时是否报告不同文件之间的差异。在本设计项目中，勾选【仅忽略PCB定义的规则】复选框，如图10-13所示。

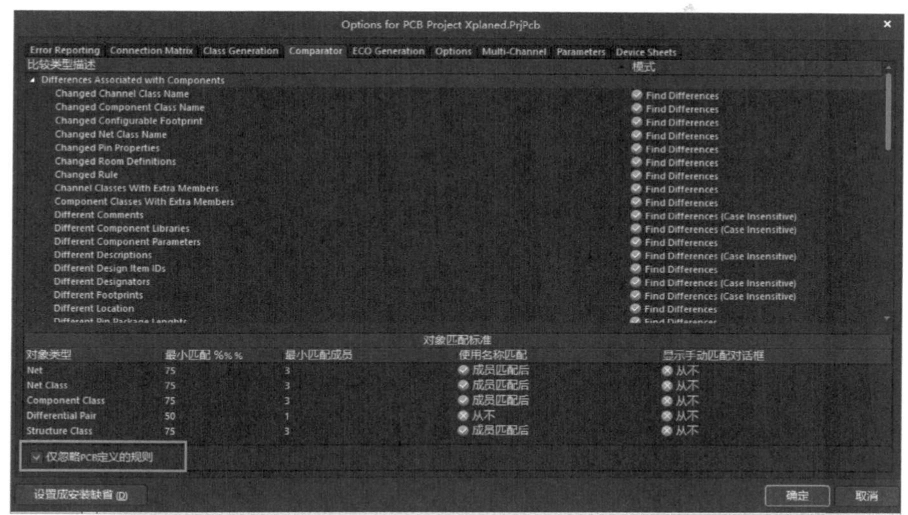

图10-13

10.1.10　进行项目验证与错误检查

从主菜单中选择【工程】/【Validate PCB Project Xplained.PrjPcb】命令，对项目进行验证与错误检查。按照2.10节中的步骤进行项目验证与错误检查。查看并修复原理图中的错误，确认原理图确无误之后，重新编译项目，将原理图和项目文件保存到工作区，准备绘制建PCB版图。

10.2　绘制PCB版图

10.2.1　创建PCB文件

创建一个空白PCB文件，将其命名为Xplained.PcbDoc，然后将其保存到项目文件夹中，如图10-14所示。

10.2.2　设置PCB的形状和位置

设置空白PCB的属性，包括设置原点、设置单位、选择合适的捕捉栅格、设置PCB的尺寸以及设置PCB的层叠等。

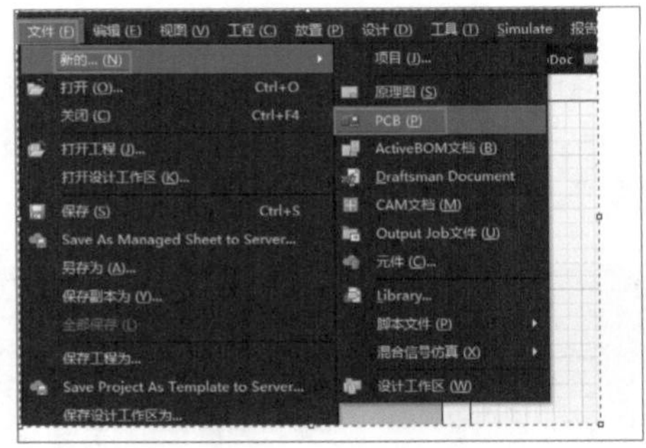

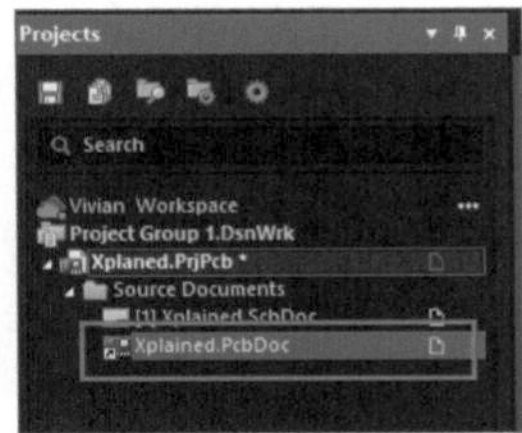

图10-14

（1）设置原点和栅格。

按照3.2节中的步骤设置PCB的原点和栅格。本示例将采用一个单位为公制的栅格。按快捷键Ctrl+Shift+G打开【Snap Grid】对话框，在该对话框中输入“5mm”，单击【OK】按钮关闭对话框。软件会切换到公制栅格线，通过状态栏可以看到设置好的栅格值，如图10-15所示。

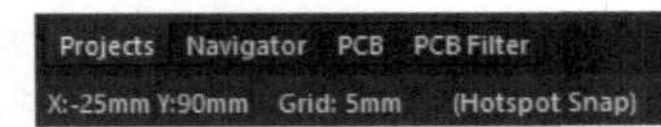

图10-15

（2）设置PCB的尺寸。

PCB的默认尺寸是6英寸×4英寸，本示例中的PCB的尺寸为135mm×90mm。按照3.2节中的步骤设置PCB的尺寸，结果如图10-16所示。

图10-16

10.2.3 设置PCB的默认属性

按照3.3节的内容设置好PCB的默认属性。

10.2.4 迁移设计

在主菜单中选择【设计】/【Update PCB Document Xplained.PcbDoc】命令，或者在PCB编辑器中选择【设计】/【Import Changes from Xplained.PrjPcb】命令。按照3.4节描述的步骤实现原理图文件到PCB文件的迁移，迁移后的PCB版图如图10-17所示。

10.2.5 设置图层显示方式

在层叠管理器中添加和删除覆铜，在【View Configuration】面板中启用并设置所有其他层。

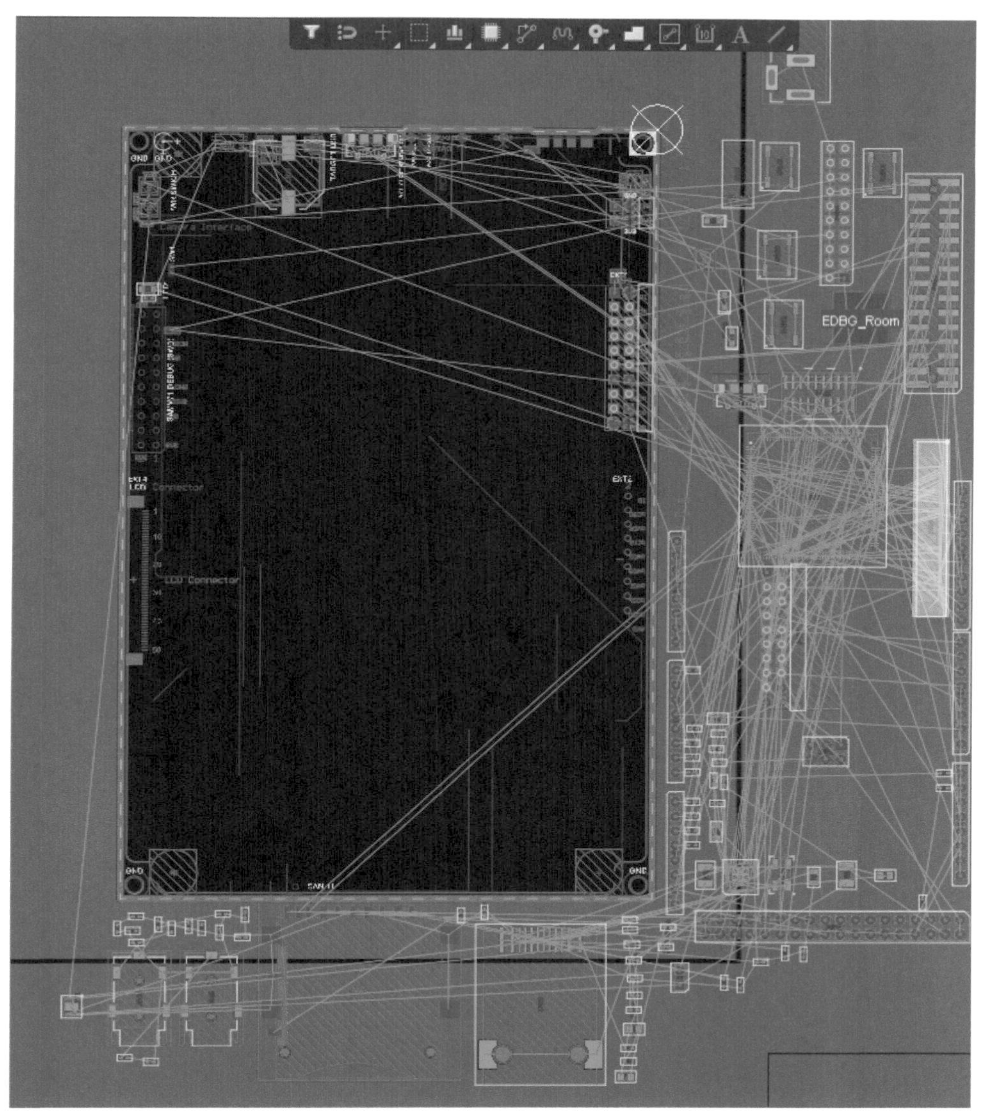

图10-17

在层叠管理器中对层堆叠进行设置，选择【设计】/【层叠管理器】命令，打开【层叠管理器】对话框。本示例的PCB是一个8层的电路板。按照3.5节的内容设置好层堆叠，如图10-18所示。

完成层堆叠设置之后，选择【文件】/【Save to PCB】命令保存层堆叠设置。右击【Layer Stack Manager】选项卡，在弹出的菜单中选择【Close Altium Layer Stackups】命令，关闭【层叠管理器】对话框。

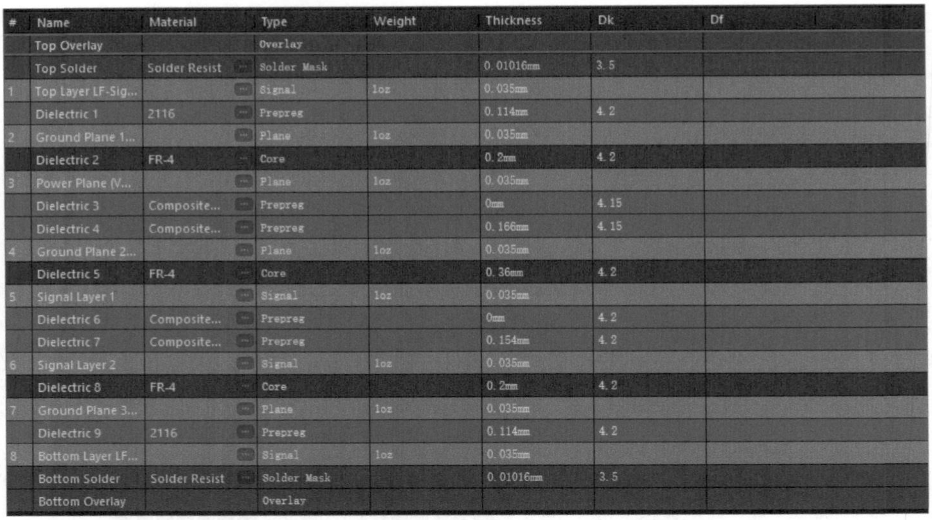

#	Name	Material	Type	Weight	Thickness	Dk	Df
	Top Overlay		Overlay				
	Top Solder	Solder Resist	Solder Mask		0.01016mm	3.5	
1	Top Layer LF-Sig...		Signal	1oz	0.035mm		
	Dielectric 1	2116	Prepreg		0.114mm	4.2	
2	Ground Plane 1...		Plane	1oz	0.035mm		
	Dielectric 2	FR-4	Core		0.2mm	4.2	
3	Power Plane (V...		Plane	1oz	0.035mm		
	Dielectric 3	Composite...	Prepreg		0mm	4.15	
	Dielectric 4	Composite...	Prepreg		0.166mm	4.15	
4	Ground Plane 2...		Plane	1oz	0.035mm		
	Dielectric 5	FR-4	Core		0.36mm	4.2	
5	Signal Layer 1		Signal	1oz	0.035mm		
	Dielectric 6	Composite...	Prepreg		0mm	4.2	
	Dielectric 7	Composite...	Prepreg		0.154mm	4.2	
6	Signal Layer 2		Signal	1oz	0.035mm		
	Dielectric 8	FR-4	Core		0.2mm	4.2	
7	Ground Plane 3...		Plane	1oz	0.035mm		
	Dielectric 9	2116	Prepreg		0.114mm	4.2	
8	Bottom Layer LF...		Signal	1oz	0.035mm		
	Bottom Solder	Solder Resist	Solder Mask		0.01016mm	3.5	
	Bottom Overlay		Overlay				

图10-18

10.2.6 栅格设置

选择适合放置和布局元器件的栅格，在本示例的PCB文件中，将实际的栅格大小和设计规则按表10-2 中的内容进行设置。

表10-2 栅格设置表

设置	数值	描述
线宽	0.15mm	设计规则：线宽
安全距离	0.15mm	设计规则：安全距离
PCB栅格大小	5mm	笛卡儿坐标编辑器
元器件布置栅格	1mm	笛卡儿坐标编辑器
走线栅格	0.25mm	笛卡儿坐标编辑器
过孔外径	0.55mm	设计规则：过孔类型
过孔内径	0.2mm	设计规则：过孔类型

按照3.6节描述的步骤设置好栅格。

10.2.7 设置设计规则

在【PCB规则及约束编辑器】对话框中设置设计规则。

（1）定义走线宽度设计规则。

本示例中包括多个信号网络和多个电源网络。可以将默认的走线宽度设计规则设置为0.15mm的信号网，将此规则的适用范围设置为【All】，即适用于本设计中的所有网络。尽管【All】的范围也包含了电源网络，但也可以添加第二个高优先级规则，其范围为InNetClass（TRACE）或InNetcClass（ADDRESS）。按照3.7节的内容设置好走线宽度设计规则。图10-19显示了这5个规则的设置信息，低优先级规则针对所有网络。

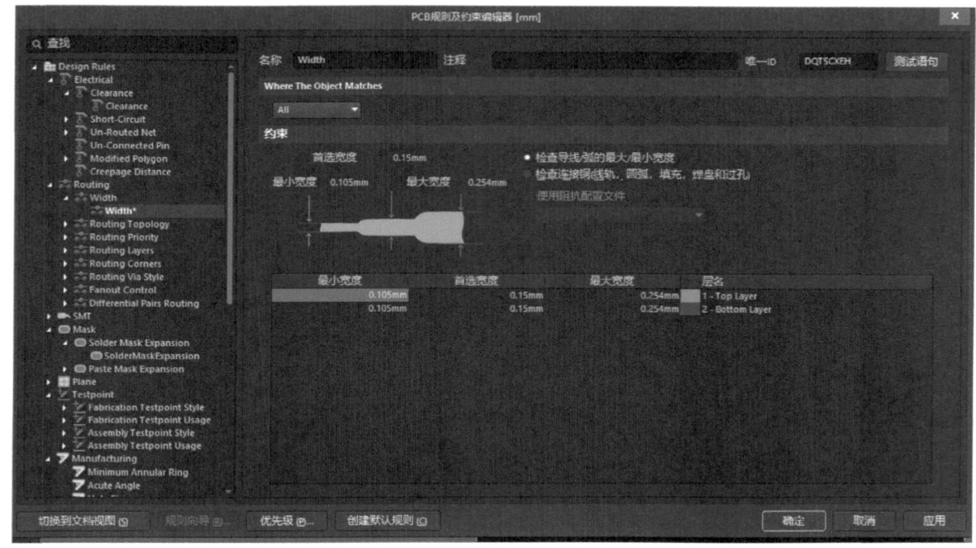

图10-19

（2）定义电气安全距离约束条件。

在本示例文件中，将PCB上所有物体之间的最小电气安全距离设置为0.15mm。按照3.7节的内容定义不同网络的不同对象（焊盘、过孔、走线）之间的最小电气安全距离。

（3）定义走线过孔样式。

在本示例中，通过【Routing Via Style】设计规则设置过孔的属性。按照3.7节的内容定义走线过孔样式。

（4）检查设计规则。

参照3.7节的内容禁用多余的设计规则并检查设计规则。

10.2.8　元器件定位和放置

布局时应参考原理图，根据单板的主信号流向规律安排主要元器件。布局应尽量满足以下要求：总的连线尽可能短，关键信号线最短；高电压、大电流的信号与小电流、低电压的弱信号完全分开；模拟信号与数字信号分开；高频信号与低频信号分开；高频元器件间的间隔要足够；相同结构电路部分尽可能采用对称式标准布局；按照均匀分布、重心平衡、版面美观的标准优化布局。如有特殊布局要求，应根据设计需求说明书的要求确定。

（1）设置元器件定位和放置选项。

利用【智能元件捕捉】复选框可将元器件对齐到最近的元器件焊盘，该复选框用于将特定焊盘定位到特定位置。按照3.8节介绍的步骤勾选【捕捉到中心点】和【智能元件捕捉】复选框。

（2）在PCB上定位元器件。

按照3.8节介绍的步骤将元器件放置到PCB上的合适位置，完成元器件布局的PCB如图10-20所示。

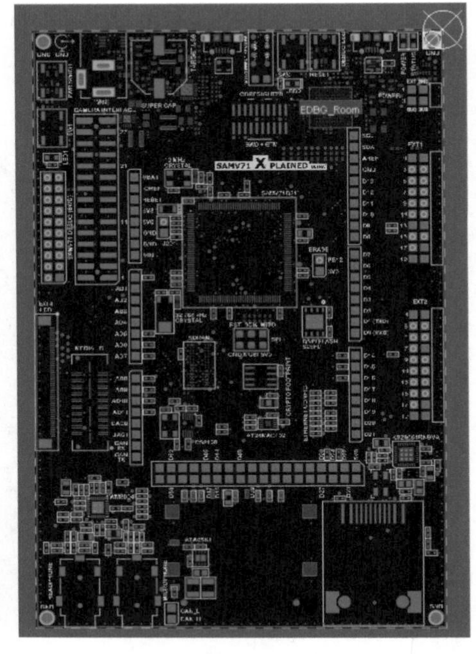

图10-20

10.2.9 交互式布线

利用ActiveRoute完成PCB的布线，具体步骤参见3.9节的相关内容。将PCB上的所有连接布通，完成布线后将设计文件保存到本地。布线结果如图10-21所示。

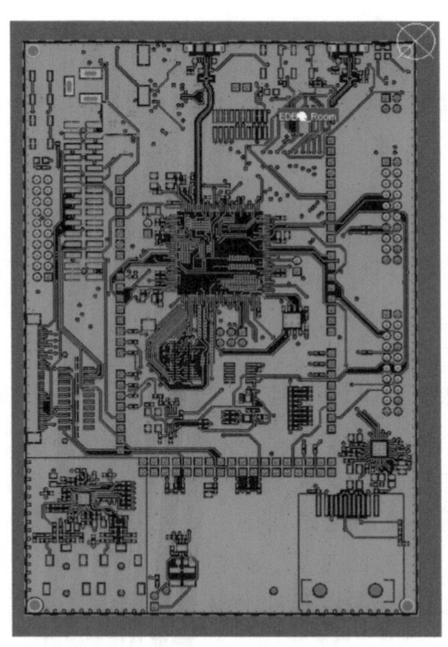

顶层

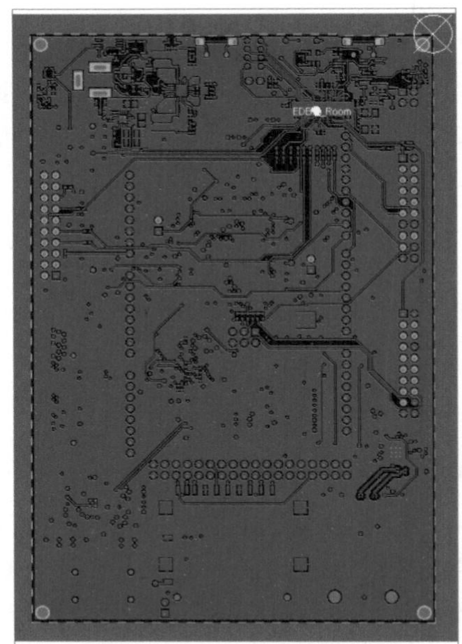

底层

图10-21

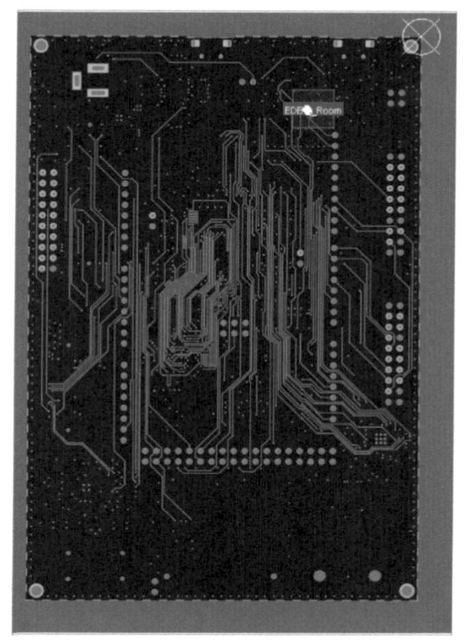

信号层1

信号层2

图10-21（续）

10.3 PCB设计验证

启用DRC功能，检查设计是否符合预先定义好的设计规则，一旦检测到违规的设计，立即将违规之处突出显示出来，并生成详细的违规报告。

10.3.1 设置违规显示方式

按照3.10.1小节的内容设置好违规显示方式。

10.3.2 设置设计规则检查器

在PCB编辑器的主菜单中选择【工具】/【设计规则检查】命令，打开【设计规则检查器】对话框，进行在线和批量DRC设置。

（1）DRC报告选项设置。

打开【设计规则检查器】对话框，在对话框左侧选择【Report Options】选项，对话框的右侧显示常规报告选项，保持这些选项的默认设置。

（2）待检查的DRC规则。

在对话框的【Rules to Check】选项中设置特定规则的测试。在本示例中，选择【批量DRC-对已用的规则启用】命令。

10.3.3 运行DRC

单击对话框底部的【运行DRC】按钮，进行设计规则检查，此时会打开【Messages】面板，其中列出了所有检测到的错误。

10.3.4 定位错误

在本示例的PCB上运行批量DRC之后，查看DRC报告的错误。根据违规详情定位错误，按照3.10.4小节的方法逐条解决DRC报告的错误。解决掉全部错误之后再次运行DRC，直到DRC错误报告中没有报任何错误。将PCB和项目保存到工作区，关闭PCB文件。

10.4 项目输出

完成PCB的设计和检查之后，可以开始制作PCB审查、制造和装配所需的输出文件。

10.4.1 创建输出作业文件

按照3.11.2小节的步骤设置输出作业文件。

10.4.2 设置Gerber文件

在PCB编辑器的主菜单中选择【文件】/【制造输出】/【Gerber Files】命令，设置Gerber文件。按照3.11.3小节中的步骤处理Gerber文件和NC Drill输出文件，并将它们映射到OutJob右侧的输出容器。

10.4.3 设置物料清单

按照3.11.5小节的步骤设置BOM中的元器件信息，给出每个元器件详细的供应链信息。

10.4.4 输出物料清单

利用报告管理器输出BOM文件。报告管理器通过【Bill of Materials For Project】对话框输出BOM。按照3.11.6小节中的步骤输出本项目的BOM，如表10-3所示。

表10-3 SAM V71仿真开发板的BOM

描述	位号	封装	参考库	元器件数量
Ceramic capacitor、SMD 0805	C100、C101、C701、C703、C1000	AP1-00003	A01-0500、A01-0634、A01-0400	5

续表

描述	位号	封装	参考库	元器件数量
Ceramic capacitor，SMD 0402	C102、C105、C106、C200、C201、C202、C203、C204、C205、C206、C207、C208、C209、C210、C210、C212、C213、C214、C217、C218、C300、C301、C302、C303、C600、C601、C602、C610、C613、C700、C702、C704、C705、C706、C707、C709、C710、C710、C713、C800、C801、C802、C806、C807、C812、C813、C816、C818、C821、C822、C823、C824、C826、C827、C829、C1001、C1002、C1003	AP1-00001	A01-0044、A01-0246、A01-0010、A01-0016、A01-0019、A01-0034、A01-0022、A01-0321、A01-0017	58
Electric Double-Layer（Supercapacitor），100mF，SMD，	C103	AP1-00122	A01-0679	1
Ceramic capacitor，SMD 0402，X7R，25V，+/-10%	C104	AP1-00053	A01-0050	1
Ceramic capacitor，SMD 0603，X5R，10V，10%（de31036）	C107、C808、C810、C817、C819、C825、C828	AP1-00039	A01-0377	7
Ceramic capacitor，SMD 0402，X5R，6.3V，+/-20%	C108、C109、C100、C101、C603、C905、C909、C914、C915	AP1-00053	A01-0300	9
Ceramic capacitor，SMD 0805，X5R，10V，10%，（de19441）	C102、C103、C105、C107、C612	AP1-00041	A01-0360	5
C104、C106、C108、C109、C120、C304、C604、C605、C606、C607、C608、C609、C610、C903	C104、C106、C108、C109、C120、C304、C604、C605、C606、C607、C608、C609、C610、C903	AP1-00053	A01-0014、A01-0013、A01-0021、A01-0447、A01-0046、A01-0246	14
Capacitor Tantalum 10V 2.2uF 10% ESR=6ohm	C215	AP1-00036	A01-0492	1
Ceramic capacitor，SMD 0805，X7R，10V，10%，（de19441）	C216、C708、C712	AP1-00041	A01-0360	3
Ceramic capacitor，SMD0402，NP0，50V，+/-5%	C219、C902	AP1-00053	A01-0015	2
Ceramic capacitor，SMD 0402，X7R，50V，+/-10%	C803、C804	AP1-00001	A01-0034	2
Ceramic capacitor，SMD 0402，X5R，10V，0%	C805、C809	AP1-00038	A01-0447	2
Ceramic capacitor，SMD 0402，X5R，6.3V，+/-20%	C810、C820	AP1-00001	A01-0300	2
Ceramic capacitor，SMD 0402，X5R，6.3V，+/-20%（de33687）	C814、C815	AP1-00001	A01-0347	2
Ceramic capacitor，SMD 0402，NP0，50V，+/-5%	C900、C901	AP1-00053	A01-0019	2
Ceramic capacitor，SMD 0402，X7R，16V，+/-10%	C904、C910、C910、C912、C913	AP1-00053	A01-0246	5

续表

描述	位号	封装	参考库	元器件数量
Ceramic capacitor，SMD 0402，C0G，50V，+/-5%	C906、C907、C908	AP1-00053	A01-0321	3
Schottky double Diodes，NXP，SOT23-3	D100	AP5-00002	A04-0064	1
Schottky diode，V（rrm）=30V，I（f）=0.1A，V（f）=0.4V（at If = 0.01A），I（r）=0.5uA（at Vrrm），t（rr）=5ns，SMD SOT23	D101	AP4-00007	A04-0001	1
LED，Yellow，Wave length=591nm，SMD 0805，FOOTPRINTDESCRIPTION=0805 diode footprint	D300、D301、D901	AP4-00013	A10-0019	3
Double rail-to-rail USB ESD protection diode	D302、D902	AP4-00001	A06-0236	2
LED，Green，Wave length=575nm，SMD 0805，FOOTPRINTDESCRIPTION=0805 diode footprint	D900	AP4-00013	A10-0018	1
2.8mm adhesive feet，diam 8.0mm	E1、E2、E3、E4	AP8-00192	A08-0053	4
Through hole DC jack 2.1mm，12V，3A	J100	AP8-00853	A08-2120	1
Pin header，2x2，Right Angle，2.54mm，THT，Pin In Paste	J101	AP8-00628	A08-1519	1
1x2 pin header，right angle，2.54 mm pitch，through-hole	J102	AP8-00367	A08-0764	1
1x2 pin header，2.54mm pitch，Pin-in-Paste THM	J200、J201、J1000	AP8-00733	A08-1754	3
Micro USB AB Connector，Standard SMT + DIP	J302、J900	AP8-00852	A08-2102	2
Samtec TSM series，2x15 pin header，straight，2.54mm pitch SMD，locking leads.	J400	AP8-00884	A08-2225	1
Pin header，2x10，Right Angle，2.54mm，THM，Pin In Paste	J401、J402	AP8-00622	A08-1513	2

10.5 项目发布

使用Altium Designer 22的【Project Releaser】命令发布项目。按照3.12节中的步骤发布已完成设计的项目。至此，本章的实战演练项目设计完成。